职业院校**托育服务**
人才培养系列教材

U0692294

婴幼儿
行为观察与指导

◆慕·课·版◆

范恒 李营◎主编
李薇 张靖羚◎副主编

人民邮电出版社
北京

图书在版编目（CIP）数据

婴幼儿行为观察与指导：慕课版 / 范恒，李营主编
. -- 北京：人民邮电出版社，2024.5
职业院校托育服务人才培养系列教材
ISBN 978-7-115-51401-1

Ⅰ. ①婴… Ⅱ. ①范… ②李… Ⅲ. ①婴幼儿－行为
分析－职业教育－教材 Ⅳ. ①B844.11

中国国家版本馆CIP数据核字(2023)第241581号

内 容 提 要

　　婴幼儿行为观察与指导是0～3岁婴幼儿照护者和教育者的重要任务。本书致力于提供一份全面而实用的指南，帮助照护者和教育者更好地了解和应对婴幼儿的行为，为婴幼儿创造良好的成长环境，促进其全面发展和幸福成长。利用本书，照护者和教育者可以更有信心地应对婴幼儿教育过程中的挑战，为婴幼儿的成长打下坚实基础。

　　本书共 8 章，具体内容主要包括初识婴幼儿行为观察与指导、婴幼儿行为观察与指导的常用方法、婴幼儿感官行为观察与指导、婴幼儿动作行为观察与指导、婴幼儿语言行为观察与指导、婴幼儿社会行为观察与指导、婴幼儿思维行为观察与指导、特殊情况下的婴幼儿行为观察与指导。

　　本书可作为学前教育专业和托育相关专业的教材或参考资料，能够满足高等院校相关专业课程的教学需求，同时也可为照护者和教育者提供实用的指导和支持。

◆ 主　　编　范　恒　李　营
　　副主编　李　薇　张靖羚
　　责任编辑　连震月
　　责任印制　王　郁　彭志环
◆ 人民邮电出版社出版发行　　北京市丰台区成寿寺路 11 号
　　邮编　100164　　电子邮件　315@ptpress.com.cn
　　网址　https://www.ptpress.com.cn
　　大厂回族自治县聚鑫印刷有限责任公司印刷
◆ 开本：889×1194　1/16
　　印张：11.75　　　　　　　　　2024 年 5 月第 1 版
　　字数：389 千字　　　　　　　2024 年 5 月河北第 1 次印刷

定价：59.80 元
读者服务热线：**(010)81055256**　印装质量热线：**(010)81055316**
反盗版热线：**(010)81055315**
广告经营许可证：京东市监广登字 20170147 号

　　党的二十大报告指出："我们要坚持教育优先发展、科技自立自强、人才引领驱动，加快建设教育强国、科技强国、人才强国，坚持为党育人、为国育才，全面提高人才自主培养质量，着力造就拔尖创新人才，聚天下英才而用之。"

　　2022年修订的《职业教育法》明确了职业教育是与普通教育具有同等重要地位的教育类型，并指出国家要采取措施，加快培养托育、护理、康养、家政等方面技术技能人才。因此，为适应新时代托育教育人才培养需求，落实立德树人的根本任务，编者遵循婴幼儿行为发展规律编写了本书，以期作为婴幼儿照护者读物及托育师资培训教材。

　　本书旨在为照护者提供一份全面而实用的指南，帮助其更好地理解和应对婴幼儿的行为。

　　婴幼儿期是人类生命周期中最为关键和发展最为迅速的阶段，也是照护者和教育者最需要关注和引导的时期。在这个阶段，婴幼儿形成了许多基本的行为习惯和社交技能，建立了情感联系，培养了认知能力，为未来的学习和成长打下了重要的基础。然而，每个婴幼儿都是独一无二的，他们的行为发展受到许多因素的影响，如年龄、个性、家庭环境等。因此，照护者和教育者需要掌握科学的观察方法，深入了解婴幼儿的特点和需要，为他们提供有针对性的支持和教育。

　　本书内容涵盖婴幼儿行为观察的重要性、有效的观察方法和策略，以及针对婴幼儿不同方面行为的指导和干预。照护者和教育者将了解如何观察婴幼儿的感官行为发展、动作行为发展、语言行为发展、社会行为发展、思维行为发展和特殊情况下的婴幼儿行为发展等。同时，照护者和教育者将学习如何应对婴幼儿可能面临的困难和挑战，以帮助他们积极应对和适应。

本书特色如下。

（1）内容遵循婴幼儿的全面发展规律展开，包含婴幼儿感官行为发展、动作行为发展、语言行为发展、社会行为发展、思维行为发展和特殊情况下的婴幼儿行为发展。

（2）配有知识链接、名词解释和案例分享等模块以分享教学知识，丰富读者的学习体验，激发读者的学习兴趣和动力，提升读者的学习效果。

（3）每章都配有本章学习目标和课堂讨论等模块，以激发读者的学习兴趣，加深读者对知识的理解，培养读者的思维能力和合作意识，增强读者的表达能力和社交技能。

（4）每章配有课后练习题，可以帮助读者巩固所学的知识和技能，提升学习效果，培养自主学习和解决问题的能力，为未来的学习和发展打下坚实的基础。

愿本书能为读者在教育婴幼儿的过程中提供有益的指导和支持。希望读者从中获得宝贵的知识和启示，并能与我们一同致力于培养快乐、健康、全面发展的婴幼儿。

由于水平有限，书中难免存在疏漏和不妥之处，恳请广大读者批评指正。

编者

2024年4月

目录 Contents

01

第一章　初识婴幼儿行为观察与指导

1　本章学习目标
1　第一节　婴幼儿行为观察与指导概述
1　　一、婴幼儿行为观察的定义
2　　二、婴幼儿行为指导的定义
2　　三、婴幼儿行为观察与指导的意义
3　　四、婴幼儿行为观察与指导的类型
3　　五、婴幼儿行为观察与指导的原则
4　　六、婴幼儿行为观察与指导的基本要求
6　第二节　婴幼儿行为观察与指导的理论
6　　一、行为主义理论
7　　二、认知发展理论
8　　三、社会情感发展理论
10　　四、生态系统理论
10　课后练习题

02

第二章　婴幼儿行为观察与指导的常用方法

12　本章学习目标
12　第一节　日记法
12　　一、日记法在婴幼儿行为观察与指导中的定义
12　　二、日记法在婴幼儿行为观察与指导中的优缺点
13　　三、日记法在婴幼儿行为观察与指导中的运用
15　第二节　轶事记录法
15　　一、轶事记录法在婴幼儿行为观察与指导中的定义
15　　二、轶事记录法在婴幼儿行为观察与指导中的优缺点
15　　三、轶事记录法在婴幼儿行为观察与指导中的运用
17　第三节　实况详录法
17　　一、实况详录法在婴幼儿行为观察与指导中的定义
18　　二、实况详录法在婴幼儿行为观察与指导中的优缺点
18　　三、实况详录法在婴幼儿行为观察与指导中的运用

目录

20　第四节　样本描述法
20　　一、样本描述法在婴幼儿行为观察与指导中的定义
20　　二、样本描述法在婴幼儿行为观察与指导中的优缺点
21　　三、样本描述法在婴幼儿行为观察与指导中的运用

22　第五节　时间描述法
22　　一、时间描述法在婴幼儿行为观察与指导中的定义
22　　二、时间描述法在婴幼儿行为观察与指导中的优缺点
23　　三、时间描述法在婴幼儿行为观察与指导中的运用

24　第六节　事件取样法
24　　一、事件取样法在婴幼儿行为观察与指导中的定义
25　　二、事件取样法在婴幼儿行为观察与指导中的优缺点
25　　三、事件取样法在婴幼儿行为观察与指导中的运用

27　第七节　等级评定法
27　　一、等级评定法在婴幼儿行为观察与指导中的定义
27　　二、等级评定法在婴幼儿行为观察与指导中的优缺点
27　　三、等级评定法在婴幼儿行为观察与指导中的运用

29　课后练习题

03　第三章　婴幼儿感官行为观察与指导

30　本章学习目标
30　第一节　婴幼儿感官行为观察与指导概述
30　　一、婴幼儿感官发展概述
35　　二、婴幼儿感官行为观察与指导的原则
36　　三、婴幼儿感官行为观察与指导的方法

36　第二节　婴幼儿视觉行为观察与指导
36　　一、婴幼儿注视和凝视行为观察与指导
38　　二、婴幼儿视觉跟踪移动行为观察与指导
39　　三、婴幼儿视觉注意力行为观察与指导
41　　四、婴幼儿物体辨认行为观察与指导

43　第三节　婴幼儿听觉行为观察与指导
43　　一、婴幼儿听觉注意力行为观察与指导

目录 Contents

45　二、婴幼儿听辨能力行为观察与指导

47　三、婴幼儿听觉环境行为观察与指导

48　四、婴幼儿音乐欣赏行为观察与指导

50　第四节　婴幼儿触觉行为观察与指导

50　一、婴幼儿手指和手掌运动行为观察与指导

52　二、婴幼儿触摸定向行为观察与指导

54　三、婴幼儿触觉敏感性行为观察与指导

55　四、婴幼儿肢体接触行为观察与指导

57　第五节　婴幼儿味觉、嗅觉行为观察与指导

57　一、婴幼儿味觉反应行为观察与指导

59　二、婴幼儿饮食习惯行为观察与指导

61　三、婴幼儿嗅觉反应行为观察与指导

62　四、婴幼儿嗅觉记忆行为观察与指导

63　课后练习题

04　第四章　婴幼儿动作行为观察与指导

64　本章学习目标

64　第一节　婴幼儿动作行为观察与指导概述

64　一、婴幼儿动作发展的内容与顺序

71　二、婴幼儿动作行为观察与指导的原则

72　三、婴幼儿动作行为观察与指导的方法

72　第二节　婴幼儿粗大动作行为观察与指导

73　一、婴幼儿反射行为观察与指导

74　二、婴幼儿姿势行为观察与指导

75　三、婴幼儿移动行为观察与指导

78　四、婴幼儿实物操作行为观察与指导

80　第三节　婴幼儿精细动作行为观察与指导

80　一、婴幼儿抓握行为观察与指导

82　二、婴幼儿视觉-运动整合行为观察与指导

84　课后练习题

目录

Contents

05 第五章　婴幼儿语言行为观察与指导

85　本章学习目标
85　第一节　婴幼儿语言行为观察与指导概述
85　　一、婴幼儿语言发展概述
86　　二、婴幼儿语言行为观察与指导的意义
87　　三、婴幼儿语言行为观察与指导的原则
88　　四、婴幼儿语言行为观察与指导的方法
88　第二节　婴幼儿语音表达行为观察与指导
88　　一、婴幼儿哭泣行为观察与指导
90　　二、婴幼儿语音行为观察与指导
92　　三、婴幼儿语调和韵律行为观察与指导
94　　四、婴幼儿自言自语行为观察与指导
96　第三节　婴幼儿语言理解行为观察与指导
96　　一、婴幼儿物品识别理解行为观察与指导
98　　二、婴幼儿日常用语理解行为观察与指导
100　　三、婴幼儿动作指示理解行为观察与指导
102　　四、婴幼儿指代理解行为观察与指导
104　第四节　婴幼儿手势和身体语言行为观察与指导
105　　一、婴幼儿眼神交流行为观察与指导
106　　二、婴幼儿示意性手势行为观察与指导
109　　三、婴幼儿身体动作行为观察与指导
110　　四、婴幼儿面部表情行为观察与指导
113　课后练习题

06 第六章　婴幼儿社会行为观察与指导

114　本章学习目标
114　第一节　婴幼儿社会行为观察与指导概述
114　　一、婴幼儿社会发展概述
115　　二、婴幼儿社会行为观察与指导的原则

目录 Contents

116　　三、婴幼儿社会行为观察与指导的方法

117　第二节　婴幼儿与他人建立情感联系行为观察与指导

117　　一、婴幼儿依恋行为观察与指导

119　　二、婴幼儿情感表达行为观察与指导

121　　三、婴幼儿同理心和共情行为观察与指导

123　第三节　婴幼儿模仿和社会规范学习行为观察与指导

123　　一、婴幼儿模仿行为观察与指导

125　　二、婴幼儿社交互动行为观察与指导

126　　三、婴幼儿自我控制行为观察与指导

128　　四、婴幼儿规则遵守行为观察与指导

130　第四节　婴幼儿游戏行为观察与指导

130　　一、婴幼儿操作性游戏行为观察与指导

132　　二、婴幼儿角色扮演游戏行为观察与指导

135　　三、婴幼儿想象力和创造力游戏行为观察与指导

136　　四、婴幼儿符号性游戏行为观察与指导

138　　五、婴幼儿社交游戏行为观察与指导

140　第五节　婴幼儿自理行为观察与指导

140　　一、婴幼儿进餐行为观察与指导

142　　二、婴幼儿如厕行为观察与指导

144　　三、婴幼儿睡眠行为观察与指导

146　　四、婴幼儿盥洗行为观察与指导

147　课后练习题

07 第七章　婴幼儿思维行为观察与指导

149　本章学习目标

149　第一节　婴幼儿思维行为观察与指导概述

149　　一、婴幼儿思维发展概述

150　　二、婴幼儿思维行为观察与指导的原则

151　　三、婴幼儿思维行为观察与指导的方法

152　第二节　婴幼儿感知和认知行为观察与指导

目录

152　一、婴幼儿感知行为观察与指导

155　二、婴幼儿空间知觉行为观察与指导

157　三、婴幼儿数量和数量概念行为观察与指导

158　四、婴幼儿时间感知行为观察与指导

160　第三节　婴幼儿记忆和回忆行为观察与指导

160　一、婴幼儿感官记忆和回忆行为观察与指导

161　二、婴幼儿运动记忆和回忆行为观察与指导

163　三、婴幼儿事件记忆和回忆行为观察与指导

165　四、婴幼儿情感记忆和回忆行为观察与指导

166　第四节　婴幼儿原因和结果行为观察与指导

167　一、婴幼儿因果关系理解行为观察与指导

168　二、婴幼儿结果预测行为观察与指导

169　三、婴幼儿行为调整行为观察与指导

171　四、婴幼儿问题解决行为观察与指导

172　课后练习题

08

第八章　特殊情况下的婴幼儿行为观察与指导

173　本章学习目标

173　第一节　婴幼儿行为问题的识别与处理

173　一、婴幼儿常见行为问题的分类

174　二、婴幼儿行为问题的观察和评估

174　三、婴幼儿行为问题的干预策略

175　第二节　婴幼儿特殊需求的支持

176　一、婴幼儿发展延迟与早期干预

176　二、特殊需求婴幼儿的行为观察与指导

178　三、家庭支持和资源的提供

178　课后练习题

第一章
初识婴幼儿行为观察与指导

本章学习目标

1. **掌握婴幼儿行为观察与指导的定义、意义、类型。**
2. **掌握婴幼儿行为观察与指导的原则和基本要求。**
3. **掌握婴幼儿行为观察与指导的四大理论。**

婴幼儿行为观察与指导是指对0～3岁婴幼儿的行为进行仔细观察，并通过合适的方法来指导和支持他们的成长和发展。婴幼儿行为观察与指导的目的是帮助婴幼儿获得良好的学习和发展经验，以使其建立积极的个人特质和社交技能。

第一节 婴幼儿行为观察与指导概述

婴幼儿行为观察与指导是一个持续的过程，旨在了解和支持婴幼儿的行为和发展，为他们提供有利于成长和学习的环境和经验。

一、婴幼儿行为观察的定义

婴幼儿行为观察是指对婴幼儿在日常活动中的行为和表现进行有意识、系统、客观的观察。通过观察，照护者可以深入了解婴幼儿在行为发展、个性特点、兴趣爱好及与环境和他人的互动等方面的表现。

婴幼儿行为观察涉及以下内容。

1. 婴幼儿身体发展观察

照护者观察婴幼儿在运动、姿势调整、大肌肉和小肌肉发展等方面的表现。

2. 婴幼儿认知发展观察

照护者观察婴幼儿在注意力、好奇心、观察能力、解决问题的能力等认知方面的表现。

3. 婴幼儿情感发展观察

照护者观察婴幼儿在情绪表现、情感需求、自我情绪调节等情感方面的表现。

4. 婴幼儿社交发展观察

照护者观察婴幼儿与他人的互动，包括与同伴的互动、与成人的互动等。

5. 婴幼儿语言与沟通观察

照护者观察婴幼儿在语言发展、沟通技巧、表达能力等语言方面的表现。

6. 婴幼儿自主性与适应性观察

照护者观察婴幼儿的自主性和适应性，包括其在自主探索、适应新环境和情境等方面的表现。

婴幼儿行为观察可以通过直接观察、文字记录、拍摄视频等方式进行。观察数据的收集和分析可以帮助照护者更好地了解婴幼儿的个体差异，根据观察结果制订个性化的支持和教育计划，促进婴幼儿全面成长和发展。此外，婴幼儿行为观察也为及时发现婴幼儿可能存在的特殊需求或发展问题提供了重要的线索，为照护者及时干预和提供支持创造了条件。

名词解释~

婴幼儿自主性

婴幼儿自主性是指婴幼儿能够在一定程度上独立地做出选择和决定，展现出自己的意愿和兴趣。这种自主性体现在他们的行为、决策、兴趣和行动中，表现为婴幼儿对周围环境的积极参与，以及对自己的行为和选择负责任的能力。婴幼儿自主性的发展有助于培养他们的自信心、独立性和自我管理能力。

婴幼儿适应性

婴幼儿适应性是指婴幼儿在面对新的环境、情境或挑战时，能够调整自己的行为和反应，以适应这些变化。适应性涉及婴幼儿的灵活性、应对能力和解决问题的能力。一个适应性较强的婴幼儿可以更好地适应新的情境，克服困难，找到问题解决方案，并保持相对稳定的情绪状态。

二、婴幼儿行为指导的定义

婴幼儿行为指导是一种教育方法，旨在帮助婴幼儿发展积极的行为和社交技能，同时帮助他们理解和掌握适当的行为规范。

婴幼儿行为指导通常包括以下几方面内容。

1. 理解婴幼儿行为

婴幼儿行为指导涉及观察和理解婴幼儿的行为，主要包括了解婴幼儿的需求、情感状态和反应。

2. 引导积极行为

行为指导的一个目标是帮助婴幼儿发展积极的行为和习惯，包括鼓励他们分享、合作、尊重他人，以及培养自我控制能力等。

3. 建立规则和界限

行为指导通常涉及建立适当的规则和界限，以帮助婴幼儿理解什么是可接受的行为。这可以帮助婴幼儿建立安全感和自律性。

4. 应对挑战性行为

当婴幼儿展现出挑战性行为时，行为指导可以为照护者提供策略来处理这些情况，其中包括让婴幼儿冷静下来、与婴幼儿有效沟通、设定适当的后果等方法。

5. 建立积极亲子关系

行为指导还有助于建立积极的亲子关系。关心、支持和尊重婴幼儿，能够帮助其建立安全感和信任感。

三、婴幼儿行为观察与指导的意义

婴幼儿行为观察与指导具有重要的意义，它对婴幼儿的全面发展和幸福成长起着关键作用。

1. 了解婴幼儿的发展特点

通过行为观察，照护者可以深入了解婴幼儿的行为表现、认知发展和情感特点，从而更全面地了解婴幼儿的成长阶段，并根据他们的发展特点提供针对性的支持和指导。

2. 提供早期干预

婴幼儿阶段是人类生命中发展最迅速和关键的阶段之一。早期干预可以帮助照护者发现和解决潜在的婴幼儿发展问题，防止问题加剧，从而促进婴幼儿全面发展。

3. 促进认知和语言发展

行为观察与指导可以促进婴幼儿的认知和语言发展。通过行为观察，照护者可为婴幼儿创造适宜的学习环境，提供合适的学习材料，与婴幼儿互动，激发婴幼儿的好奇心和学习兴趣。

4. 建立积极的情感联系

婴幼儿期是建立情感联系的关键时期。通过行为观察与指导，照护者可与婴幼儿建立良好的情感联系，为婴幼儿提供稳定的情感支持，进而为婴幼儿的情感发展奠定基础。

5. 培养社交技能

行为观察与指导有助于培养婴幼儿的社交技能。照护者引导婴幼儿与他人互动，学习分享、合作和解决冲突，从而增强他们的社交适应能力。

6. 了解个体差异

每个婴幼儿都是独特的个体，行为观察可以帮助照护者发现婴幼儿的个体差异。照护者了解这些差异有助于提供个性化的支持和指导，以更好地满足婴幼儿的学习和发展需求。

四、婴幼儿行为观察与指导的类型

婴幼儿行为观察与指导可以分为多种类型，每种类型都有不同的目的和方法。

1. 发展性观察

发展性观察旨在了解婴幼儿的一般发展情况，包括他们的认知、语言、社交、情感和运动等方面的发展情况。通过发展性观察，照护者可了解婴幼儿在不同阶段的特点和需求，为他们提供相应的支持和指导。

2. 亲子依恋观察

亲子依恋观察侧重于观察婴幼儿与照护者之间的依恋关系。照护者了解婴幼儿与他们之间的依恋关系有助于了解婴幼儿的情感发展情况和社交适应能力。

3. 环境适应观察

环境适应观察关注婴幼儿在不同环境下的适应能力。例如，照护者通过观察婴幼儿在家庭、托儿所或幼儿园等不同环境中的行为反应，可以了解婴幼儿在不同环境下的学习和适应情况。

4. 社交观察

社交观察关注婴幼儿在社交中的表现。通过观察婴幼儿与同龄人和成人的互动，照护者可了解他们的社交技能和人际关系。

5. 学习与认知观察

学习与认知观察旨在了解婴幼儿的学习和认知发展。例如，照护者通过观察婴幼儿对玩具或学习材料的反应，可了解他们的学习兴趣和认知能力。

6. 个性化观察

个性化观察注重观察婴幼儿的个体差异和特点。通过个性化观察，照护者能更好地了解每个婴幼儿的独特需求，并提供个性化的支持和指导。

五、婴幼儿行为观察与指导的原则

观察者在进行婴幼儿行为观察与指导时，有一些重要的原则需要遵循，以确保观察的有效性和指导的质量。

1. 尊重个体差异原则

每个婴幼儿都是独特的个体，有自己的兴趣、需求和发展节奏。行为观察与指导过程中，观察者应尊重婴幼儿的个体差异，提供个性化的支持和关注。

2. 保持客观综合观察原则

观察者进行行为观察与指导时应保持客观，不带有个人偏见和进行主观判断；同时，应综合考虑婴幼儿在不同情境下的行为和表现，避免基于单一观察片段做出过度一般化的结论。

3. 考虑发展阶段原则

婴幼儿在不同发展阶段会表现出不同的行为和特点，观察者在观察与指导过程中应考虑他们具体所处的发展阶段。对于不同年龄段的婴幼儿，观察者应提供相应的支持和指导。

4. 保护隐私和安全原则

观察者应确保观察过程不侵犯婴幼儿的隐私和安全。在观察和记录行为时，观察者应遵循保密原则，并确保观察环境安全无害。

5. 设定明确目的原则

在进行行为观察与指导前，观察者需要明确观察的目的和重点。设定明确的观察目的有助于观察者为婴幼儿提供针对性的指导和支持。

6. 与照护者合作原则

照护者是婴幼儿的重要照顾者，他们对婴幼儿的了解和观察也非常重要。观察者可与照护者合作，分享观察结果，共同制订支持和指导计划。

7. 建立信任关系原则

行为观察与指导过程需要观察者与婴幼儿建立信任关系。观察者应通过给予婴幼儿关心和支持，与婴幼儿建立良好的情感联系，使婴幼儿感到安全和舒适。

8. 持续性和周期性观察原则

婴幼儿的发展是一个持续和动态的过程，对其的行为观察与指导也应该是一个持续和具有周期性的过程。通过持续观察，观察者能发现婴幼儿的发展和变化，并及时调整支持和指导策略。

六、婴幼儿行为观察与指导的基本要求

婴幼儿行为观察与指导是一项重要的任务，需要照护者具备以下基本要求。

1. 耐心和尊重

照护者对待婴幼儿时需要有耐心，不要急于做出判断或干预。尊重婴幼儿的个体差异，包括性格、兴趣和情感需求。

2. 观察技巧

照护者需要仔细观察婴幼儿的行为，包括面部表情、体态、情感表达和互动情况。

3. 沟通能力

良好的沟通技巧对于婴幼儿和照护者之间建立有效的互动至关重要，其中包括倾听、表达关心、清晰地传达信息和理解婴幼儿的需求等。

4. 知识和理解

掌握婴幼儿的发展、心理学和行为学知识是必要的。照护者了解婴幼儿在不同年龄段的典型发展阶段和行为表现可以识别婴幼儿的异常行为或发展问题。

5. 灵活性和适应性

婴幼儿的行为可能会随着时间和情境而变化，照护者需要灵活适应婴幼儿的需求和发展水平。

6. 记录和评估

照护者通常需要记录婴幼儿的行为，以便进行评估和监测。这有助于识别婴幼儿的潜在问题并追踪进展。

7. 正面的行为引导

照护者应该使用正面的行为引导方法，鼓励和奖励婴幼儿积极的行为，而不是仅仅惩罚其不良行为。

8. 安全意识

照护者必须确保婴幼儿的安全，包括防止意外伤害、提供适当的监督和创造安全的环境。

9. 家庭合作

照护者与家长或监护人合作非常重要。照护者需要与他们共享观察和评估结果，并共同制订行为指导计划。

10. 继续教育

照护者需要不断更新自己的知识，包括了解最新的婴幼儿发展研究和最佳实践，以提供更好的支持和指导。

知识链接

在婴幼儿行为观察与指导过程中，如何尊重和保护婴幼儿及其家庭的隐私权？

在婴幼儿行为观察与指导过程中，尊重和保护婴幼儿及其家庭的隐私权是非常重要的。以下是一些方法和措施，用以确保在观察与指导过程中尊重和保护他们的隐私权。

1. 取得监护人的同意

在开始观察与指导之前，观察者应该事先取得婴幼儿监护人的同意。监护人应该知情并理解观察的目的和过程，并同意分享必要的信息。

2. 保密与匿名处理

观察者应承诺对观察过程和结果保密，并将婴幼儿及其家庭的信息匿名处理，避免观察记录中包含任何可用于识别个人身份的敏感信息。

3. 仅限于必要信息

观察者只需收集与观察目的相关的必要信息，避免收集不必要的个人信息，以保护婴幼儿及其家庭的隐私。

4. 提供安全保障

观察者应确保婴幼儿的安全和福祉，避免观察过程中对婴幼儿造成任何身体或情感上的伤害，确保观察场所和设施符合安全标准。

5. 使用安全的数据存储方式

对于观察记录和数据，观察者应使用安全的数据存储方式，确保其不会被未经授权的人员访问或泄露。

6. 明确观察目的和范围

在行为观察与指导过程中，观察者应明确观察的目的和范围，确保观察的目的是为婴幼儿发展提供支持和帮助。

7. 避免公开敏感信息

在任何公共场合或社交媒体上，观察者应避免公开或传播婴幼儿及其家庭的敏感信息，以保护他们的隐私权。

8. 随时终止观察

如果监护人要求终止观察，观察者应该尊重他们的决定，停止观察，并遵守他们的要求。

课堂讨论

在进行婴幼儿行为观察与指导时，观察者如何与婴幼儿建立信任关系？

第二节 婴幼儿行为观察与指导的理论

婴幼儿行为观察与指导的理论是关于0~3岁婴幼儿行为的理论，旨在帮助照护者更好地理解和支持婴幼儿的发展。这些理论基于对婴幼儿心理学、发展心理学和教育学的研究与认识。这些理论为照护者提供了指导，可帮助他们采取适当的方法来支持和引导婴幼儿的成长。然而，每个婴幼儿都是独特的，理论的应用应该根据个体需求和特点进行调整。

一、行为主义理论

行为主义理论是婴幼儿行为观察与指导中的一种重要理论，强调婴幼儿的行为是通过环境刺激和反馈的学习过程形成的。这一理论源自美国心理学家约翰·B.沃森（John B. Watson）和B.F.斯金纳（B.F.Skinner）等人的工作，他们认为外部环境对个体行为的塑造至关重要。

1. 行为主义理论中关于婴幼儿行为观察与指导的关键概念

（1）条件反射。行为主义理论认为婴幼儿通过经验学习形成条件反射。当某种刺激和特定行为反复出现时，婴幼儿会将这种刺激和特定行为联系起来，形成条件反射。例如，哺乳期的婴幼儿学会将母亲的声音与母亲的哺乳动作相联系，婴幼儿一听到母亲的声音就会表现出期待哺乳动作的行为。

（2）强化与惩罚。行为主义理论认为强化与惩罚是影响行为的重要因素。积极强化是指增加某种行为出现的频率，而负向强化是指通过移除或减轻不愉快的刺激来增加某种行为出现的频率。相反，惩罚是指通过引入不愉快的刺激或移除愉快的刺激来减少或抑制某种行为出现的频率。在婴幼儿行为观察与指导过程中，照护者应使用积极强化来鼓励和支持婴幼儿积极的行为，同时避免使用严厉的惩罚方法。

知识链接

在婴幼儿行为观察与指导过程中如何避免使用严厉的惩罚方法？

避免使用严厉的惩罚方法对于婴幼儿的发展和幸福成长至关重要。严厉的惩罚方法对婴幼儿的身心健康可能产生负面影响，并阻碍他们的全面发展。

1. 理解发展阶段

照护者了解婴幼儿在不同发展阶段的特点和需求是很重要的。婴幼儿还处于探索和学习的阶段，他们需要得到照护者的理解和支持。

2. 采用积极的育儿方法

照护者应采用积极的育儿方法，重在赞扬、鼓励和正面引导婴幼儿，赞美婴幼儿的积极行为，帮助他们建立自信心和树立积极的自我形象。

3. 设置适当的边界和规则

照护者为婴幼儿设置适当的边界和规则是必要的，但这应该在尊重和理解的基础上进行。适当的边界和规则可以帮助婴幼儿建立安全感和增强自我管理能力。

4. 提供替代方法

当婴幼儿表现不当时，照护者应提供替代方法来引导他们。例如，通过分散注意力、转移注意力或提供适当的游戏和活动，帮助他们转变行为。

5. 自我控制和情绪管理

照护者作为成年人，需要做好自我控制和情绪管理，避免在愤怒或情绪激动时对婴幼儿做出过激的惩罚行为。

6. 建立积极的关系

照护者应与婴幼儿建立积极的关系，建立信任和增强亲密感。积极的关系可以促进婴幼儿的合作和理解。

7. 寻求专业支持

如果在育儿过程中遇到困难，照护者可寻求专业的支持和咨询。专业人士可以提供更合适的育儿建议和指导。

（3）模仿学习。行为主义理论认为，婴幼儿通过观察他人的行为并模仿他们来学习新的行为。这种学习方式对于婴幼儿发展起着重要作用。例如，婴幼儿通过模仿来学习照护者或其他婴幼儿的语言、动作和社交技能。

（4）形成习惯。行为主义理论强调婴幼儿通过反复练习和积累经验形成习惯。当婴幼儿反复进行特定的行为时，这些行为会逐渐转化为习惯，成为他们日常生活的一部分。

2. 行为主义理论在婴幼儿行为观察与指导中的应用

（1）积极强化。积极强化是行为主义理论中的一个重要概念，指的是通过奖励或增加愉悦的刺激来增加一种行为出现的概率。在婴幼儿行为观察与指导中，照护者使用积极强化来鼓励和支持婴幼儿的积极行为。例如，当婴幼儿表现出良好的行为举止时，照护者可以给予其赞美、拥抱或其他适当的奖励，从而增强他们继续做出这种积极行为的动机。

（2）避免惩罚。行为主义理论认为，惩罚是一种减少或抑制特定行为的过程，通常通过引入不愉快的刺激或移除愉快的刺激来实现。惩罚的目标是减少或消除不希望的行为。在婴幼儿行为观察与指导中，照护者应尽量避免严厉惩罚婴幼儿。严厉惩罚可能导致婴幼儿产生焦虑、抵触情绪，甚至可能影响他们的情绪和行为发展。

（3）建立习惯。行为主义理论认为，通过反复练习和经验积累，婴幼儿会形成习惯。婴幼儿建立良好的习惯对于他们的日常生活和行为规范至关重要，例如，建立固定的作息时间、进食习惯、个人卫生习惯等，有助于婴幼儿形成良好的生活规律。

（4）模仿学习。行为主义理论认为，婴幼儿通过观察他人的行为并模仿他们来学习新的行为。在婴幼儿行为观察与指导中，照护者的行为和表现对婴幼儿的学习和发展起着榜样的作用。因此，照护者应该进行良好的示范，并为婴幼儿提供积极的学习环境。

（5）建立积极反馈机制。行为主义理论认为，及时的正向强化可以更有效地影响行为。在婴幼儿行为观察与指导中，照护者及时给予积极的反馈和奖励可以增强婴幼儿的自尊和自信心，鼓励他们继续做出良好的行为。

二、认知发展理论

认知发展理论是婴幼儿行为观察与指导中的另一重要理论，它主要由瑞士心理学家让·皮亚杰（Jean Piaget）提出。这一理论强调婴幼儿认知能力的逐步发展。

1. 认知发展理论中关于婴幼儿行为观察与指导的关键概念

（1）认知阶段。根据皮亚杰的认知发展理论，婴幼儿的认知发展可划分为4个阶段，分别是感知运动期、前运算期、具体运算期和形式运算期。婴幼儿在每个阶段都具有特定的认知特征和能力特征。

（2）模式。婴幼儿通过对外界信息的感知和处理形成自己的认知模式，这一过程也被称为模式化。随着经验的积累和认知能力的提升，这些认知模式会不断地被调整、扩展和重新组织。

（3）适应与认知冲突。皮亚杰强调婴幼儿通过与环境交互发展认知能力。交互过程包括两个方面：适应和认知冲突。适应包括通过同化和顺应来处理信息。同化是指将新信息与已有认知模式相融合，而顺应则是调整现有的认知模式以适应新信息。认知冲突是指婴幼儿在遇到与现有认知模式不符的新信息时，产生的认知不一致。婴幼儿需通过解决认知冲突来推动认知发展。

（4）平衡。在认知发展中，婴幼儿通过平衡同化和顺应来实现认知模式的不断发展和调整。平衡是指婴幼儿不断维持认知模式的稳定状态，以适应和理解世界。

名词解释~

皮亚杰认知发展理论中的平衡

在皮亚杰的认知发展理论中，平衡是一个核心概念。平衡是指婴幼儿在认知发展中主动寻求知识和理解世界的过程。这一概念在皮亚杰的认知发展理论中起着至关重要的作用，它解释了婴幼儿如何逐渐构建和调整他们的认知模式，以适应新的经验和信息。

皮亚杰的认知发展理论认为，婴幼儿通过不断地与环境互动和积累经验，建立起一种认知模式或结构。模式是婴幼儿对于特定事物或经验的认知框架，它们帮助婴幼儿理解和解释世界。

婴幼儿遇到新的经验或信息时，可能会发现自己现有的认知模式无法完全解释这些新的情况。这种情况下，婴幼儿会感觉存在认知冲突，即认知不平衡。为了解决这种认知不平衡，婴幼儿会寻求新的认知途径和解决方案。

为了恢复平衡，婴幼儿会进行两种认知过程。

（1）适应。适应是指将新的经验或信息与已有的认知模式相结合，即将新的情况纳入已有的认知框架中。婴幼儿试图用现有的知识来解释新的情况，从而保持认知模式的稳定性。

（2）顺应。顺应是指修改或调整现有的认知模式，以适应新的经验或信息。当适应无法解决认知不平衡时，婴幼儿会修改他们的认知模式或创造新的认知模式，使其能够更好地理解和解释新的情况。

通过不断地适应和顺应，婴幼儿逐渐建立起更加复杂和准确的认知模式，实现认知的平衡。这种平衡过程推动着婴幼儿的认知发展。

在皮亚杰的认知发展理论中平衡过程是婴幼儿主动探索和适应世界的关键过程。通过平衡过程，婴幼儿不断地调整和发展他们的认知能力，从而实现认知的逐渐成熟。

2. 认知发展理论在婴幼儿行为观察与指导中的应用

认知发展理论在婴幼儿行为观察与指导中有广泛的应用，其能够帮助照护者更好地理解和支持婴幼儿的认知发展。

（1）了解认知发展阶段。认知发展理论将婴幼儿的认知发展划分为不同的阶段。通过了解这些阶段的特点和特征，照护者能够更好地预估婴幼儿的行为和需求。这样，他们就能为婴幼儿提供适宜的学习和发展环境。

（2）设计符合认知水平的活动。基于认知发展理论，照护者可设计出符合婴幼儿认知水平的教育活动和游戏。例如，对于处于感知运动期的婴幼儿，照护者提供丰富的感官刺激和运动体验，帮助他们探索世界和认知周围环境。

（3）激发好奇心和探索欲望。认知发展理论强调婴幼儿通过探索和主动学习来发展认知能力。照护者通过提供各种丰富的学习材料和玩具，来激发他们的好奇心和探索欲望。

（4）提供挑战和支持。认知发展理论认为，适度的认知冲突可以推动婴幼儿认知发展。照护者可以为婴幼儿提供一些适度的挑战，鼓励他们尝试新的解决方法，同时给予婴幼儿必要的支持和帮助。

（5）促进语言和沟通能力提升。认知发展理论认为，语言能力对认知发展至关重要。照护者通过与婴幼儿互动、鼓励他们表达和交流，促进他们的语言和沟通能力提升。

（6）尊重个体差异。认知发展理论强调每个婴幼儿在认知发展上存在个体差异。照护者应该尊重每个婴幼儿的个体特点和发展节奏，不对其过于苛求，使他们有足够的时间和空间发展。

三、社会情感发展理论

社会情感发展理论主要关注婴幼儿在社会互动中情感的发展和影响。这一理论强调婴幼儿与照护者之间的情感联系对于婴幼儿情感、社会行为和个性发展的重要性。其中，约翰·鲍尔比（John Bowlby）和玛丽·安斯沃思（Mary Ainsworth）的亲子依恋理论是社会情感发展理论的重要代表。

1. 亲子依恋理论中关于婴幼儿行为观察与指导的关键概念

（1）亲子依恋。亲子依恋理论认为，婴幼儿与照护者之间形成的良好亲子依恋关系对于婴幼儿的情感发展和社会行为至关重要。良好的亲子依恋关系有助于婴幼儿建立安全感，形成安全的依恋关系，从而对他们的自我认知和社会关系产生积极影响。

（2）分离与再会。亲子依恋理论中的分离与再会指的是婴幼儿与照护者分离时的情感体验和再会后的行为表现。在婴幼儿行为观察与指导中，照护者应特别关注婴幼儿在离开照护者或再次与照护者相遇时的情绪反应，以了解他们的情感发展和依恋类型。

知识链接

亲子依恋理论中，婴幼儿与照护者分离和再会时的行为表现有哪些？

根据亲子依恋理论，婴幼儿与照护者分离和再会时的行为表现主要包括以下几种。

1. 分离时的焦虑和担忧

婴幼儿与照护者分离时，会表现出焦虑和担忧。这是因为婴幼儿与照护者之间形成了深厚的情感联系，分离时婴幼儿可能感到不安和不适。

2. 分离反应

婴幼儿的分离反应有哭闹、呼喊、追随照护者等。这些反应是婴幼儿对分离的一种自然反应，他们试图保持与照护者的联系。

3. 分离依赖

与照护者分离时，婴幼儿会表现出对照护者的强烈依赖，不愿意离开照护者或接受其他人的安慰。

4. 再会时的喜悦和安心

婴幼儿与照护者再会时，他们通常会表现出喜悦和安心。再会时，婴幼儿可以感受到照护者给予的关爱和温暖，从而放松下来。

5. 再会探索

婴幼儿与照护者再会后，会表现出探索的兴趣和愿望。他们感受到安全和支持后，会更加勇敢地探索周围的环境。

6. 反复分离与再会

在早期的发展阶段，婴幼儿会反复经历分离与再会的过程。这有助于他们建立安全的依恋关系，并逐渐学会独立自主地探索。

（3）陪伴者与安全基地。婴幼儿将照护者视为陪伴者与安全基地。在陌生环境中，婴幼儿通常会倾向于向照护者寻求安慰和支持。观察这种行为可以了解婴幼儿对照护者的依恋程度。

（4）情感调节。亲子依恋理论关注婴幼儿情感调节能力的发展。照护者通过教授婴幼儿识别和表达情绪的方法，帮助他们更好地理解和处理自己的情绪，从而促进其情感发展和社交技能的提升。

（5）婴幼儿情感表达。观察婴幼儿的情感表达方式可以帮助照护者了解婴幼儿的情感状态和需求。照护者鼓励婴幼儿积极表达情感，并提供情感支持和安慰，有助于促进他们情感健康和积极地发展。

2. 社会情感发展理论在婴幼儿行为观察与指导中的应用

社会情感发展理论在婴幼儿行为观察与指导中有广泛的应用，其重点在于理解和支持婴幼儿在情感和社交方面的发展。

（1）建立安全的依恋关系。亲子依恋是社会情感发展理论的核心概念之一。在婴幼儿行为观察与指导中，照护者关注婴幼儿与自己之间的亲子依恋关系是至关重要的。建立安全的依恋关系可以为婴幼儿提供稳定的情感基础，促进他们的情感发展和社会适应能力的增强。

（2）促进情感表达和情感调节。社会情感发展理论强调婴幼儿的情感表达和情感调节能力的发展对于其社交和情感发展的重要性。照护者通过积极互动、鼓励婴幼儿表达情感和提供情感支持来促进婴幼儿情感的积极发展。

（3）理解社交互动。观察婴幼儿之间的社交互动是社会情感发展理论的另一个应用方面。了解婴幼儿在社交互动中的情感体验和行为表现可帮助照护者更好地支持婴幼儿培养社交技能和人际交往能力。

（4）提供个性化指导。在婴幼儿行为观察与指导中，照护者应考虑每个婴幼儿的个体差异和发展节奏。社会情感发展理论指导下的个性化指导可以帮助照护者根据婴幼儿的情感特点和需求，提供个性化的支持和关怀。

四、生态系统理论

婴幼儿行为观察与指导的生态系统理论是由美国心理学家尤瑞·布朗芬布伦纳（Urie Bronfenbrenner）提出的，该理论强调婴幼儿的发展受到多个系统和层面的影响，包括家庭、学校、社区以及文化等环境因素的综合作用。

1. 生态系统理论中关于婴幼儿行为观察与指导的关键概念

（1）微系统。微系统是指婴幼儿直接参与的生态环境，主要包括家庭、托儿所等，这些环境与婴幼儿的日常生活密切相关。微系统对婴幼儿发展的影响最为直接，例如，婴幼儿与家庭成员、教师和同伴之间的互动和支持。

（2）中系统。中系统是指与微系统相互联系的环境，如学校。中系统的特点是将不同微系统的因素联系在一起，形成更大范围的影响。

（3）外系统。外系统是指对婴幼儿发展有间接影响的环境，如社区和社会制度。这些因素可能会通过中系统传递到微系统，对婴幼儿的发展产生影响。

（4）时代宏观系统。时代宏观系统是指社会历史和文化背景等因素，是生态系统理论中最宏观的一层。它们会影响整个社会的价值观和信仰，从而间接影响婴幼儿的发展。

2. 生态系统理论在婴幼儿行为观察与指导中的应用

生态系统理论在婴幼儿行为观察与指导中有广泛的应用。通过该理论，照护者可以更深入地了解婴幼儿的发展和行为，同时提供有针对性的支持和指导。

（1）多重系统观察。在观察婴幼儿的行为时，照护者应综合考虑他们所处的微系统、中系统、外系统和时代宏观系统的影响，了解不同系统中的因素和互动关系，这样有助于更全面地理解婴幼儿行为。

（2）环境适应。生态系统理论认为，环境对婴幼儿的发展至关重要。在指导婴幼儿行为时，照护者适当地调整和适配婴幼儿所处的环境，可为他们提供更有利于发展的支持和机会。

（3）多层面干预。在婴幼儿行为观察与指导中，照护者应综合考虑微系统、中系统、外系统和时代宏观系统等的影响，实施多层面的干预措施。这样的干预方法更有可能对婴幼儿的发展产生持久和全面的积极影响。

（4）关注家庭和社区支持。生态系统理论认为，家庭和社区对婴幼儿的发展具有重要影响。在指导婴幼儿行为时，照护者应关注家庭和社区提供的支持和资源，帮助婴幼儿建立良好的家庭关系和社会联系。

（5）文化敏感性。生态系统理论强调了文化对婴幼儿发展的影响。在婴幼儿行为观察与指导中，照护者应对婴幼儿所处的文化背景有一定的了解，并采取文化敏感的方法来理解和支持他们的行为和发展。

（6）系统间合作。生态系统理论强调不同系统之间的相互作用。在婴幼儿行为观察与指导中，照护者、社区机构和专业人士之间的合作非常重要，可共同促进婴幼儿的全面发展。

课后练习题

1. 简述婴幼儿行为观察与指导的定义、意义、类型、原则和基本要求。

2. 请比较认知发展理论和社会情感发展理论的优劣势及如何有效结合这两种理论促进婴幼儿发展。

3. 根据行为主义理论，编写一篇促进婴幼儿建立习惯的托育文章。

4. 根据认知发展理论，编写一篇促进婴幼儿通过探索和主动学习来发展认知能力的托育文章。

5. 根据社会情感发展理论，编写一篇促进婴幼儿情感表达和情感调节的托育文章。

6. 根据生态系统理论，编写一篇促进婴幼儿了解自己所处的文化背景的托育文章。

第二章
婴幼儿行为观察与指导的常用方法

本章学习目标

1. 掌握日记法在婴幼儿行为观察与指导中的运用。
2. 掌握轶事记录法在婴幼儿行为观察与指导中的运用。
3. 掌握实况详录法在婴幼儿行为观察与指导中的运用。
4. 掌握样本描述法在婴幼儿行为观察与指导中的运用。
5. 掌握时间描述法在婴幼儿行为观察与指导中的运用。
6. 掌握事件取样法在婴幼儿行为观察与指导中的运用。
7. 掌握等级评定法在婴幼儿行为观察与指导中的运用。

婴幼儿行为观察与指导需要使用系统的方法，通过仔细观察和记录婴幼儿的行为，以更好地理解他们的需求、特点、发展阶段和个体差异，并采取相应的教育和养育措施来促进他们的行为发展。这种方法旨在帮助照护者认识到婴幼儿在成长过程中所表现出的行为是一种沟通需要，透露出他们的需求、情感和体验。通过持续的行为观察和记录，照护者可发现婴幼儿行为背后的模式，从而更好地理解婴幼儿的内在需求和情感状态。

第一节 日记法

通过对日记法的应用，照护者可以全面了解婴幼儿的日常习惯、兴趣爱好、发展阶段等，同时也可以观察婴幼儿成长过程中的进步和变化。日记法可以帮助照护者更好地了解婴幼儿的个体差异，及时发现婴幼儿的问题和需求，并为婴幼儿的成长与发展提供有针对性的指导和支持。同时，托育教师与其他照护者分享这些观察记录，可以促进家园合作，共同关注婴幼儿的成长。

一、日记法在婴幼儿行为观察与指导中的定义

日记法是一种通过书写日记或记录的方式，对婴幼儿的日常生活、行为、发展和表现进行观察和记录的方法。照护者使用日记法来详实地记录婴幼儿的各种行为和情况，包括但不限于饮食、睡眠、玩耍、情绪变化、学习新技能等方面的信息。

二、日记法在婴幼儿行为观察与指导中的优缺点

1. 日记法在婴幼儿行为观察与指导中的优点

（1）全面记录：日记法可以全面记录婴幼儿的日常行为、发展和表现。照护者通过详实地记录婴幼

儿的饮食、睡眠、玩耍、情绪变化等方面的信息，可以获取更全面的观察数据。

（2）个性化观察：使用日记法，照护者可以观察婴幼儿的个体差异，记录每个婴幼儿独特的行为和发展进程，有助于提供个性化的指导和支持。

（3）灵活性：使用日记法进行观察和记录相对灵活，照护者可根据实际情况自由选择观察的重点和时间，不受时间和空间的限制。

（4）促进家园合作：通过分享日记记录，照护者之间可以更好地了解婴幼儿在不同环境下的表现，促进家园合作，共同关注婴幼儿的发展和健康。

2. 日记法在婴幼儿行为观察与指导中的缺点

（1）带有主观性：使用日记法进行观察和记录时，照护者的主观情感和评价会影响到记录的客观性，导致观察记录不够客观准确。

（2）遗漏重要信息：使用日记法记录的内容可能会偏向于照护者感兴趣的方面，而忽略婴幼儿其他的重要行为和发展信息。

（3）消耗时间和精力：日记法需要照护者花费较多的时间和精力，会使照护者有一定的压力和负担。

（4）不适合长期观察：长期使用日记法进行观察和记录会导致照护者感到疲劳和注意力下降，影响观察质量。

（5）涉及隐私问题：日记法涉及婴幼儿的隐私，照护者需要注意确保记录的内容不会泄露婴幼儿的敏感信息。

三、日记法在婴幼儿行为观察与指导中的运用

日记法在婴幼儿行为观察与指导中具有广泛的运用，它是一种简单而有效的工具，可以帮助照护者更好地了解婴幼儿的日常行为和发展，从而为他们提供有针对性的观察与指导。

1. 全面观察婴幼儿的日常行为

通过运用日记法，照护者可全面观察婴幼儿的日常行为，包括饮食习惯、睡眠时间、玩耍活动、社交互动、情绪表现等。

2. 发现发展问题和需求

日记记录内容可帮助照护者发现婴幼儿的发展问题和需求，例如是否按时达到各个发展阶段的里程碑，是否出现情绪调节困难等，从而及时采取措施进行干预和提供支持。

3. 掌握个体差异

每个婴幼儿都是独一无二的，日记记录内容有助于照护者掌握婴幼儿的个体差异，了解他们的兴趣、喜好和特点，为照护者的个性化指导提供依据。

4. 评估干预效果

通过持续记录婴幼儿的行为和发展，照护者可以评估所采取的干预措施的效果，判断婴幼儿是否有进步和改善。

5. 促进家园合作

通过分享日记记录内容，照护者之间可以共同关注婴幼儿的成长，促进家园合作，共同制订婴幼儿的照护和教育计划。

6. 留存美好时刻

婴幼儿成长的每个阶段都充满珍贵的回忆，通过日记记录，照护者可留存这些美好时刻，使其成为宝贵的回忆。

7. 提高观察质量

使用日记法进行观察记录，照护者可提高观察的质量和增强记录的准确性，不会因时间和环境的限制而遗漏重要信息。

案例分享　　　使用日记法观察与指导小宝的情绪管理

日期：2022年4月11日—13日

婴幼儿信息：小宝，男，18个月大

日记记录

第1天

（1）观察内容：在托育室内，小宝正在自主玩耍。

（2）观察行为：小宝正在尝试用玩具搭建一座塔，但由于手眼协调能力尚未完全发展，塔还没搭好就一直倒塌。小宝尝试几次后，开始表现出挫折情绪，嘟着嘴哭了起来。

（3）应对措施：托育教师走过去，轻声安抚小宝，拍拍他的背，并帮助他重新搭建。

（4）观察指导：小宝表现出了情绪调节困难的问题，他需要在情绪激动时得到支持和安慰。托育教师可以引导他学会表达情绪，例如通过言语、手势或肢体语言来表达，同时提供安全的环境，让他可以尝试解决问题。

第2天

（1）观察内容：在室外游乐场，小宝和其他婴幼儿一起玩耍。

（2）观察行为：小宝和其他婴幼儿一起推着玩具车，但由于一些分歧，小宝开始表现出不满情绪，抢夺玩具车并哭闹。

（3）应对措施：托育教师及时介入，用温和的语言引导小宝和其他婴幼儿分享玩具车，同时给予小宝赞扬和鼓励。

（4）观察指导：小宝正在学习与其他婴幼儿共享资源，但他的社交技能尚未完全成熟。托育教师可以在玩耍过程中引导他学习分享和合作，同时提供积极的强化机会，鼓励他积极参与集体游戏和与他人互动。

第3天

（1）观察内容：午睡时间，小宝躺在床上准备午休。

（2）观察行为：小宝有些兴奋，无法立即入睡。他开始拍打床铺，并发出"咿咿呀呀"的声音。

（3）应对措施：托育教师轻轻安抚他，为他提供安全感，并用柔和的声音哼唱摇篮曲。

（4）观察指导：小宝可能需要更多的安全感和在宁静的情境下才能入睡。托育教师可以在午睡前营造一个宁静的环境，减少噪声，并用轻柔的声音或亲昵的动作来安抚他入睡。

我们通过这个案例可以看到日记法在婴幼儿行为观察与指导中的应用。通过记录婴幼儿在托育过程中的情绪表现和应对方式，托育教师可以更好地了解婴幼儿的情绪管理能力和需求。根据观察结果，托育教师可以提供个性化的指导和支持，帮助婴幼儿学会有效地处理情绪，并使婴幼儿在托育环境中感受到被关爱和支持。同时，日记法还可以帮助托育教师了解婴幼儿在不同情境下的表现和情绪状态，从而更好地为婴幼儿提供关怀和照顾，促进婴幼儿的全面成长。

课堂讨论

托育教师如何把日记法应用到婴幼儿行为观察与指导的各个方面？

第二节 轶事记录法

轶事记录法是一种简单而有趣的方法，可以增强观察记录的趣味性和吸引力，有助于照护者更好地了解婴幼儿的行为和发展。轶事记录法帮助照护者更全面地了解婴幼儿的兴趣、需求和行为模式，从而为婴幼儿提供更有针对性的指导和支持。同时，托育教师与其他照护者分享这些有趣的婴幼儿轶事，以促进家园合作，共同关注婴幼儿的成长。

一、轶事记录法在婴幼儿行为观察与指导中的定义

轶事记录法是一种在婴幼儿行为观察与指导中以幽默和有趣的方式来记录婴幼儿日常生活中的有趣事件、经历和行为的方法。这种记录方法着重于用轻松愉快的笔调描述婴幼儿在日常生活中特别的瞬间、有趣的行为或搞笑的插曲，从而增强观察记录的趣味性和吸引力。

与传统的正式观察记录不同，轶事记录法强调用生动有趣的语言描述婴幼儿的行为和表现，使观察记录更具趣味性和可读性。这种记录方法可增加照护者对婴幼儿行为的兴趣和关注度，让照护者更愿意主动观察和记录有趣的事件。

二、轶事记录法在婴幼儿行为观察与指导中的优缺点

1. 轶事记录法在婴幼儿行为观察与指导中的优点

（1）增强趣味性和吸引力：轶事记录法以幽默、有趣的方式呈现婴幼儿的行为和经历，增强了观察记录的趣味性和吸引力，使照护者更愿意主动关注和记录。

（2）提高观察精度：使用轶事记录法可增强照护者的积极性，使观察过程更加愉快和有趣，从而提高对婴幼儿行为的观察精度。

（3）加深记忆和回忆：以有趣的方式记录婴幼儿的行为和经历，有助于照护者加深对这些事件的记忆，并能够更生动地回忆起当时的情景。

（4）促进照护者之间的交流：照护者之间通过分享有趣的婴幼儿轶事，促进彼此间的交流和互动，加强家园合作。

2. 轶事记录法在婴幼儿行为观察与指导中的缺点

（1）带有主观性：轶事记录法往往带有照护者的主观情感和评价，会影响到记录的客观性，因此需要谨慎使用。

（2）忽略重要信息：由于轶事记录法主要关注婴幼儿有趣的事件和经历，因此容易忽略其他重要的行为和发展信息。

（3）不适合严肃观察：轶事记录法适用于记录生活中的有趣时刻，但并不适用于严肃的行为观察和评估，比如评估婴幼儿的发展进程或特定的行为问题。

（4）注意隐私问题：照护者需要注意婴幼儿的隐私问题，确保记录内容不会泄露婴幼儿的敏感信息。

（5）有误导性：有时候照护者过于关注轶事和趣事，会对婴幼儿的真实行为和发展产生误导。

三、轶事记录法在婴幼儿行为观察与指导中的运用

轶事记录法在婴幼儿行为观察与指导中的运用主要是照护者以幽默和有趣的方式来记录婴幼儿日常生活中的有趣事件、经历和行为。

1. 增加照护者的兴趣

使用轶事记录法可增加照护者对婴幼儿行为的兴趣。有趣的记录方式能吸引照护者的注意力，让他们更愿意观察和记录婴幼儿的行为。

2. 轻松愉快的记录过程

相比传统的正式观察记录，轶事记录法更轻松愉快。照护者用幽默的语言和生动的描述记录婴幼儿的行为，使观察记录变得更加有趣。

3. 促进家园合作

托育教师将有趣的婴幼儿轶事分享给其他照护者，可以促进家园合作。其他照护者也很愿意了解婴幼儿在托育环境中的有趣表现，进而更积极地参与婴幼儿的成长和教育过程。

4. 更全面地了解婴幼儿

通过轶事记录法，照护者能更全面地了解婴幼儿的个性、兴趣、需求和发展特点。有趣的记录方式使照护者对婴幼儿的行为和表现留下深刻印象。

案例分享 ▶ 使用轶事记录法观察与指导4个婴幼儿的情绪表达

日期范围：2022年3月15日—2022年3月30日

托育教师：王老师

婴幼儿信息：婴幼儿A，男，18个月大；婴幼儿B，女，19个月大；婴幼儿C，男，20个月大；婴幼儿D，女，21个月大

轶事记录

轶事1

（1）日期

2022年3月15日

（2）观察内容

在室内活动区，婴幼儿们自主玩耍。

（3）观察轶事

① 婴幼儿A：手中柔软的毛绒玩具不小心掉在地上，他看了一眼掉落的毛绒玩具，然后用手指指着，发出"咿呀"的声音。

② 婴幼儿B：看到婴幼儿A掉落的毛绒玩具，她爬过去，把玩具捡起来试图递给他，表情非常严肃。

③ 婴幼儿C：注意到婴幼儿A和婴幼儿B的互动，他也爬过去加入了他们，试图与他们一起玩玩具。

（4）情感反应

① 婴幼儿A：虽然有点失落，但他的面部表情逐渐明朗，似乎很高兴得到了婴幼儿B和婴幼儿C的关注。

② 婴幼儿B和婴幼儿C：表现出友善和合作的态度，试图安慰和支持婴幼儿A。

（5）观察指导

① 婴幼儿A：需要在情感表达中得到支持和理解。托育教师可以鼓励其他婴幼儿与他互动，帮助他感受关心、友善的集体氛围。

② 婴幼儿B和婴幼儿C：展现出友善和合作的行为。托育教师需要鼓励他们继续展现出友善和合作的行为，提升他们的社交技能。

轶事2

（1）日期

2022年3月22日

（2）观察内容

在午餐时间，婴幼儿们一起坐在餐桌旁吃饭。

（3）观察轶事

① 婴幼儿B：不愿意吃自己盘中的蔬菜，开始摔盘子，并哭闹。

② 婴幼儿C：看到婴幼儿B哭闹，他摇晃着手里的玩具，试图分散她的注意力。

③ 婴幼儿D：拿起一块面包递给婴幼儿B，似乎在试图让她吃一些面包。

（4）情感反应

① 婴幼儿B：在得到婴幼儿C和婴幼儿D的关心后，她停止了哭闹，但还是不愿意吃蔬菜。

② 婴幼儿C和婴幼儿D：试图用互动和别的食物鼓励婴幼儿B，展现出友好和支持的态度。

（5）观察指导

① 婴幼儿B：需要在饮食过程中得到耐心和温暖的引导。托育教师可以鼓励她尝试蔬菜，同时通过社交互动和别的食物帮助她建立积极的饮食体验。

② 婴幼儿C和婴幼儿D：展现出友善和支持的态度。托育教师需要鼓励他们继续在饮食过程中帮助和安抚其他婴幼儿。

轶事3

（1）日期

2022年3月30日

（2）观察内容

在室外游乐场，婴幼儿们一起玩沙子。

（3）观察轶事

① 婴幼儿C：试图用小铲子挖沙，但动作不熟练，他看到婴幼儿D正在挖沙，就爬过去靠近她，试图观察她的动作。

② 婴幼儿D：注意到婴幼儿C的到来，他停下手中的动作，伸出手指指着沙子，似乎想引导婴幼儿C如何挖沙。

（4）情感反应

① 婴幼儿C：通过观察婴幼儿D的动作，她开始模仿她的动作，试图学会挖沙。

② 婴幼儿D：耐心引导，试图帮助婴幼儿C学习如何挖沙。

（5）观察指导

① 婴幼儿C：正在学习新的动作技能，需要得到其他婴幼儿的鼓励和支持。托育教师可以引导其他婴幼儿与他一起玩，帮助他在互动中学习新技能。

② 婴幼儿D：表现出引导和支持的行为。托育教师需要鼓励她继续在游戏中帮助其他婴幼儿，促进他们之间的合作和增进友谊。

这个案例展现了托育教师如何运用轶事记录法观察多个婴幼儿的情绪表达和社交互动。轶事记录法可帮助托育教师抓住婴幼儿在日常活动中的亮点和重要时刻，深入了解他们的情感和发展，从而更好地指导他们的成长。轶事记录也成为家长了解婴幼儿日常表现的有效工具，并帮助家长了解婴幼儿在托育环境中的行为和反应。轶事记录法为托育教师提供了一个细致入微、生动有趣的方式来观察与指导婴幼儿的成长过程。

第三节　实况详录法

实况详录法的目标是尽可能全面和准确地记录婴幼儿在日常生活中的各种表现，以便照护者能够更深入地了解婴幼儿的个体差异、行为习惯和发展进程。通过详细的记录，照护者获取到婴幼儿的行为模式、喜好、兴趣等信息，有助于制订个性化的观察与指导计划。

一、实况详录法在婴幼儿行为观察与指导中的定义

实况详录法是一种在婴幼儿行为观察与指导中以详细、客观和系统的方式记录婴幼儿日常生活中

的行为和发展情况的方法。这种记录方法着重于记录婴幼儿的各种行为和表现，包括但不限于饮食、睡眠、玩耍、社交互动、情绪变化、学习新技能等方面的信息。

实况详录法通常要求照护者以客观的视角来观察和记录，尽量避免主观评价和臆断。记录的内容应该尽量详细和具体，包括时间、地点、行为等具体内容以及照护者的具体感知。这样的详细记录可提供更可靠的数据，从而帮助照护者做出准确的判断和评估，使照护者为婴幼儿的成长与发展提供有针对性的指导和支持。

二、实况详录法在婴幼儿行为观察与指导中的优缺点

1. 实况详录法在婴幼儿行为观察与指导中的优点

（1）进行全面记录：实况详录法能全面记录婴幼儿的日常生活和行为，包括饮食、睡眠、玩耍、情绪等方面的详细信息，使照护者能够获取更全面的数据。

（2）强调客观准确：实况详录法强调客观记录，尽量避免主观评价和臆断，从而使照护者的记录更加准确和可靠。

（3）提供个性化观察：通过分析实况详录法记录的数据，照护者能更好地了解每个婴幼儿的个体差异，包括兴趣、喜好和发展阶段等，从而为个性化的指导和支持提供依据。

（4）促进监测进展：实况详录法产生的数据可以用于监测婴幼儿的发展进展和变化，有助于照护者及时发现问题和需求。

（5）促进家园合作：托育教师将实况详录法的观察数据分享给其他照护者，可以促进家园合作，共同关注婴幼儿的成长和发展。

2. 实况详录法在婴幼儿行为观察与指导中的缺点

（1）消耗时间和精力：实况详录法要求照护者持续记录婴幼儿的行为和表现，需要照护者花费较多的时间和精力。

（2）可能遗漏重要信息：尽管实况详录法强调全面记录，但照护者仍有可能遗漏一些重要的信息，导致观察数据不完整。

（3）易受主观影响：尽管实况详录法强调客观记录，但照护者的主观情感和态度仍可能影响记录的内容。

（4）影响婴幼儿行为：在实况详录法的应用过程中，婴幼儿可能因为照护者的存在而表现出不同寻常的行为，导致记录的内容不够真实。

（5）不适合长期观察：长期使用实况详录法进行观察记录会使照护者感到疲劳和注意力下降，影响记录的质量。

三、实况详录法在婴幼儿行为观察与指导中的运用

实况详录法在婴幼儿行为观察与指导中有广泛的运用，它是一种以详细、客观和系统的方式记录婴幼儿日常生活中的行为和发展情况的方法。

1. 全面观察婴幼儿的日常行为

实况详录法着重记录婴幼儿的日常行为，包括饮食、睡眠、玩耍、社交互动、情绪表现等方面的信息。通过全面观察，照护者能获取婴幼儿的行为模式和发展趋势。

2. 了解婴幼儿的个体差异

使用实况详录法观察并记录婴幼儿的各种行为，可以更好地了解他们的个体差异，如兴趣、喜好和学习风格等，从而为个性化的指导和支持提供依据。

3. 发现婴幼儿的发展问题和需求

实况详录法可帮助照护者发现婴幼儿的发展问题和需求。通过观察和记录，照护者能及时发现婴幼儿在发展中可能存在的问题，为他们提供有针对性的帮助和支持。

4. 评估干预效果

照护者通过实况详录法持续记录婴幼儿的行为和发展，可以评估所采取的干预措施的效果。根据观察记录的变化，照护者可调整干预计划，确保婴幼儿得到有效的指导和支持。

5. 促进家园合作

托育教师将实况详录法的观察记录分享给其他照护者，可以促进家园合作。其他照护者了解到婴幼儿在托育环境中的行为和发展，可以更好地与托育教师合作，共同关注婴幼儿的成长。

6. 制定指导和支持决策

实况详录法提供了实际的观察数据，可以为照护者提供制定指导和支持决策的依据，帮助他们更好地满足婴幼儿的需求和促进其全面发展。

案例分享　使用实况详录法观察与指导婴幼儿的自主探索和学习能力

日期范围：2022年11月1日—2022年11月15日

托育教师：王老师

婴幼儿信息：婴幼儿E，男，19个月大；婴幼儿F，女，20个月大；婴幼儿G，男，21个月大；婴幼儿H，女，19个月大

实况详录

（1）日期

2023年11月2日，上午10:00

（2）观察内容

在室内游戏区，婴幼儿们自主玩耍。

（3）观察实况

① 婴幼儿E：坐在地板上，抓起一只玩具小熊，仔细观察它的颜色和形状，然后试图用嘴咬小熊的耳朵。

② 婴幼儿F：爬到婴幼儿E旁边，看到他正在玩小熊，也伸手想要抓取小熊。婴幼儿E转头看到婴幼儿F，将小熊递给了她。

③ 婴幼儿G：在婴幼儿E和婴幼儿F玩耍时，他从旁边的盒子里拿出一个塑料球，抓住它并试图把球放进盒子里。

④ 婴幼儿H：坐在玩具车上，用脚踩动玩具车，试图使它前进。

（4）情感反应

① 婴幼儿E：对小熊感兴趣，通过观察和试图咬耳朵来探索玩具的特性。在婴幼儿F走过来时，他与婴幼儿分享了小熊，并似乎乐于与其他婴幼儿一起玩耍。

② 婴幼儿F：对婴幼儿E玩的小熊感兴趣，试图加入他的游戏，并得到了他的积极回应。

③ 婴幼儿G：对塑料球感到好奇，试图将塑料球放进盒子中，探索塑料球的使用方法。

④ 婴幼儿H：踩动玩具车并试图使它前进，表现出自主探索和学习的行为。

（5）观察指导

① 婴幼儿E：表现出与其他婴幼儿的互动和分享行为，需要鼓励他继续培养友善和合作的品质。

② 婴幼儿F：表现出对新玩具的兴趣，需要鼓励她继续参与集体游戏，培养她的社交技能。

③ 婴幼儿G：正在探索玩具的使用方法，需要得到鼓励和支持。托育教师可以为他提供更多的玩具，鼓励他自主探索和学习。

④ 婴幼儿H：展现出自主探索和学习的能力，需要鼓励她继续发展好奇心和自信心，尝试更多新的活动。

利用实况详录法进行观察，托育教师能够深入了解婴幼儿的情绪表达和冲突解决能力，为他们提供个性化的指导，帮助他们建立积极的社交互动能力和促进情感发展。

课堂讨论

托育教师在实际工作中使用实况详录法的注意事项有哪些？

第四节　样本描述法

样本描述法的目标是从婴幼儿的行为中提取出重要的信息和特点，以便更深入地了解婴幼儿的行为模式、发展特点和个体差异。通过对有代表性的样本进行描述和分析，照护者能更全面地了解婴幼儿的行为表现，并据此制订有针对性的观察记录和指导计划。

一、样本描述法在婴幼儿行为观察与指导中的定义

样本描述法是一种在婴幼儿行为观察与指导中通过对有代表性的婴幼儿行为样本进行详细描述和分析的方法。照护者会选择一系列具有代表性的观察活动，即样本，在这些活动对婴幼儿的行为进行详细记录和描述。

样本描述法通常要求照护者对每个选定的样本进行详细的记录，包括婴幼儿的行为表现、情绪状态、社交互动等内容。记录的形式可以是文字、图像、视频等，以便后续的分析和研究。

样本描述法在婴幼儿行为观察与指导中是一种有效的方法，它能够提供具有代表性的观察数据，帮助照护者更深入地了解婴幼儿的行为和发展，为照护者做出个性化的指导和支持提供依据。同时，样本描述法也有助于发现婴幼儿的特点和需求，使照护者为婴幼儿提供更有针对性的帮助和促进其全面发展。

二、样本描述法在婴幼儿行为观察与指导中的优缺点

1. 样本描述法在婴幼儿行为观察与指导中的优点

（1）选择有代表性的观察样本

样本描述法选择具有代表性的观察样本，能够提供较为客观、全面、典型的观察数据，有助于照护者了解婴幼儿行为的普遍特点和发展趋势。

（2）节约时间和精力

相较于全程观察记录，样本描述法选取少量有代表性的样本进行观察和记录，节约了照护者的时间和精力。

（3）便于深入分析

由于样本描述法要求对每个选定的样本进行详细的记录，照护者可以深入分析婴幼儿的行为表现，发现其中的规律和特点。

（4）考察个体差异

通过观察和记录多个婴幼儿的样本，照护者能更好地了解婴幼儿之间的个体差异，从而为个性化的指导和支持提供依据。

（5）帮助制定有效指导决策

样本描述法提供了有代表性的观察数据，可为照护者制定更有效的指导决策提供参考。

2. 样本描述法在婴幼儿行为观察与指导中的缺点

（1）存在偏差

样本描述法所选取的样本可能存在一定的偏差，不能完全代表婴幼儿的整体行为，因此对于个别特殊婴幼儿行为的观察和记录不够全面和准确。

（2）数据不全面

样本描述法只对有限的样本进行观察和记录，无法获取婴幼儿全部行为的全面数据。

（3）难以捕捉特殊行为

样本描述法无法捕捉到婴幼儿的某些特殊行为或突发情况，因为照护者只记录选定时刻的婴幼儿行为。

（4）主观选择样本

运用样本描述法时选择的样本受到照护者主观因素的影响，可能会影响观察数据的代表性。

（5）无法监测变化

样本描述法所提供的数据只反映了特定时刻的婴幼儿行为，难以对婴幼儿行为的变化和发展趋势进行监测。

三、样本描述法在婴幼儿行为观察与指导中的运用

样本描述法在婴幼儿行为观察与指导中是一种重要的观察方法，可用于深入了解婴幼儿的日常行为和发展特点。它可以结合其他观察方法一起使用，为照护者进行个性化指导和支持提供更全面的信息。

1. 选择有代表性的样本

使用样本描述法时，照护者会选择具有代表性的样本。这些样本可以包括不同时间段、在不同环境中和不同情境下的观察时刻。通过选择有代表性的样本，照护者能够获取婴幼儿行为的典型表现和发展趋势。

2. 全面了解婴幼儿行为

样本描述法能够提供详细的行为描述信息，包括饮食、睡眠、玩耍、社交互动等。通过全面了解婴幼儿的行为，照护者能更加准确地把握他们的发展状况和特点。

3. 分析个体差异

样本描述法的运用可以帮助照护者分析婴幼儿之间的个体差异。通过观察不同婴幼儿的样本，照护者发现他们在行为表现、发展阶段和兴趣方面的差异，从而为进行个性化的指导和支持提供依据。

4. 评估干预效果

照护者可使用样本描述法评估所采取的干预措施的效果。照护者能了解干预措施是否取得了预期的效果，是否需要调整和改进。

5. 为制定指导决策提供参考

样本描述法提供了实际的观察数据，能为照护者制定更有效的指导决策提供参考。根据观察记录的数据和分析结果，照护者能制定有针对性的应对措施。

6. 促进家园合作

托育教师将样本描述法的观察记录分享给其他照护者，能促进家园合作。其他照护者了解到婴幼儿在托育环境中的行为和发展，可以更好地与托育教师合作，共同关注婴幼儿的成长。

案例分享　使用样本描述法观察与指导婴幼儿的自主行为

托育教师：李老师

婴幼儿信息：婴幼儿I，男，20个月大；婴幼儿J，女，19个月大；婴幼儿K，男，21个月大；婴幼儿L，女，20个月大

样本描述

（1）日期

2023年12月2日

（2）观察内容

在室内活动区，婴幼儿们自主玩耍。

（3）样本描述

①婴幼儿I：坐在游戏毯上，用手拍打旁边的玩具，然后拿起一个玩具，尝试放进嘴里。

②婴幼儿J：爬行到书架前，伸手摸索并拿起一本绘本，翻开书页，看着绘本上的图片。

③婴幼儿K：拿着一个软绵绵的毛绒玩具，试图把玩具放进一个小篮子里，但篮子太小，玩具未放进去，他停下动作，转而摇晃玩具。

④婴幼儿L：坐在小椅子上，手里拿着一本绘本，虽然她还不会翻页，但能专注地看着绘本上的图画。

（4）样本分析

这一样本中，所有婴幼儿都展现出自主探索的行为。他们用手触摸、抓取、摇晃和尝试将玩具放进其他容器中，表现出对环境的好奇心和探索欲望。婴幼儿J的爬行动作显示了她探索环境的主动性。婴幼儿L在观看绘本时表现出专注力和对视觉刺激的兴趣。

（5）观察指导

①鼓励婴幼儿的自主探索行为，提供安全的环境和丰富的玩具，充分激发他们的好奇心和探索欲望。

②对于正在学习爬行的婴幼儿，要为他们提供充足的时间和空间，让他们自主探索环境。

③对于正在学习手部动作的婴幼儿，可以提供易于抓取和探索的玩具，鼓励他们通过手部动作来认识和探索周围的事物。

课堂讨论

托育教师在实际工作中使用样本描述法时应如何选取样本？

第五节　时间描述法

时间描述法对于观察婴幼儿的行为发展和行为模式变化非常有用。通过时间描述法，照护者可以更清楚地了解婴幼儿行为的时序关系，分析其行为之间的因果关系以及寻找可能存在的规律。通过应用时间描述法进行观察记录，照护者能更深入地了解婴幼儿的行为特点和发展趋势，为进行个性化的指导和支持提供更准确和有针对性的依据。同时，时间描述法也有助于照护者发现婴幼儿行为中的问题和需求，为婴幼儿提供更有效的帮助和促进其全面发展。

一、时间描述法在婴幼儿行为观察与指导中的定义

时间描述法是一种在婴幼儿行为观察与指导中常用的观察方法，通过记录婴幼儿的行为和发展情况，并在观察记录中标注时间，照护者能够了解婴幼儿行为的发生顺序、持续时间以及行为之间的时间间隔。

在运用时间描述法时，照护者需要在观察过程中精确记录每种行为发生的具体时间。这样的记录可以按分钟或者更细的时间刻度进行，以确保对婴幼儿行为的时间信息进行准确的记录和描述。

二、时间描述法在婴幼儿行为观察与指导中的优缺点

1. 时间描述法在婴幼儿行为观察与指导中的优点

（1）准确记录行为时序：时间描述法能准确记录婴幼儿行为的时间顺序，帮助照护者了解行为发生的先后顺序和时间间隔，有助于照护者分析行为之间的因果关系和可能存在的规律。

（2）细致观察行为持续时间：通过标注具体时间，照护者能细致观察婴幼儿行为的持续时间，如睡

眠持续时间、玩耍持续时间等。这有助于照护者了解婴幼儿的行为习惯和节律。

（3）计算行为频率：时间描述法能够记录行为的具体发生时间，从而计算行为的频率。照护者通过了解某种行为在特定时间段内的出现频率，从而更好地了解婴幼儿的兴趣和行为习惯。

（4）辅助发现问题和需求：通过对婴幼儿行为的时间记录和分析，照护者能发现婴幼儿可能存在的问题和需求。例如，对于睡眠时间的观察，可以发现是否存在睡眠问题或者是否需要调整睡眠时间。

2. 时间描述法在婴幼儿行为观察与指导中的缺点

（1）工作量较大：时间描述法要求照护者在观察过程中准确记录每个行为的具体时间，工作量较大，需要耗费照护者更多的时间和精力。

（2）无法全面观察：使用时间描述法进行观察时，照护者会集中注意力记录时间，而导致无法全面观察婴幼儿的其他行为细节。

（3）可能存在观察偏差：照护者因为集中精力记录时间，而忽略了一些重要的行为细节，从而导致观察偏差。

（4）特殊行为不适用：时间描述法适用于观察那些有明确开始和结束时刻的行为，但对于那些具有持续性的、难以准确定义开始和结束时刻的行为，如情绪表现等，不太适用。

三、时间描述法在婴幼儿行为观察与指导中的运用

时间描述法在婴幼儿行为观察与指导中有着广泛的运用，它可以帮助照护者更准确地了解婴幼儿的行为表现和发展特点。

1. 睡眠观察

时间描述法可用于观察婴幼儿的睡眠行为，记录婴幼儿入睡的时间、醒来的时间、睡眠的持续时间以及出现的睡眠中断情况，帮助照护者了解婴幼儿的睡眠习惯和睡眠质量。

2. 饮食观察

时间描述法可用于观察婴幼儿的饮食行为，记录婴幼儿进食的时间、进食的持续时间、食物摄入量等信息，有助于照护者了解婴幼儿的饮食习惯和偏好，以及发现婴幼儿存在的饮食问题。

3. 玩耍行为观察

照护者可以使用时间描述法记录婴幼儿的玩耍行为，如玩具选择、玩耍时间、自主玩耍或与他人互动的时间等，以了解婴幼儿的兴趣和玩耍能力的发展。

4. 社交互动观察

时间描述法也可用于观察婴幼儿的社交互动行为，记录婴幼儿与其他照护者或其他婴幼儿之间的交流时间和方式，帮助照护者了解婴幼儿的社交能力和行为表现。

5. 情绪表现观察

照护者使用时间描述法记录婴幼儿的情绪表现，如笑、哭、愤怒等情绪的出现和持续时间。这有助于了解婴幼儿的情绪发展和情绪调节能力。

6. 发展里程碑观察

时间描述法可以用于观察婴幼儿发展的里程碑时刻，如婴幼儿第一次翻身、爬行、说话的时间点等。记录这些发展里程碑的时间，有助于照护者了解婴幼儿的发展进程是否正常。

案例分享   使用时间描述法观察与指导婴幼儿的自主玩耍时间

日期范围：2021年8月1日—2021年8月15日

托育教师：张老师

婴幼儿信息：婴幼儿M，男，21个月大；婴幼儿N，女，20个月大；婴幼儿O，男，19个月大

（1）时间描述

① 8月1日

上午9:30—10:00：婴幼儿M独自坐在游戏区的小桌旁，拿着一个塑料碗，试图将一些小球放入碗中，但由于手部控制能力尚未成熟，小球反复掉到地上。婴幼儿N在旁边爬来爬去，抓住了一只小鸭子玩具，对其产生兴趣，试图用手指拨动小鸭子的翅膀。

② 8月5日

下午3:00—3:30：婴幼儿O坐在绘画区，手里拿着一支大号的蜡笔，在画纸上随意涂鸦。他用手抓住蜡笔，试图在画纸上画出不同的线条，但由于手部协调能力尚未成熟，他画出的线条比较混乱。婴幼儿M看到婴幼儿O在画画，也过来凑热闹，试图抢夺婴幼儿O的蜡笔，但被托育教师及时制止，托育教师提供了另一支蜡笔给婴幼儿M。

③ 8月10日

上午11:00—11:30：婴幼儿N和婴幼儿O一起坐在用餐区的小桌旁，他们各自拿着一把小勺，试图自己用勺子吃饭。婴幼儿N用手抓住勺子的把手，试图将勺子伸进碗里，碗里的食物被搅动得很乱，有些食物洒在了桌子上。婴幼儿O试图模仿婴幼儿N用勺子吃饭的动作，但由于手部协调能力尚未成熟，勺子多次掉到地上。

④ 8月15日

下午4:00—4:30：婴幼儿M和婴幼儿O一起坐在绘画区，他们手里拿着各自的画笔，在画纸上涂鸦。婴幼儿M试图用画笔在画纸上画线条，但由于手部控制能力尚未成熟，画出的线条长度和形状不一致。婴幼儿O看到婴幼儿M在画画，试图模仿他的动作，用画笔在画纸上来回涂抹，展现出对绘画的兴趣。

（2）观察指导

① 婴幼儿M：表现出对自主玩耍的兴趣，需要得到支持和鼓励。托育教师可以提供更符合他手部控制能力发展情况的玩具和绘画材料，帮助他在自主玩耍中获得满足感。

② 婴幼儿N：试图模仿其他婴幼儿的行为，表现出对学习的热情，需要得到指导和支持。托育教师可以与她一起进行游戏和用餐活动，帮助她学会新的技能。

③ 婴幼儿O：展现出对绘画和自主用餐的兴趣，需要得到更多的支持和指导。托育教师可以为其提供更多绘画材料和自主用餐的机会，帮助他在不同活动中发展自主性和创造力。

课堂讨论

托育教师在实际工作中使用时间描述法时应如何选取时间？

第六节 事件取样法

事件取样法可以帮助照护者集中观察婴幼儿的特定行为或其在特定情境下的表现，从而更加深入地了解他们的行为模式和发展特点。这种方法适用于那些无法连续观察的行为或情境，也适用于观察特定事件对婴幼儿行为和发展的影响。

一、事件取样法在婴幼儿行为观察与指导中的定义

事件取样法是一种在婴幼儿行为观察与指导中常用的观察方法。它是一种系统的观察方法，通过选取特

定的事件或行为作为样本，进行观察和记录，从而深入了解婴幼儿在特定情境下的行为表现和发展特点。

运用事件取样法时，照护者根据观察目的和研究问题，选择具有代表性和重要性的事件或行为作为观察样本。这些事件或行为可以是婴幼儿特定的行为，也可以是婴幼儿在特定情境下的反应或互动。照护者记录选定事件的发生时间、持续时间以及行为表现，以便进行后续的分析和理解。

在婴幼儿行为观察与指导中，事件取样法可以用于观察诸如婴幼儿的玩耍行为、社交互动、情绪表现、学习尝试等特定事件或婴幼儿在特定情境下的行为表现。

二、事件取样法在婴幼儿行为观察与指导中的优缺点

1. 事件取样法在婴幼儿行为观察与指导中的优点

（1）集中观察关键行为：事件取样法允许照护者集中观察婴幼儿的特定行为或其在特定情境下的表现，有助于深入了解婴幼儿在特定事件中的行为表现和发展特点。

（2）节省观察时间：与连续观察相比，事件取样法更节省观察时间。照护者只需要在特定的事件发生时进行记录，不需要进行连续观察，这减轻了观察的负担。

（3）针对特定问题：事件取样法适用于针对特定问题的观察。照护者通过选择特定事件或行为作为样本，可更有针对性地观察婴幼儿在特定情境下的行为和反应。

（4）克服观察偏差：事件取样法可以避免连续观察中可能出现的观察偏差。选择不同事件和行为进行观察有助于照护者更全面地了解婴幼儿的行为表现和发展特点。

2. 事件取样法在婴幼儿行为观察与指导中的缺点

（1）样本选择问题：样本的选择可能不够全面和不具有足够的代表性。如果选取的事件或行为不能很好地代表婴幼儿的整体行为表现，观察结果可能不够准确和全面。

（2）可能遗漏重要信息：由于只选择了特定事件进行观察，可能会遗漏一些重要的行为或情境，导致观察结果不够全面。

（3）无法观察连续行为：事件取样法无法观察连续进行的行为，对于那些持续性的行为不适用。

（4）可能产生干扰：在特定事件发生时进行观察会引起婴幼儿或其他人的注意，从而干扰婴幼儿的行为表现。

三、事件取样法在婴幼儿行为观察与指导中的运用

事件取样法在婴幼儿行为观察与指导中有广泛的运用，它可帮助照护者深入了解婴幼儿在特定情境下的行为表现和发展特点。

1. 记录情绪表现

照护者可通过事件取样法观察婴幼儿在特定情境下的情绪表现，如在分离时、与陌生人互动时或遇到新的环境时的反应。照护者可通过记录这些情绪事件的发生时间和持续时间，了解婴幼儿的情绪发展和情绪调节能力。

2. 记录社交互动

照护者可使用事件取样法观察婴幼儿与其他照护者或其他儿童之间的社交互动。照护者选择婴幼儿特定的社交互动事件，如其与同伴分享玩具、回应他人的招呼等，记录这些事件的发生时间及其表现，了解其社交能力的发展。

3. 记录学习事件

照护者可选取特定的学习事件，如婴幼儿尝试爬行、站立、说话等行为，记录这些学习事件的发生时间和婴幼儿的表现，了解其学习和发展过程。

4. 记录游戏行为

照护者可通过事件取样法观察婴幼儿在特定游戏情境下的表现，如玩具选择、游戏互动等，记录游戏事件的发生时间和婴幼儿的参与程度，了解其游戏能力和兴趣。

5. 记录情境适应

照护者选择特定情境事件，如适应新环境、参加活动等，记录这些情境适应事件的发生时间和婴幼儿的表现，了解其适应能力和情境应对方式。

案例分享　使用事件取样法观察与指导婴幼儿的社交互动与情绪表达

日期范围：2022年12月1日—2022年12月15日

托育教师：王老师

婴幼儿信息：婴幼儿P，男，17个月大；婴幼儿Q，女，18个月大；婴幼儿R，男，19个月大

事件取样

事件1：社交互动

（1）观察日期

2022年12月5日，上午11:00

（2）观察内容

在室内游戏区，婴幼儿们进行自由玩耍。

婴幼儿P和婴幼儿Q同时抓住一个柔软的球玩具，他们同时用小手拍打球玩具，引起了对方的注意。随后，两个婴儿开始互相交换球玩具，并发出"咿呀"的声音，似乎在进行互动。

婴幼儿R看到婴幼儿P和婴幼儿Q的互动，爬过去加入了他们的游戏。他拿起一个齿轮玩具，试图将其放入婴幼儿Q手里，表现出对共同游戏的兴趣。

（3）观察指导

① 婴幼儿P和婴幼儿Q：展现出对社交互动和共同游戏的兴趣，需要得到鼓励和支持。托育教师可以提供更多适合多人玩的玩具，帮助他们培养社交技能和合作意识。

② 婴幼儿R：试图加入其他婴幼儿的游戏，表现出对社交互动的渴望。托育教师需要鼓励他参与多人游戏，帮助他建立更多的社交关系。

事件2：情绪表达

（1）观察日期

2023年12月10日，下午3:30

（2）观察内容

在绘画区，婴幼儿们自由绘画。

婴幼儿P拿起一支彩色笔，试图蘸取颜料，但由于手部控制能力尚未成熟，颜料洒在了桌子上。他看着洒落的颜料，有些失落地皱起了小脸，然后试图用手擦掉颜料，但没有成功。

婴幼儿Q看到婴幼儿P的情绪变化，放下手里的画笔，爬过去拍拍他的背，似乎是在安慰他。婴幼儿P转过头看到婴幼儿Q的关心动作，慢慢露出了笑容。

婴幼儿R坐在一旁，看到其他两个婴幼儿的互动，伸手拿起一张纸巾，试图递给婴幼儿P让他用纸巾擦颜料。尽管没有成功擦掉颜料，但他表现出了对他人情绪的关注和表达意愿。

（3）观察指导

① 婴幼儿P：在绘画时遇到困难表现出失落情绪，需要得到理解和安慰。托育教师可以通过轻声安抚和示范正确的擦拭方式，帮助他学会处理情绪和应对挫折。

② 婴幼儿Q：看到其他婴幼儿的情绪变化，表现出关心和同理心。托育教师需要鼓励她关注他人的情绪，继续培养其同理心和情感表达能力。

③ 婴幼儿R：试图帮助其他婴幼儿擦拭颜料，展现出对他人情绪的关注。托育教师需要鼓励和支持他，鼓励他积极参与他人的情感表达。

💡 课堂讨论

托育教师在实际工作中使用事件取样法时应如何选取事件？

第七节 等级评定法

等级评定法在婴幼儿行为观察与指导中发挥着重要的作用，它是一种常用的行为评估方法，可系统性地记录和描述婴幼儿的行为表现，并将其分为不同的发展等级。等级评定法能够提供宝贵的信息，有助于照护者更好地了解婴幼儿的发展情况和个体差异，从而采取相应的指导措施。

一、等级评定法在婴幼儿行为观察与指导中的定义

等级评定法是一种常用的婴幼儿行为观察与指导方法，用于对婴幼儿的行为进行评估和分类。使用等级评定法时，照护者会对特定行为或特定发展指标进行观察，并根据婴幼儿的表现进行相应的等级评定。这种方法主要用于描述和量化婴幼儿在某些特定方面的发展情况，以便进行进一步的指导和支持。

等级评定法通常会使用具体的评分标准或描述性词语来对婴幼儿的行为表现进行描述。照护者根据这些标准或描述性词语，结合婴幼儿的实际表现，评定相应的等级，以反映其在特定方面的发展水平。这些等级可以是定量的，如数字，也可以是定性的，如描述性词语。

等级评定法可用于婴幼儿多个方面的行为观察与指导，比如语言发展、运动发展、社交互动、认知能力等。通过对婴幼儿多个方面的行为进行等级评定，照护者能更全面地了解婴幼儿的发展状况，发现其潜在的问题或需要加强的方面，为进行个性化的指导和干预提供依据。同时，等级评定法也可用于跟踪婴幼儿的发展进程，评估干预措施的有效性，并为照护者提供有针对性的建议和指导。

二、等级评定法在婴幼儿行为观察与指导中的优缺点

1. 等级评定法在婴幼儿行为观察与指导中的优点

（1）具有客观性：等级评定法能较为客观地对婴幼儿的行为进行评估和分类。等级评定法使用明确的评分标准或描述性词语进行评估，减少了主观性的影响，使评估结果更加客观。

（2）简单易用：等级评定法相对简单易用，由照护者根据预先设定的评分标准进行观察和评估，不需要复杂的计算和测量，适用于实际观察与指导工作。

（3）快速评估：等级评定法能快速对婴幼儿的行为进行评估和分类，适用于大规模观察和群体评估。

（4）多维度评估：等级评定法可应用于婴幼儿多个方面的行为观察与指导，如语言发展、运动发展、社交互动、认知能力等，使评估结果更全面。

2. 等级评定法在婴幼儿行为观察与指导中的缺点

（1）带有主观性：等级评定法通常涉及对婴幼儿行为进行主观评估，这取决于照护者的判断和个人偏好。不同照护者可能会对相同的行为赋予不同的等级，因此存在评定一致性的挑战。

（2）具有不精确性：等级评定法往往不能提供具体的定量数据，而只能提供一般性的等级或描述。这使照护者难以进行详细的数据分析和比较，也难以跟踪婴幼儿的进展。

（3）可能忽略细节：由于等级评定法的简化性质，照护者采用该方法可能会忽略一些重要的细节或特定情境下的行为差异。这可能导致照护者无法准确捕捉婴幼儿的发展和需求。

（4）缺乏标准化：通常情况下，等级评定法缺乏标准化，因此不同照护者可能使用不同的等级系统，这会导致评估结果的不一致性。

三、等级评定法在婴幼儿行为观察与指导中的运用

等级评定法在婴幼儿行为观察与指导中有广泛的运用。它可应用于婴幼儿多个方面的行为观察与指导，以对婴幼儿的行为进行评估和分类，了解其发展水平，并为照护者进行个性化的指导和支持提供依据。

1. 评定语言发展

照护者可通过等级评定法观察婴幼儿的语言发展，包括语音发音、词汇使用、语法表达等。根据设

定的评分标准，照护者对婴幼儿语言表现进行评估，了解其语言发展水平。

2. 评定运动发展

照护者可使用等级评定法观察婴幼儿的运动发展，如爬行、站立、走路、手眼协调等。根据评分标准，照护者对婴幼儿的运动表现进行评估，了解其运动发展情况。

3. 评定社交互动

照护者可通过等级评定法观察婴幼儿的社交互动能力，包括与家人、保育者和同伴的互动。根据评分标准，照护者对婴幼儿的社交行为进行评估，了解其社交能力发展。

4. 评定认知能力

照护者可使用等级评定法观察婴幼儿的认知能力，包括注意力、记忆力、解决问题的能力等。根据评分标准，照护者对婴幼儿的认知表现进行评估，了解其认知能力发展。

5. 评定情绪表现和自我调节能力

照护者可通过等级评定法观察婴幼儿的情绪表现和自我调节能力。根据评分标准，照护者对婴幼儿的情绪表现和情绪调节能力进行评估，了解其情绪发展情况。

6. 评定适应能力

照护者可使用等级评定法观察婴幼儿在新环境和新情境下的适应能力。根据评分标准，照护者对婴幼儿的适应行为进行评估，了解其适应能力和情境应对方式。

案例分享　使用等级评定法观察与指导婴幼儿的自主性和社交技能

托育教师：李老师

婴幼儿信息：婴幼儿S，男，17个月大；婴幼儿T，女，19个月大；婴幼儿U，男，18个月大

（1）日期

2022年12月1日—2022年12月15日

（2）观察内容

在室内自由玩耍环境中观察婴幼儿的自主性和社交技能。

（3）等级评定标准

① 优秀（3级）：婴幼儿在自由玩耍中表现出高度的自主性，能够独立完成各种动作和活动；在社交互动中，主动与其他婴幼儿接触，表现出积极的社交技能，如分享玩具、互相观察并模仿对方的动作。

② 良好（2级）：婴幼儿在自由玩耍中表现出一定的自主性，能够进行一些动作和活动；在社交互动中，愿意与其他婴幼儿接触，但分享玩具和与对方互动等行为还需进一步培养。

③ 一般（1级）：婴幼儿在自由玩耍中较为被动，需要托育教师的引导和支持；在社交互动中，对与其他婴幼儿接触和互动不太积极，需要更多的激励和鼓励。

（4）观察事件及评定

① 观察日期：2023年12月5日

婴幼儿S：自由玩耍时，能够抓住玩具，尝试用手指戳小球；在社交互动中，对于其他婴幼儿的活动表现出好奇，但不太愿意主动接近其他婴幼儿，需要引导和激励。（评定等级：一般——1级）

婴幼儿T：自由玩耍时，能够抓住玩具，试图将玩具放入口中；在社交互动中，主动与其他婴幼儿接触，试图分享玩具，但对于互相模仿的行为还需要更多的学习。（评定等级：良好——2级）

婴幼儿U：自由玩耍时，能够抓住玩具，尝试拨动旋转玩具；在社交互动中，对其他婴幼儿的活动表现出较强的兴趣，能够与其他婴幼儿一起玩，但分享玩具和互相模仿的行为还需要继续培养。（评定等级：优秀——3级）

② 观察日期：2023年12月10日

婴幼儿S：自由玩耍时，能够抓住小球，试图将玩具滚向其他婴幼儿；在社交互动中，对于其他婴幼儿的活动表现出一定的好奇，试图接近其他婴幼儿，但还需要更多的支持和鼓励。（评定等级：良好——2级）

婴幼儿T：自由玩耍时，能够抓住小球，试图将玩具递给其他婴幼儿；在社交互动中，表现出较好的分享意识，愿意与其他婴幼儿一起玩耍，但互相模仿的行为还需要更多的练习。（评定等级：优秀——3级）

婴幼儿U：自由玩耍时，能够抓住小球，试图和其他婴幼儿一起玩耍；在社交互动中，表现出较高的积极性和主动性，愿意分享玩具并模仿其他婴幼儿的行为。（评定等级：优秀——3级）

（5）观察指导

婴幼儿S：需要托育教师的引导和支持，托育教师应鼓励他积极参与社交互动，并提供更多适合他发展的玩具和活动，帮助他培养自主性和社交技能。

婴幼儿T：托育教师应继续鼓励她的自主性和社交技能发展，为她提供更多与其他婴幼儿互动的机会，鼓励她分享和模仿其他婴幼儿的行为。

婴幼儿U：在自主性和社交技能方面表现较好，托育教师需要继续给予其肯定和鼓励，同时为其提供更加丰富多彩的社交活动，进一步促进其发展。

课堂讨论

托育教师在实际工作中使用等级评定法的注意事项有哪些？

课后练习题

1. 比较日记法和实况详录法的相同点和不同点。
2. 比较样本描述法和事件取样法的相同点和不同点。
3. 在托育机构实践后，写一篇用日记法观察与指导多个婴幼儿行为的案例。
4. 在托育机构实践后，写一篇用实况详录法观察与指导婴幼儿行为的案例。
5. 在托育机构实践后，写一篇用样本描述法观察与指导婴幼儿行为的案例。
6. 在托育机构实践后，写一篇用时间描述法观察与指导婴幼儿行为的案例。

第三章

婴幼儿感官行为观察与指导

本章学习目标

1. 掌握婴幼儿感官行为观察与指导的原则和方法。
2. 掌握婴幼儿视觉行为观察与指导的要点。
3. 掌握婴幼儿听觉行为观察与指导的要点。
4. 掌握婴幼儿触觉行为观察与指导的要点。
5. 掌握婴幼儿味觉、嗅觉行为观察与指导的要点。

照护者进行婴幼儿感官行为观察与指导的目的是指通过仔细观察和理解婴幼儿的感官发展，根据观察结果为婴幼儿提供相应的指导和支持，帮助他们建立和发展感官系统，以及与环境进行有效的互动，帮助婴幼儿在感官发展方面获得最佳的支持和刺激，促进婴幼儿在认知、运动、社交和情感等多个方面的全面发展。

第一节 婴幼儿感官行为观察与指导概述

婴幼儿的感官系统包括视觉、听觉、触觉、嗅觉和味觉等，其迅速发展，会对婴幼儿周围的环境产生重要影响。婴幼儿建立起对外部世界更为敏感的感知能力，可为日后更高级的学习和发展打下坚实基础。

一、婴幼儿感官发展概述

婴幼儿感官发展对其在整体认知、运动、社交和情感等方面的发展起着至关重要的作用。通过感官系统，婴幼儿能够感知和接收来自外部环境的各种刺激和信息，并对之做出反应。在感官发展过程中，婴幼儿学会感知和区分不同的感觉、声音、形状、颜色等，并建立起对周围世界的认知和理解。

（一）婴幼儿感官发展的内容

婴幼儿感官发展是指0~3岁婴幼儿感官系统逐渐成熟和完善的过程。婴幼儿的感官系统包括视觉、听觉、触觉、味觉和嗅觉等。

婴幼儿感官发展是一个复杂而迅速的过程，受到遗传和环境等多种因素的影响。了解和支持婴幼儿的感官发展，对于他们的早期发展和学习具有重要意义。

1. 婴幼儿视觉发展概述

婴幼儿视觉发展对于婴幼儿的认知、运动和社交发展具有重要的影响。

（1）婴幼儿视觉发展的定义

婴幼儿视觉发展是指婴幼儿从出生后逐渐发展和成熟的视觉能力，包括对视觉刺激的感知能力、对物体和环境的注意力，以及对视觉信息的处理和理解能力。婴幼儿的眼睛和大脑联合发展，使婴幼儿能够感知和处理来自外部环境的视觉信息。

婴幼儿出生时，他们的视觉功能尚不完善，视线相对模糊，只能辨别一些高对比度的物体和形状。随着成长，婴幼儿的视觉系统经历一系列的变化和进步，逐渐形成清晰的视觉能力。

（2）婴幼儿视觉发展的种类

① 视觉敏锐度：指婴幼儿的眼睛对细微细节和远近的感知能力。随着成长，婴幼儿的视觉敏锐度逐渐提高，能够更准确地辨别和观察周围环境中的细微变化。

② 视觉追踪能力：指婴幼儿的眼睛跟随和追踪移动的物体或人的能力。随着成长，婴幼儿学会控制眼球的运动，使其能够准确地跟随感兴趣的目标。

③ 视觉聚焦：指婴幼儿能够将注意力集中在特定的物体或事物上，并通过视觉系统来获取相关信息。随着成长，婴幼儿能够更好地控制视线，并聚焦在感兴趣的目标上。

④ 视觉辨别：指婴幼儿能够区分和辨认不同的物体、颜色、形状和图案等。视觉辨别能力对于婴幼儿的认知发展至关重要，它有助于婴幼儿建立对周围世界的认知和理解。

⑤ 视觉整合：指婴幼儿将不同的视觉信息整合在一起，形成对周围环境更加全面的认知，包括将颜色、形状、大小和位置等视觉信息综合起来，帮助婴幼儿构建对物体和情境的整体认知。

⑥ 视觉手眼协调：指婴幼儿将视觉信息与手部动作协调起来的能力。随着成长，婴幼儿能够更好地运用手部动作来探索和熟悉周围的环境。

（3）婴幼儿视觉发展的里程碑

① 0～1个月：婴幼儿对高对比度的图像和简单形状产生兴趣，如黑白条纹和圆形，注视时间短暂，主要关注人的面部特征。

② 2～3个月：婴幼儿视线逐渐变得清晰，能够注视和追踪移动的物体，对彩色图像产生更多兴趣，开始注意周围环境。

③ 4～6个月：婴幼儿视觉敏锐度和深度提高，能够辨别更多的细节，对镜子中的自己和反射性图像感兴趣。

名词解释～

反射性图像

反射性图像是指在反射面（如镜子、水面等）上所呈现的物体的视觉映像。当光线遇到反射面时，根据反射定律，光线会以特定角度反射，从而形成一个与原物体相似但方向相反的影像，这个影像就是反射性图像。

在镜子中，我们能够看到自己的反射性图像。这是因为镜子的表面能够高度反射光线，使光线以相等的角度反射，从而形成一个几乎与我们相同的影像。我们对于镜子中的反射性图像感兴趣，因为它使我们能够观察到自己在未产生直接接触的情况下的外貌和动作。

④ 7～9个月：婴幼儿能够更准确地辨认物体和面部特征，可通过手眼协调进行简单的手部操作。

⑤ 10～12个月：婴幼儿能够辨认更复杂的图像和形状，对图画、图片故事和玩具产生浓厚兴趣。

⑥ 13～24个月：婴幼儿能够识别和指出更多的物体和图像，如动物、车辆等，会操作简单的拼图和制作手工艺品。

⑦ 25～36个月：婴幼儿视觉系统的发展逐渐接近成人水平，能够辨别更多的颜色、形状和细节，对绘本、拼图和复杂的图案产生浓厚兴趣。

2. 婴幼儿听觉发展概述

婴幼儿听觉发展对婴幼儿的语言、认知和社交发展具有至关重要的作用。

（1）婴幼儿听觉发展的定义

婴幼儿听觉发展是指0～3岁婴幼儿是指婴幼儿出生后从听觉功能逐渐形成、成熟到能够听到、辨别、理解声音和对声音做出反应的整个过程。婴幼儿的耳朵和听觉神经联合发展，使其能够感知和处理来自外部环境的听觉信息。

婴幼儿出生时，他们的听觉系统已经发育到一定程度，他们能够感知声音、辨别声音的方向和强弱。随着成长，婴幼儿的听觉系统经历一系列的变化和进步，他们逐渐具备更强的听觉能力。

（2）婴幼儿听觉发展的种类

① 听觉敏感度：指婴幼儿对声音的感知敏感程度。婴幼儿出生时对声音非常敏感，能够听到和辨认外部声音。随着成长，婴幼儿的听觉敏感度逐渐提高，能够辨别不同声音的方向和强弱。

② 听觉定位：指婴幼儿通过听觉感知声音的来源方向。婴幼儿逐渐学会辨别声音的来源方向，如从左侧、右侧或上方传来的声音。

③ 听觉辨别：指婴幼儿能够区分和辨认不同的声音、音调和音色。随着成长，婴幼儿能够辨别不同语言的音节和音调。

④ 语言理解：指婴幼儿对语言的理解能力。随着成长，婴幼儿能够逐渐理解简单的语言指令和问题，并能通过声音感知说话者的情绪和语气。

⑤ 语言表达：指婴幼儿通过声音、音节和词汇表达自己的需求和意愿。随着成长，婴幼儿开始使用一些简单的词汇，模仿他人说话。

⑥ 听觉参与：指婴幼儿积极参与听觉交流和对话。随着成长，婴幼儿能够参与简单的对话和交流，并通过听觉感知和理解他人的话语和意思。

（3）婴幼儿听觉发展的里程碑

① 0～1个月：婴幼儿对声音非常敏感，能够听到和辨认外部声音，对高音和低音有反应，如其他婴幼儿的哭声和成人的声音。

② 2～3个月：婴幼儿对照护者的声音有特别的兴趣，能够区分熟悉的声音，能够辨别声音的方向，会主动寻找声音来源。

③ 4～6个月：婴幼儿对不同的语调和音调有较强的感知能力，能够辨别语气的变化，对环境中的声音和音乐产生兴趣，会跟随音乐节奏摇摆。

④ 7～9个月：婴幼儿对语言和环境中的复杂声音有更好的辨别能力，能够参与简单的互动游戏，如模仿声音和音节。

⑤ 10～12个月：婴幼儿模仿简单的语音和音节，如咿呀学语，能够理解简单的语言指令，如"给我拿书"。

⑥ 13～24个月：婴幼儿语言理解能力逐渐增强，能够理解更复杂的指令和问题，能使用简单的词汇表达自己的需求和意愿。

⑦ 25～36个月：婴幼儿语言能力不断增强，能够说简单的句子和进行简单的对话，能通过语言来表达感情和需求。

3. 婴幼儿触觉发展概述

触觉是婴幼儿认知和情感发展中非常重要的一部分，也是婴幼儿与外部环境进行交互的重要途径。

（1）婴幼儿触觉发展的定义

婴幼儿触觉发展是指0～3岁婴幼儿通过皮肤的触觉感知和接收信息，并逐渐建立对外界物体、人和环境的认知与了解的过程。触觉是婴幼儿最早获得信息和认识世界的感觉之一，对他们的成长和发展具有重要影响。

（2）婴幼儿触觉发展的种类

① 触觉感知：婴幼儿通过皮肤感知和感受外界刺激，包括触摸、挠痒、挤压等。触觉感知帮助婴幼儿建立对身体和周围环境的认知。

② 温度感知：婴幼儿能够感知物体的温度，分辨温暖和冷凉的触觉刺激，这对于他们寻求舒适和安全感非常重要。

③ 疼痛感知：婴幼儿能感知身体受到的轻微疼痛或不适，这种感知能力对于规避危险和保护自己很重要。

④ 压力感知：婴幼儿能够感受到外界对身体施加的压力，例如当他们被抱起或压着时，这种触觉刺激有助于他们对身体位置的感知和平衡的发展。

⑤ 纹理感知：婴幼儿会辨别物体表面的纹理，比如光滑的、粗糙的、绒毛的等，这有助于他们认识物体的特征。

⑥ 运动感知：婴幼儿通过触觉感知自己的运动和动作，包括手指的运动、肢体的姿势等，这对于其

运动协调和发展非常重要。

（3）婴幼儿触觉发展的里程碑

① 出生时：婴幼儿的触觉系统已经相当发达，他们能够感知到温暖、冷凉、疼痛等基本触觉刺激。

② 1～2个月：婴幼儿对触觉刺激非常敏感，他们喜欢被轻柔地触摸和拥抱，并通过皮肤接触来获得安全感和安慰。

③ 3～6个月：婴幼儿对外界的触觉刺激做出更多的反应，他们会用手探索自己的身体，注意手指的运动。

④ 7～9个月：婴幼儿的手眼协调能力越来越强，他们能够更准确地抓取和触摸物体，他们对物体的纹理和形状有更强的感知。

⑤ 10～12个月：婴幼儿的触觉与运动发展密切相关，他们能够通过触摸感知物体的硬度、柔软度等特性，并使用手指来解决简单问题。

⑥ 13～24个月：婴幼儿对触觉刺激的辨别能力进一步增强，他们会对特定的纹理和触感产生偏好。

⑦ 25～36个月：婴幼儿的触觉系统逐渐成熟，他们能够更精确地使用触觉信息来进行各种探索和学习活动。

4. 婴幼儿味觉发展概述

味觉是婴幼儿营养和健康发展中非常重要的一部分，也是婴幼儿与食物互动的重要途径。

（1）婴幼儿味觉发展的定义

婴幼儿味觉发展是指0～3岁婴幼儿对口腔中食物味道的感知和认知能力的发展。味觉是人类感知食物味道的一种感觉，它通过舌头上的味蕾来感知食物中的化学物质，进而产生不同的味道体验。味觉发展对于婴幼儿的饮食选择和营养摄入至关重要。早期对多样化食物味道的接触有助于培养婴幼儿的健康饮食习惯，并帮助他们获取所需的营养。

（2）婴幼儿味觉发展的种类

① 甜味：婴幼儿出生时就对甜味有较强的偏好。甜味通常被认为是一种吸引婴幼儿进食的因素，母乳中的乳糖含量就较高。

② 咸味：婴幼儿对咸味的感知能力也出现得相对较早。适量的盐分在婴幼儿饮食中是必需的，但过量的盐分摄入应当避免。

③ 酸味：婴幼儿能够感知食物中的酸味。某些水果和酸奶等食物都有酸味，这也是他们饮食中的重要味道之一。

④ 苦味：苦味是一种天然的保护机制，因为许多有毒植物和化学物质通常具有苦味，这种机制可以防止婴幼儿误食有害物质。

⑤ 鲜味：鲜味是一种与肉类、海鲜和新鲜蔬菜相关的味道，婴幼儿在尝试这些食物时可能表现出喜欢的倾向。

⑥ 五味的协调：婴幼儿的味觉发展还涉及对不同味道的组合和协调感知。这对于培养婴幼儿多样化的饮食口味和健康饮食习惯非常重要。

（3）婴幼儿味觉发展的里程碑

① 出生时：婴幼儿已具备味觉感知的能力，他们对甜味有较强的偏好，并可能对苦味有负面反应。

② 4～6个月：婴幼儿食用辅食，味觉发展，他们表现出对新食物的好奇和兴趣，但对陌生的味道有些抗拒。

③ 7～9个月：婴幼儿的味觉越来越敏感，会对不同食物味道做出更具体的反应，他们表现出喜欢或厌恶特定食物的迹象。

④ 10～12个月：婴幼儿对各种不同食物味道表现出更加明确的喜好和偏好。

⑤ 13～24个月：婴幼儿的味觉逐渐成熟，他们能够更好地辨别不同食物的味道，对味觉体验的感知能力更加敏锐。

⑥ 25～36个月：婴幼儿的味觉发展继续进步，他们对更加复杂和多样化的食物味道表现出更大的兴趣和更高的接受程度。

5. 婴幼儿嗅觉发展概述

嗅觉是婴幼儿认知、情感和营养发展中重要的一部分，也是婴幼儿与周围环境进行交互的重要途径。

（1）婴幼儿嗅觉发展的定义

婴幼儿嗅觉发展是指0～3岁婴幼儿对气味的感知和认知能力的逐渐发展和成熟过程。嗅觉是人类感知气味的一种感觉，它通过鼻子中的嗅觉感受器来感知周围环境中的各种气味分子，并将其转化为大脑中的信息，产生相应的气味感知。它涉及感知、辨别和识别不同气味的能力，以及对气味的偏好和反应。

婴幼儿嗅觉发展是一个逐渐成熟的过程，婴幼儿在不断接触和经历各种气味的同时，逐渐建立对气味的感知和辨别能力。这对他们感知世界、选择食物和社交互动都具有重要的作用。

（2）婴幼儿嗅觉发展的种类

① 亲子嗅觉：出生后，婴幼儿通过嗅觉能够识别母亲的乳香和身体气味，这有助于建立亲子关系和增强母婴之间的情感联系。

② 食物气味：婴幼儿对食物气味的感知能力从出生后就开始发展，他们能够辨别不同食物的气味，并对饮食产生喜好或厌恶的反应。

③ 环境气味：婴幼儿逐渐能够感知周围环境中的不同气味，如花朵的香味、草地的气息等。这些气味刺激有助于他们认识和探索外部世界。

④ 嗅觉记忆：随着成长，婴幼儿形成嗅觉记忆，能够识别熟悉的气味并与之产生联系。这种嗅觉记忆对于认知和情感的发展有着重要作用。

⑤ 交际中的嗅觉：婴幼儿在社交互动中，通过嗅觉来辨别人的身体气味，并对亲近的人表现出更多的好感和接纳。

⑥ 对新气味的好奇：婴幼儿对新气味表现出好奇和探索欲望，他们会通过嗅闻来探索新的食物、物体和环境。

（3）婴幼儿嗅觉发展的里程碑

① 出生时：婴幼儿已具备嗅觉感知的能力，他们通过嗅觉识别母亲的乳香和身体气味，这有助于建立亲子关系和增强母婴之间的情感联系。

② 1～3个月：婴幼儿的嗅觉逐渐增强，他们可以通过嗅觉辨别不同食物和环境中的气味，逐渐形成对一些常见气味的嗅觉记忆。

③ 4～6个月：婴幼儿对嗅觉刺激的感知能力进一步发展，他们对新的气味表现出好奇和兴趣，通过嗅闻来探索周围环境。

④ 7～12个月：婴幼儿的嗅觉感知能力逐渐成熟，他们对食物气味的辨别能力更为敏锐，能够通过嗅觉来辨认不同食物和物体。

⑤ 13～36个月：婴幼儿嗅觉感知和认知能力进一步增强，他们能够更准确地识别不同气味，并对环境中的气味表现出更多的反应和产生更多的情感体验。

知识链接

婴幼儿感官发育中存在优先次序吗？

婴幼儿的感官发育并没有固定的优先次序。婴幼儿的视觉、听觉、触觉、味觉和嗅觉是同时发展的，它们在婴幼儿的成长过程中相互交织、相互影响。这5种感官发育的过程是互动的、综合的，而不是按照固定的顺序逐个发展。

婴幼儿在出生后不久就开始接触和感知外部环境，同时开始发展视觉、听觉、触觉、味觉和嗅觉等感官。随着婴幼儿的成长，这些感官会逐渐变得更加敏锐和发达，帮助他们感知和认知世界。

例如，在初期，婴幼儿可能对高对比度和黑白色的视觉刺激更敏感，对甜味的饮食更偏好。然而，这并不表示视觉和味觉发育优先于其他感官，只是婴幼儿在初期对这些刺激有较强的反应。

不同婴幼儿的感官发展也会有个体差异，发育速度和发展顺序可能会有所不同。这取决于婴幼儿自身的生理和认知差异，以及周围环境的刺激和经验的积累。

因此，婴幼儿感官发育是相互协调和互相促进的过程，没有固定的优先次序。照护者应该全面关注婴幼儿的各种感官，为他们提供多样化的感官刺激和亲密关怀，帮助他们全面地发展和认识世界。

（二）婴幼儿感官发展的规律

婴幼儿感官发展规律是指在婴幼儿成长过程中，感官系统逐步发展和成熟的一套普遍适用的模式和顺序。

1. 先天反射期（0～3个月）

婴幼儿感官系统对外界刺激会做出一些固有的反射性反应，例如眨眼、吸吮和抓握等。这些反射性反应能帮助婴幼儿建立与环境的基本联系。

2. 感官探索期（4～6个月）

婴幼儿对周围的世界产生更大的兴趣，并积极地探索和感知环境。他们开始发展对声音、光线、颜色和运动等感官刺激的敏感性，并且他们的眼睛能够追随移动的物体。

3. 感官整合期（7～12个月）

婴幼儿会将多个感官通道的信息整合在一起，形成更完整的感知体验。他们能够通过视觉和触觉等感官来确认物体的存在，并开始发展对物体形状、纹理和重量等特征的感知。

4. 精细感官辨别期（13～24个月）

婴幼儿的感官能力进一步提升，他们能够更准确地辨别物体的形状、颜色和大小等特征。婴幼儿发展对声音的辨别能力，能够识别不同的音调和声音来源。

5. 高级感官整合期（25～36个月）

婴幼儿的感官系统更加成熟，能够处理更复杂的感官刺激和信息。他们能够更准确地感知和辨别物体的运动、空间关系和细节等。同时，他们能够更加有效地利用多种感官来获得对周围环境的全面认识。

二、婴幼儿感官行为观察与指导的原则

婴幼儿感官行为观察与指导的原则旨在确保观察与指导婴幼儿的感官行为是有意义、有目的且贴合其个体发展特点的。

1. 尊重个体差异原则

每个婴幼儿的感官发展和需求都是独特的，照护者应根据每个婴幼儿的个体差异进行个性化的观察与指导，以满足他们的具体需求和促进他们的感官发展。

2. 提供安全与保护原则

观察与指导婴幼儿的感官行为时，照护者应确保环境安全，预防潜在的伤害。同时，照护者应确保指导活动的方式和方法符合婴幼儿的年龄和发展水平，避免过度刺激或过度施压。

3. 激发和引导原则

照护者应通过激发和引导的方式帮助婴幼儿主动参与感官体验和学习，为婴幼儿提供丰富的感官刺激，引导婴幼儿探索和观察周围的环境，鼓励婴幼儿使用各种感官进行交互和学习。

4. 鼓励交互和互动原则

照护者观察与指导婴幼儿的感官行为应建立在积极的互动和沟通基础上。照护者应通过面部表情、声音和身体语言等方式与婴幼儿交流，与他们建立亲密的关系，鼓励他们分享感官体验和表达需求。

5. 关注知觉和认知发展原则

观察与指导婴幼儿的感官行为时，照护者应关注他们的知觉和认知发展，提供丰富多样的感官刺激

和体验，促进婴幼儿对环境的感知和理解能力的发展。

6. 促进全面发展原则

婴幼儿的感官发展与其他发展领域相互关联。观察与指导婴幼儿的感官行为时，照护者应综合考虑他们的运动发展、认知发展和社会情感发展等内容，以促进他们全面发展。

三、婴幼儿感官行为观察与指导的方法

婴幼儿感官行为观察与指导的方法能帮助照护者更好地观察与指导婴幼儿的感官行为，促进他们的感官发展。

1. 进行仔细观察

照护者注意观察婴幼儿的感官行为，包括其在视觉、听觉、触觉、嗅觉和味觉等方面的反应，观察他们对不同刺激的反应、注意力的集中程度、行为的变化等，以了解他们的感官发展水平。

2. 提供适当的刺激

照护者提供丰富多样的刺激，包括颜色、形状、声音、触感等各种感官刺激。通过玩具、图书、音乐、游戏等方式，照护者提供适合婴幼儿感官发展的刺激，并观察他们对刺激的反应和兴趣。

3. 进行互动和交流

照护者与婴幼儿进行互动，通过面部表情、声音、手势等方式与他们进行交流，观察婴幼儿对照护者的反应、注意力的集中程度和回应的方式，以了解他们在互动和交流方面的发展水平。

4. 提供指导和引导

照护者根据婴幼儿的发展水平和兴趣，提供适当的指导和引导。例如，通过示范和鼓励，帮助他们探索和发展各种感官技能，如抓握、触摸、听觉定位等。同时，照护者要尊重婴幼儿的个体差异和节奏，给予他们足够的自主性和时间来发展感官能力。

5. 追踪发展进程

照护者应定期记录和回顾婴幼儿的感官行为观察结果，以便跟踪他们的发展进程。这有助于照护者识别潜在的感官发展问题，并采取相应的支持和干预措施。

6. 与专业人士合作

照护者应与儿科医生、婴幼儿发展专家或教育专家等专业人士合作，以获取专业的观察与指导建议。专业人士可以提供更深入的评估和指导，帮助照护者更好地支持婴幼儿的感官发展。

课堂讨论

托育机构进行婴幼儿感官行为观察与指导的注意事项有哪些？

第二节 婴幼儿视觉行为观察与指导

婴幼儿视觉行为观察与指导是指对婴幼儿的视觉行为进行观察与指导的过程。通过仔细观察和了解婴幼儿的视觉表现和行为，照护者能更好地理解他们的视觉发展情况，并采取相应的指导措施来促进他们的视觉发展。

一、婴幼儿注视和凝视行为观察与指导

婴幼儿注视和凝视行为是他们与外界环境进行交互的重要方式。通过观察与指导这些行为，照护者可以促进他们的注意力、视觉感知能力和交流能力发展。

（一）婴幼儿注视和凝视行为概述

注视和凝视行为是婴幼儿视觉和认知发展的关键表现。通过注视和凝视，婴幼儿可以探索和认知周围世界，建立对事物的认知，发展注意力和视觉感知能力。

1. 婴幼儿注视和凝视行为的定义

婴幼儿的注视和凝视行为是指他们在视觉发展的过程中，对外界刺激特别是视觉刺激集中注意力和持续注视的行为。婴幼儿通过注视和凝视来探索和认知周围环境，并建立对物体、人物的感知和认知。

2. 婴幼儿注视和凝视行为的种类

（1）社交注视：婴幼儿在与照护者进行社交互动时的注视行为，例如婴幼儿与照护者对视、回应照护者的微笑、注视照护者的面部等都属于社交注视行为。这种行为有助于建立亲子关系和促进社交能力的发展。

（2）玩具注视：婴幼儿在观察和玩耍玩具时的注视行为，他们将视线集中在玩具上，观察其形状、颜色、运动等，以认识和理解玩具。

（3）环境注视：婴幼儿在观察周围环境时的注视行为，他们会注意到房间中的家具、植物等，并通过注视来探索和认知周围的环境。

（4）运动注视：婴幼儿在观察运动物体或自己的运动时的注视行为，他们会凝视自己的手指运动、观察玩具的运动等，以理解运动和自身的身体动作，如图3-1所示。

（5）持久性凝视：婴幼儿对感兴趣的对象或刺激进行持续注视的能力，他们对某个物体或视觉刺激感到好奇或有兴趣时，会表现出较长时间的凝视行为。

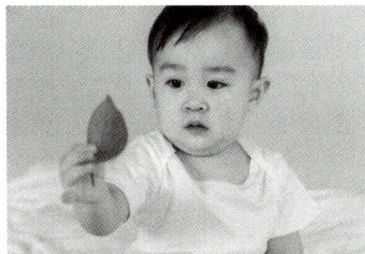

图3-1　婴幼儿注视树叶和手指

3. 婴幼儿注视和凝视行为发展的里程碑

（1）0～1个月：婴幼儿能够对周围环境中的一些简单刺激产生注视反应，例如他们会对高对比度的黑白图案或面部特征产生兴趣。

名词解释~

高对比度的黑白图案

高对比度的黑白图案是指图案的明暗之间存在明显且强烈的对比。具体来说，图案中的明亮部分与暗黑部分之间的差异非常显著，没有中间灰色部分。高对比度使图案中的元素更加鲜明和清晰，容易分辨。

（2）2～3个月：婴幼儿的注视行为逐渐稳定，注视能力逐渐增强，他们能够将视线集中在特定对象上，并能够通过视觉关注周围的环境。

（3）4～6个月：婴幼儿的凝视持久性逐渐增强，他们能够更长时间地凝视和观察感兴趣的玩具或人脸等，能够通过注视来更好地感知和理解周围的世界。

（4）7～9个月：婴幼儿表现出更多的社交注视行为，他们能够通过眼神接触来与照护者建立联系，也能够回应他人的注视。

（5）10～12个月：婴幼儿的注视和凝视行为进一步成熟，他们对周围环境中的不同刺激变得更敏锐，能够更好地探索和认知周围的世界。

（6）13～36个月：婴幼儿的注视和凝视行为继续进步，他们能够更有目的地注视感兴趣的事物，并对周围环境表现出更多的好奇。

（二）0～3岁婴幼儿各年龄段注视和凝视行为观察与指导的要点

1. 0～6个月

（1）行为观察：照护者观察婴幼儿对高对比度、简单形状或面部特征的注视反应，注意婴幼儿是否

能够进行眼神接触，并对人脸表现出兴趣。

（2）行为指导：照护者提供高对比度的黑白图案或简单玩具，以吸引婴幼儿的注意力，与他们进行眼神接触和面部表情互动，帮助建立亲子关系。

2. 7～12个月

（1）行为观察：照护者观察婴幼儿是否能够凝视和观察感兴趣的物体，注意婴幼儿是否能够进行社交注视并回应他人的注视。

（2）行为指导：照护者提供丰富的视觉刺激，如各种形状的玩具、图画等，鼓励婴幼儿进行注视和探索，与他们进行社交互动，与他们进行眼神接触和面部表情互动，增进感情交流。

3. 13～24个月

（1）行为观察：照护者观察婴幼儿是否能够有目的地注视感兴趣的事物，如找到特定的物品，注意婴幼儿是否会通过视觉来探索周围环境。

（2）行为指导：照护者提供各种有趣的物品，鼓励婴幼儿主动进行目标导向的注视和探索，给予他们足够的时间来观察和认知周围的环境，但不要过分干预。

4. 25～36个月

（1）行为观察：照护者观察婴幼儿对新事物和新环境的好奇心，以及他们对视觉刺激的积极探索行为，注意他们是否通过绘画、手势等方式来表达自己对视觉刺激的认知和理解。

（2）行为指导：照护者提供丰富多样的视觉刺激和探索机会，如画画、观察自然景物等，激发婴幼儿的好奇心和创造力，鼓励他们通过绘画、手势等方式来表达自己对视觉刺激的认知和理解。

二、婴幼儿视觉跟踪移动行为观察与指导

婴幼儿视觉跟踪移动行为观察与指导是指对婴幼儿在视觉发展阶段中追随和注视移动物体或人的能力进行观察与指导的过程。这一过程旨在帮助婴幼儿发展他们的眼球运动和注意力控制能力，以便他们更好地追随和理解环境中的移动刺激。

（一）婴幼儿视觉跟踪移动行为概述

视觉跟踪移动行为是婴幼儿视觉和认知发展的关键表现。通过视觉跟踪，婴幼儿能够探索和认知周围的世界，建立对物体、运动和环境的感知和认知。

1. 婴幼儿视觉跟踪移动行为的定义

婴幼儿视觉跟踪移动行为是指他们通过眼睛追踪和注视移动的物体或视觉刺激的行为。当有物体或视觉刺激在婴幼儿的视野中移动时，他们的眼睛会自动跟随物体或视觉刺激的运动，保持对其的注视。视觉跟踪移动行为是婴幼儿视觉发展的重要里程碑之一。视觉跟踪移动的能力表明婴幼儿的视觉系统在视觉感知和认知方面的成熟程度，同时也对婴幼儿探索外界环境、理解运动和建立物体之间联系具有重要意义。

2. 婴幼儿视觉跟踪移动行为的种类

（1）水平跟踪：婴幼儿眼睛在水平方向上跟踪移动的物体或视觉刺激。例如，当物体水平地移动时，婴幼儿的眼睛会跟随物体水平运动，保持对其的注视。

（2）垂直跟踪：婴幼儿眼睛在垂直方向上跟踪移动的物体或视觉刺激。例如，当气球垂直上升或下降时，婴幼儿的眼睛会跟随气球在垂直方向运动。

（3）斜向跟踪：婴幼儿眼睛斜向上或斜向下跟踪移动的物体或视觉刺激。例如，当飞舞的彩色丝带在斜向上方飘动时，婴幼儿的眼睛会跟随着丝带斜向上运动。

（4）运动反应：婴幼儿眼睛对于速度较快的移动物体或刺激表现出的快速追随。例如，当玩具迅速在视野中移动时，婴幼儿的眼睛会快速追踪玩具移动。

（5）远距离跟踪：婴幼儿能够在相对较远的距离对物体进行视觉跟踪。例如，当飞鸟在天空中飞行时，婴幼儿的眼睛可以跟随其运动。

（6）近距离跟踪：婴幼儿能够在相对较近的距离对物体进行视觉跟踪。例如，当玩具在婴幼儿面前移动时，他们的眼睛可以跟随其运动。

3. 婴幼儿视觉跟踪移动行为发展的里程碑

（1）0～1个月：婴幼儿的视觉跟踪能力较差，他们会对高对比度、简单形状的物体或照护者的面部特征的物体产生短暂的跟踪反应。

（2）2～3个月：婴幼儿的视觉跟踪能力逐渐增强，他们的眼睛能够在水平方向上跟踪移动的物体，例如观察和注视在视野内水平晃动的玩具。

（3）4～6个月：婴幼儿的视觉跟踪能力进一步发展，他们的眼睛能够在垂直方向上跟踪移动的物体，例如注视上升或下降的气球。

（4）7～9个月：婴幼儿的视觉跟踪能力变得更加灵活和精确，他们的眼睛能够在斜向上或斜向下方向上跟踪移动的物体，并对移动速度较快的物体表现出更快的视觉跟踪。

（5）10～12个月：婴幼儿的视觉跟踪能力逐渐成熟，他们能够在相对较远的距离进行视觉跟踪，并对运动的物体表现出更准确的跟踪反应，如图3-2所示。

（6）13～24个月：婴幼儿的视觉跟踪移动能力继续进步，他们能够有目的地注视和跟踪感兴趣的物体，例如主动追踪玩具的运动轨迹。

（7）25～36个月：婴幼儿的视觉跟踪移动能力进一步发展，他们能够在相对较远的距离进行视觉跟踪，并对较复杂的移动物体表现出更准确的跟踪反应。

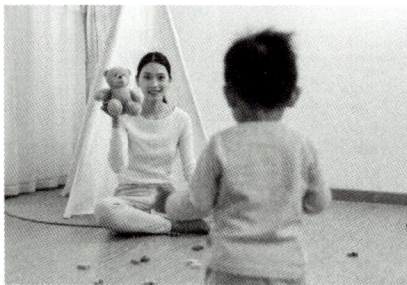

图3-2　婴幼儿在相对较远的距离进行视觉跟踪

（二）0～3岁婴幼儿各年龄段视觉跟踪移动行为观察与指导的要点

1. 0～6个月

（1）行为观察：婴幼儿会对高对比度的、简单形状的物体表现出兴趣。照护者观察他们的目光是否能够追踪和注视移动的物体。

（2）行为指导：照护者为婴幼儿提供高对比度的物体，如黑白卡片或黑白图案，将物体慢慢移动，鼓励婴幼儿注视物体并跟随物体的运动而移动眼睛。

2. 7～12个月

（1）行为观察：婴幼儿的视觉跟踪能力逐渐发展，他们能够注视和跟踪较为复杂的移动物体。照护者观察他们的眼睛是否能够跟随物体运动，并保持稳定的注视。

（2）行为指导：照护者使用移动的玩具，让婴幼儿的眼睛跟随玩具的运动，并鼓励他们注视和跟踪，也可以进行一些追逐游戏，如抛接玩具或拍手以引起婴幼儿的兴趣。

3. 13～24个月

（1）行为观察：婴幼儿的视觉跟踪能力进一步提升，他们能够更准确地跟随移动物体，并在物体移动过程中保持稳定的注视。照护者观察他们是否能够跟踪快速移动的物体，并进行目标转移。

（2）行为指导：照护者提供多样化的移动刺激，如滚动的球、飘动的气球等，以激发婴幼儿的视觉跟踪兴趣，还可进行一些互动游戏，如扔球给婴幼儿，鼓励他们视觉追踪并接住球。

4. 25～36个月

（1）行为观察：婴幼儿的视觉跟踪能力进一步发展，他们能够追踪快速移动的物体，并进行目标转移。照护者观察他们是否能够跟踪移动路径复杂的物体，并始终注视移动的目标。

（2）行为指导：照护者让婴幼儿进行一些复杂的视觉跟踪活动，如让婴幼儿追逐飞行的风筝或移动的小车。照护者可使用不同速度和方向的移动刺激，帮助他们发展更灵活和准确的视觉跟踪能力。

三、婴幼儿视觉注意力行为观察与指导

婴幼儿视觉注意力行为观察与指导是指对婴幼儿在视觉发展阶段注意力控制和集中注意力能力进行观察和引导的过程。这一过程旨在帮助婴幼儿发展他们的注意力，培养他们对于视觉刺激的兴趣和关注，并增强他们注意力的持久性和灵活性。

（一）婴幼儿视觉注意力行为概述

1. 婴幼儿视觉注意力行为的定义

婴幼儿视觉注意力是指婴幼儿在感知和处理外界视觉信息时，选择性地集中注意力并对特定刺激或对象产生兴趣的能力。婴幼儿视觉注意力行为是婴幼儿在日常生活中对视觉刺激做出的选择性关注和处理行为，有助于他们更有效地认知和理解周围环境。

2. 婴幼儿视觉注意力行为的种类

（1）方向性注意力：婴幼儿展现出对特定方向或位置的关注，例如对声音来源或运动物体的注意力。

（2）持久性注意力：婴幼儿表现出对特定刺激的长时间持续注意力，即能够长时间地注视或关注一个物体。

（3）分散注意力：婴幼儿在面对多个刺激时容易分散注意力，即难以集中注意力在一个刺激上。

（4）注意力转移：婴幼儿的注意力能够从一个刺激快速地转移到另一个刺激，例如从一个玩具转移到另一个玩具。

（5）目标导向：婴幼儿的注意力在视觉上主动选择关注和跟随特定的目标，例如寻找特定的玩具或观察特定的人物。

（6）视觉搜索：婴幼儿能够进行视觉搜索，即主动寻找感兴趣的物体或特定的图像。

（7）倾听指示：婴幼儿会对成年人的口头指示或手势做出反应，集中注意力并执行相应的动作。

（8）双重注意力：婴幼儿能够同时关注和处理两个或多个刺激，例如观察玩具的同时听取附近的声音。

3. 婴幼儿视觉注意力行为发展的里程碑

（1）0～3个月：婴幼儿对高对比度、简单形状的物体和照护者的面部特征会产生短暂的注视反应；会对声音或运动物体产生兴趣。

（2）4～6个月：婴幼儿能够在视觉上持续关注特定的刺激，如注视和追踪在视野内来回晃动的玩具；他们的注意力能够从一个刺激快速地转移到另一个刺激，例如从一个玩具转移到另一个玩具。

（3）7～9个月：婴幼儿在视觉上主动选择关注和跟随特定的目标，例如寻找特定的玩具或观察特定的人物；会对成年人的口头指示或手势做出反应，集中注意力并执行相应的动作。

（4）10～12个月：婴幼儿能够同时关注和处理两个或多个刺激，例如观察玩具的同时听取附近的声音；在面对多个刺激时产生分散注意力，难以集中注意力在一个刺激上。

（5）13～24个月：婴幼儿更主动地进行视觉搜索，即寻找感兴趣的物体或特定的图像；能够有目的地寻找特定的物品，并展示出更加准确的目标导向注意力，如图3-3所示。

图3-3　婴幼儿展示出准确的目标导向注意力

（6）25～36个月：婴幼儿表现出对特定刺激的长时间注意力，能够更稳定地注视或关注一个物体或图像，逐渐避免在面对多个刺激时分散注意力的情况，更能集中注意力在一个刺激上。

（二）0～3岁婴幼儿各年龄段视觉注意力行为观察与指导的要点

1. 0～6个月

（1）行为观察：照护者观察婴幼儿的视觉注意力行为，注意他们对视觉刺激的反应和注意力持久性。

（2）行为指导：照护者提供丰富的视觉刺激，如颜色鲜艳的玩具、移动的玩具等，以吸引和引导婴幼儿的注意力；与婴幼儿进行面对面的互动，通过眼神接触和表情交流来促进婴幼儿视觉注意力的发展。

2. 7～12个月

（1）行为观察：照护者观察婴幼儿的选择性注意力和分离注意力，注意他们对特定目标或特征的关注。

名词解释～

婴幼儿的选择性注意力和分离注意力

婴幼儿的选择性注意力和分离注意力是指婴幼儿在感知和认知信息时表现出的两种不同类型的注意力。

选择性注意力是指婴幼儿能够集中注意力在特定的刺激或信息上，而忽略其他刺激或信息。这种类型的注意力使他们能够专注于某个任务、对象或事件，并在感知过程中排除干扰。例如，当婴幼儿专注于听一首歌曲时，他们可能会忽略周围的噪音。

分离注意力是指婴幼儿能够同时关注多个刺激或信息，并在不同的感知源之间进行切换。这种类型的注意力允许他们处理来自不同感官通道的信息，如同时观察玩具、听儿歌和触摸物体。婴幼儿的分离注意力有助于他们在多样的感官体验中学习和发展。

这两种注意力类型在婴幼儿的认知发展中都非常重要。选择性注意力帮助婴幼儿在需要专注和深入思考的情境下提高效率，而分离注意力则有助于他们处理多样化的信息，促进感知和学习的全面发展。

（2）行为指导：照护者提供有趣和具有吸引力的玩具，让婴幼儿集中注意力并追踪移动的玩具，通过玩耍和互动的方式引导婴幼儿的注意力，例如指向或命名特定的物体或图像，鼓励他们观察和探索周围环境。

3. 13～24个月

（1）行为观察：照护者观察婴幼儿的选择性注意力和分配注意力，注意他们在多个目标或任务之间切换注意力的能力。

（2）行为指导：照护者提供更复杂和具有挑战性的游戏和玩具鼓励婴幼儿集中注意力解决问题；通过给予简单的指令或提示，引导婴幼儿在视觉任务中切换和分配注意力。

4. 25～36个月

（1）行为观察：照护者观察婴幼儿的持久性注意力和分离注意力，注意他们在复杂场景中集中注意力和分辨不同的视觉信息的能力。

（2）行为指导：照护者提供具有挑战性的视觉任务，如拼拼图、给物体分类等，以促进婴幼儿注意力和认知能力的发展，鼓励他们观察和描述周围环境中的细节，并解决简单的问题。

四、婴幼儿物体辨认行为观察与指导

婴幼儿物体辨认行为观察与指导是指对婴幼儿在视觉发展阶段对物体的辨认和识别能力进行观察和指导的过程。这一过程旨在帮助婴幼儿发展他们的物体辨认能力，培养他们对于不同物体的感知和理解能力，并促进他们与环境中的物体进行互动。

（一）婴幼儿物体辨认行为概述

婴幼儿物体辨认行为是认知发展的关键内容，对他们的学习和日后的发展具有重要意义。照护者通过提供丰富多样的物体刺激，与婴幼儿互动，以促进他们的物体辨认能力发展，并鼓励他们参与探索和认知，帮助他们建立对外界物体的认知和理解。

1. 婴幼儿物体辨认行为的定义

婴幼儿物体辨认行为是指婴幼儿在感知和认知外界环境中识别和辨认物体的行为。婴幼儿辨认物体的过程包括通过视觉、触觉、嗅觉等感官来识别熟悉的物体，并与以前的经验进行联系，以建立对物体的认知和理解。

在发展早期阶段，婴幼儿的物体辨认行为是他们感知和认知世界的重要基础。通过物体辨认行为，婴幼儿能够识别重要的物体，如玩具、家人的面孔、日常用品等，并逐渐形成对这些物体的记忆和认知。

2. 婴幼儿物体辨认行为的种类

（1）注视和注视持续性：婴幼儿将视线集中在特定物体上，并保持较长时间的注视，他们会对感兴趣的物体或玩具产生持续的注视反应。

（2）触摸和探索：婴幼儿通过触摸和探索来辨认物体，他们会用手触摸、握取、探索物体的形状、质地等表面特征，以加深对物体的认知。

（3）咀嚼和品尝：婴幼儿通过咀嚼和品尝来辨认物体，尤其是在辨认食物方面，他们会将物体放入嘴中，识别物体的味道和口感。

（4）听觉识别：婴幼儿不仅通过视觉和触觉，还通过听觉来辨认物体，他们会对特定物体的声音或声音来源表现出兴趣。

（5）持久性辨认：婴幼儿对熟悉的物体产生持久性的辨认和记忆，他们能够在不同的时间和场景中重新认识和辨认物体。

（6）假扮游戏：婴幼儿通过假扮游戏来辨认物体，他们会将物体用于角色扮演，如把毛巾当作披风或将玩具当作电话。

（7）表示意愿：婴幼儿能够通过手势、声音或简单的语言表达对特定物体的需求或兴趣，以求得与成年人的互动。

3. 婴幼儿物体辨认行为发展的里程碑

（1）0～3个月：婴幼儿能够对高对比度、简单形状的物体或照护者的面部特征产生短暂的注视反应；通过手部动作来探索物体的表面特征，例如用手抓住玩具或抓握物体，如图3-4所示。

（2）4～6个月：婴幼儿能够通过视觉持续关注特定的物体，并能保持较长时间的注视，表现出持久性辨认行为；将触觉和视觉信息结合起来，通过触摸和注视来更全面地辨认物体。

（3）7～9个月：婴幼儿通过咀嚼和品尝来辨认物体，特别是食物；通过假扮游戏来模仿和辨认物体。

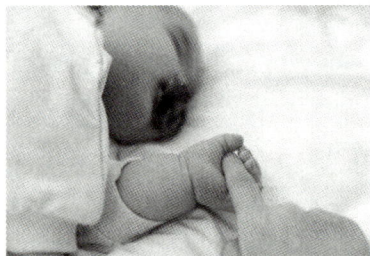

图3-4　婴幼儿用手抓住照护者的手指

名词解释~

婴幼儿假扮游戏

婴幼儿假扮游戏也称角色扮演游戏、角色模仿游戏或角色游戏，是指婴幼儿通过模仿成年人、动物、虚构角色或现实生活中的情境，扮演不同的角色并在虚构的情景中表现出相应的行为和情感。这种游戏是婴幼儿发展过程中的一部分，有助于他们探索社会角色、理解情感、练习沟通技能以及培养创造力和想象力。

（4）10～12个月：婴幼儿能理解和使用一些简单物体的名称，如"球""车"等；能够有目的地寻找特定的物品，并表现出更加准确的目标导向辨认行为。

（5）13～24个月：婴幼儿能够对熟悉的物体产生更持久性的辨认和记忆；通过手势、声音或简单的语言表达对特定物体的需求或兴趣。

（6）25～36个月：婴幼儿将物体按照特定的属性进行分类，如按颜色、形状、用途等进行分类；能够说出更多物体的名称，并能够主动使用这些名称来指代物体。

（二）0～3岁婴幼儿各年龄段物体辨认行为观察与指导的要点

1. 0～6个月

（1）行为观察：婴幼儿对周围的物体产生兴趣，他们会注视和观察不同形状、颜色和纹理的物体。

（2）行为指导：照护者提供丰富的感官刺激，如彩色玩具、布质书和触摸板，帮助他们观察和感知不同的物体特征。

2. 7～12个月

（1）行为观察：婴幼儿学会抓握和操作物体，对物体的形状和功能产生更大的兴趣，他们会将物体放入口中探索。

（2）行为指导：照护者提供适合抓握和探索的玩具，如软质块、玩具车等；鼓励他们触摸、抓握和探索物体，并告知他们物体的名称，帮助他们建立起物体名称和外观之间的联系。

3. 13～18个月

（1）行为观察：婴幼儿能够辨认并命名一些常见的物体，对物体的功能和用途产生兴趣，他们可以模仿一些物体的动作和声音。

（2）行为指导：照护者提供具有实际用途的物体，如电话、水果和工具，鼓励婴幼儿模仿物体的声音和照护者使用这些物体时的动作；为婴幼儿提供更复杂的物体分类任务，如将相同类别的物体放入容器中。

4. 19～24个月

（1）行为观察：婴幼儿能够辨认和命名更多种类的物体，表现出对物体的偏好和选择。

（2）行为指导：照护者提供丰富多样的物体供婴幼儿观察和辨认，鼓励他们给物体命名并描述其特征；为婴幼儿提供简单分类任务，如将玩具按照大小或颜色进行分类。

5. 25～36个月

（1）行为观察：婴幼儿能够辨认和命名更多复杂的物体，表现出对物体功能和假扮游戏的兴趣。

（2）行为指导：照护者提供有关物体功能和假扮游戏的玩具，如厨房玩具、医生玩具等；鼓励婴幼儿描述物体的功能和用途，并参与假扮游戏，让他们将物体用于特定的活动中。

💡 **课堂讨论**

托育机构进行婴幼儿视觉行为观察与指导时的注意事项有哪些？

第三节　婴幼儿听觉行为观察与指导

婴幼儿听觉行为观察与指导是指对婴幼儿的听觉能力和听觉行为进行观察与指导的过程。婴幼儿听觉行为观察与指导的作用是帮助婴幼儿建立良好的听觉基础，促进婴幼儿语言的习得和音乐欣赏能力的发展，为婴幼儿提供情感支持和安全感，同时在早期发现和干预婴幼儿存在的听力问题，为婴幼儿的整体发展和成长提供有益的支持和指导。

一、婴幼儿听觉注意力行为观察与指导

婴幼儿听觉注意力行为观察与指导是指观察和指导婴幼儿在听觉注意力方面的表现和行为，以促进他们的听觉注意力能力的发展和提升的过程。

（一）婴幼儿听觉注意力行为概述

婴幼儿听觉注意力行为对于语言发展、社交能力和认知能力的发展至关重要。通过发展听觉注意力，婴幼儿可以更好地感知和理解周围的声音信息，提升对语言、声音和声音来源的辨别能力，并在日后的学习和社交中受益。

1. 婴幼儿听觉注意力行为的定义

婴幼儿听觉注意力行为是指他们在感知和处理外界声音和声音来源时，选择性地集中注意力并对特

定声音产生兴趣的能力。听觉注意力是婴幼儿在日常生活中对声音刺激做出的选择性关注和处理，有助于他们更有效地认知和理解周围环境中的声音信息。

2. 婴幼儿听觉注意力行为的种类

（1）注意听：婴幼儿通过耳朵集中注意力，将听力资源投入特定声音来源或声音刺激上，并保持较长时间的注意力。例如，婴幼儿会注意听妈妈的声音或玩具发出的声音。

（2）听觉定向：婴幼儿能够用耳朵定向声音来源，即能够寻找声音来自何处，他们会转头或移动眼睛，以找寻声音的方向。

（3）声音辨认：婴幼儿会通过听觉辨认不同的声音，例如辨认家人的声音、宠物的叫声、电器的声音等。

（4）倾听指示：婴幼儿会对成年人的口头指示或声音做出反应，集中注意力并执行相应的动作。例如，听到"拍手"或"拥抱"的指示后，婴幼儿会做出相应的动作。

（5）音乐感知：婴幼儿对音乐和节奏表现出兴趣，并可能通过跳舞、响应音乐或拍打节奏来展示听觉注意力。

（6）声音参与：婴幼儿会积极地与周围的声音交互，例如尝试模仿声音、与声音互动或用声音回应。

（7）听觉关注转移：婴幼儿能够在不同的声音之间转移注意力，从一个声音刺激转向另一个声音刺激。

3. 婴幼儿听觉注意力行为发展的里程碑

（1）0～3个月：婴幼儿会对突然发出的声音或较大的声音产生反应，如吸气、吓一跳或眨眼等；会转头或朝向声音来源，展现出对声音的注意力。

（2）4～6个月：婴幼儿能够区分不同类型的声音，如人的声音、大自然声音和玩具的声音；能够对特定声音做出反应，例如听到妈妈的声音后微笑或做高兴的表情，如图3-5所示。

（3）7～9个月：婴幼儿能够用耳朵定向声音来源，即能够寻找声音来自何处；能够区分家人的声音，并对家人的声音产生更加亲近的反应。

（4）10～12个月：婴幼儿能够通过听觉辨认不同的声音，例如辨认家人的声音、宠物的叫声等；会积极地与周围的声音交互，例如尝试模仿声音或与声音互动。

图3-5　婴幼儿听到妈妈的声音后微笑或做高兴的表情

（5）13～24个月：婴幼儿逐渐能够理解简单的语言指令，如"拿给妈妈""给我玩具"；对音乐和节奏表现出兴趣，并通过跳舞、响应音乐或拍打节奏来展示听觉注意力。

（6）25～36个月：婴幼儿能够对成年人的口头指示或声音做出更加积极的反应，并执行相应的动作；对不同声音的辨别能力逐渐增强。

（二）0～3岁婴幼儿各年龄段听觉注意力行为观察与指导的要点

1. 0～6个月

（1）行为观察：婴幼儿对声音非常敏感，他们会转头、注视或停止活动来寻找声音来源，他们对照护者的声音有较大的反应。

（2）行为指导：照护者为婴幼儿提供丰富多样的声音刺激，如轻柔的歌曲、婴幼儿玩具发出的声音等；与婴幼儿进行互动，用声音吸引他们的注意力，如制造声音、模仿他们的声音等。

2. 7～12个月

（1）行为观察：婴幼儿对声音的敏感性进一步增强，他们注意和模仿简单的声音，例如咿呀声、拍手声等；他们会转头寻找声音来源并展示对特定声音的喜好。

（2）行为指导：照护者为婴幼儿提供丰富多样的声音刺激，如音乐、动物的声音、大自然的声音等，与婴幼儿进行声音游戏，如拍手、叫他们的名字等，以促进他们对声音的注意力和模仿能力的发展。

3. 13～24个月

（1）行为观察：婴幼儿对声音的理解和反应能力进一步增强，他们能够辨别简单的词语和短语并理解简单的指示；他们对环境中的声音变化和节奏有更强的兴趣并表现出对歌唱和音乐的喜爱。

（2）行为指导：照护者为婴幼儿提供有趣的声音和音乐体验，如唱歌、跳舞、使用乐器等；与婴幼儿一起参与声音游戏，如模仿动物的声音、模仿乐器的声音等；通过与婴幼儿的互动，帮助他们理解和遵循简单的声音指示。

知识链接

照护者指导1～2岁婴幼儿理解和遵循的简单声音指示有哪些?

1～2岁的婴幼儿正处于语言和认知发展的关键阶段，他们开始理解和遵循一些简单的声音指示。以下是一些适用于1～2岁婴幼儿的声音指示，可以帮助照护者与这个年龄段的婴幼儿进行有效的交流。

（1）简单的动作指示：照护者使用简单明了的语言，给婴幼儿发出一些基本的动作指示，例如"拿球""跳跃""摆手"等，同时可以用手势和面部表情来增强指示的可理解性。

（2）基本的物体指示：照护者帮助婴幼儿认识周围的物体，通过指着物体并说出它的名字，例如"看，这是一只猫""这是一本书"等。

（3）日常活动指示：在日常活动中，照护者给予婴幼儿简单的指示，如"坐下吃饭""穿上鞋子""洗手"等，逐步建立他们对日常活动的理解和遵循能力。

（4）基本的方向指示：照护者帮助婴幼儿理解基本的方向概念，例如"来这边""去那边""上楼梯"等，这有助于培养他们的空间感知能力。

（5）简单的选择指示：照护者给婴幼儿提供一些简单的物体，让他们从中选择，例如"你要苹果还是香蕉?"，这有助于培养他们的决策能力。

（6）重复和确认：照护者重复指示以帮助婴幼儿巩固理解，同时确认他们是否理解了指示也是很重要的，例如用"你可不可以把那个玩具拿给爸爸"来确保他们明白你的指示。

（7）鼓励和表扬：当婴幼儿成功地理解和遵循指示时，照护者应及时给予鼓励和表扬，这有助于增强他们积极参与和学习的意愿。

4. 25～36个月

（1）行为观察：婴幼儿的听觉注意力发展更加成熟，他们能够辨别和区分更复杂的声音和词语，理解更复杂的指示，并能表达自己的声音和意愿；他们对故事、歌曲和婴幼儿游戏中的声音有较强烈的兴趣。

（2）行为指导：照护者与婴幼儿一起参与音乐和声音活动，如唱歌、讲故事、玩乐器等；鼓励婴幼儿描述和分享所听到的声音，引导他们关注声音的不同特征，如音调、音量和节奏；与婴幼儿对话，回应他们的语言和声音表达。

二、婴幼儿听辨能力行为观察与指导

婴幼儿听辨能力行为观察与指导是指观察和指导婴幼儿对声音进行辨别和识别的能力。这旨在帮助婴幼儿发展他们的听觉感知和听辨能力，使他们能够准确辨别不同的声音来源，区分不同的音调、音量和频率，并理解这些声音的含义。

（一）婴幼儿听辨能力行为概述

婴幼儿听辨能力行为是听觉认知的关键组成部分。通过不断发展听辨能力，婴幼儿可以更好地感知和理解周围的声音信息，增强对声音、声音来源和声音特征的辨别能力，并在日后的语言发展和社交交

流中受益。

1. 婴幼儿听辨能力行为的定义

婴幼儿听辨能力行为是指婴幼儿对不同声音和声音来源进行辨别和识别的行为。这一行为涉及婴幼儿对不同声音的区分，以及能够将特定声音与相应的来源或对象联系起来的听辨能力。通过听辨能力，婴幼儿可以辨认熟悉的声音、识别不同的声音特征，并理解周围环境中的声音信息。

2. 婴幼儿听辨能力行为的种类

（1）区分声音：婴幼儿能够区分不同类型的声音，如人的声音、动物的声音、交通工具的声音等；他们能够辨认熟悉的声音并对不同声音产生兴趣。

（2）辨认熟悉的家人的声音：婴幼儿能够识别熟悉的家人的声音，例如父母、兄弟姐妹或其他照护者的声音；他们能够将特定的声音与家人的身份联系起来。

（3）音乐感知：婴幼儿对音乐和节奏表现出兴趣，并通过跳舞、响应音乐或拍打节奏来展示听辨能力；他们能够区分不同的音乐风格和节奏。

（4）声音来源定位：婴幼儿能够用耳朵定位声音的来源，即能够寻找声音来自何处。他们会转头或移动眼睛，以寻找声音的方向。

（5）听觉参与：婴幼儿会对周围的声音产生积极的参与，例如尝试模仿声音或与声音互动；他们会通过声音来表达情感或回应声音。

（6）声音辨识：随着成长，婴幼儿对不同声音的辨识能力可能会增强，他们能够更准确地辨认特定声音并将之与相应的对象或情境联系起来。

3. 婴幼儿听辨能力行为发展的里程碑

（1）0～6个月：婴幼儿会对突然发出的声音或较大的声音产生反应，如吸气、吓一跳或眨眼等；能够区分不同类型的声音，例如人的声音和大自然的声音。

（2）7～9个月：婴幼儿能够识别熟悉的家人的声音，并对其产生更加亲近的反应；对音乐和节奏表现出兴趣，并通过挥舞双臂（见图3-6）、响应音乐或拍打节奏来展示听辨能力。

（3）10～12个月：婴幼儿能够辨认不同的声音，例如辨认家人的声音、宠物的叫声等；能够用耳朵定向声音来源，即能够寻找声音来自何处。

图3-6　婴幼儿听音乐时挥舞双臂

（4）13～24个月：婴幼儿能够更好地感知和理解音乐的节奏，并可能做出身体动作来配合音乐；会对周围的声音产生积极的参与，例如尝试模仿声音或与声音互动等。

（5）25～36个月：婴幼儿能够将声音按照特定属性进行分类，例如高音和低音，大声和小声等；对不同声音的辨别能力逐渐增强。

（二）0～3岁婴幼儿各年龄段听辨能力行为观察与指导的要点

1. 0～6个月

（1）行为观察：婴幼儿对声音表现出兴奋的情绪，他们能够辨别和区分不同音高、音色和音量的声音，并对突然发出的声音做出明显的反应。

（2）行为指导：照护者为婴幼儿提供各种声音刺激，如轻柔音乐、摇铃声等，与他们互动，用声音吸引他们的注意力。

2. 7～12个月

（1）行为观察：婴幼儿对不同的声音表现出更大的兴趣和更强的敏感性，他们能够辨别和区分家人的声音，并开始模仿一些简单的声音。

（2）行为指导：照护者为婴幼儿提供丰富多样的声音，如音乐、动物的声音、大自然的声音等；与婴幼儿一起玩声音游戏，如模仿动物的声音、制造各种声音效果等，以促进他们的听辨能力和声音模仿能力发展。

3. 13～24个月

（1）行为观察：婴幼儿的听辨能力进一步增强，他们能够辨别和识别一些简单的词语和短语，并对音乐和歌唱表现出兴趣；他们会模仿简单的声音和词汇。

（2）行为指导：照护者与婴幼儿一起参与音乐，如唱歌、跳舞、使用乐器等；他们模仿和重复简单的声音和词汇，如动物的声音、身体部位名称等；与婴幼儿对话，引导他们注意声音的不同特征，如音调、音量和音色等。

4. 25～36个月

（1）行为观察：婴幼儿的听辨能力继续增强，他们能够识别和理解更复杂的词语和短句，并能够通过语言表达自己的需求和意愿；他们对故事、歌曲和婴幼儿游戏中的声音表现出更强烈的兴趣。

（2）行为指导：照护者与婴幼儿一起听故事、唱歌和做音乐游戏；鼓励婴幼儿描述和分享所听到的声音，引导他们注意声音的细节和变化；与婴幼儿对话，回应他们的语言和声音表达。

三、婴幼儿听觉环境行为观察与指导

婴幼儿听觉环境行为观察与指导是指对婴幼儿的听觉环境进行观察和指导，以促进其听觉发展和健康成长的过程。通过观察和指导婴幼儿的听觉环境，照护者帮助婴幼儿建立健康的听觉基础，促进听觉的发展和语言的习得。

（一）婴幼儿听觉环境行为概述

婴幼儿听觉环境行为是婴幼儿认知和情感发展的关键组成部分。通过积极参与和互动，婴幼儿能够更好地感知和理解周围的声音环境，增强对声音的辨别和理解能力，并建立对环境的积极认知。

1. 婴幼儿听觉环境行为的定义

婴幼儿听觉环境行为是指婴幼儿在周围声音和声音环境中的反应和表现。这一行为涵盖了婴幼儿对各种声音刺激的感知、反应和互动。婴幼儿的听觉环境行为是他们对周围声音的注意和参与的表现，对于认知和情感的发展至关重要。

2. 婴幼儿听觉环境行为的种类

（1）聆听：婴幼儿通过耳朵注意周围的声音，包括大自然的声音（如鸟叫、水流声）、人的声音（如妈妈的声音、爸爸的声音）和其他声音。

（2）回应声音：婴幼儿能对某些声音产生积极的回应，如微笑、转头、"咿咿呀呀"地回应等，他们会表现出兴奋、好奇或满足的情绪。

（3）听觉定向：婴幼儿能够用耳朵定位声音来源，即能够寻找声音来自何处；他们会转头或移动眼睛，以寻找声音的方向。

（4）音乐感知：婴幼儿对音乐和节奏表现出兴趣，并通过跳舞、响应音乐或拍打节奏来展示听觉环境行为。

（5）声音参与：婴幼儿会对周围的声音产生积极的参与，例如尝试模仿声音、与声音互动或用声音回应。

（6）听觉过滤：婴幼儿会过滤和区分不同声音，区分哪些声音是重要的、值得关注的，哪些声音可以忽略。

（7）反应声音强弱：婴幼儿会对声音的强弱程度产生不同程度的反应，对较大声音可能表现出警觉或惊恐，对较小声音可能表现出好奇或专注。

3. 婴幼儿听觉环境行为发展的里程碑

（1）0～3个月

家庭环境：婴幼儿开始对亲人的声音产生兴趣，对妈妈和爸爸的声音有辨识能力。他们会因听到家庭成员的声音而产生舒适感。

托育环境：在早期托育环境中，婴幼儿可能需要一段时间来适应新的声音和环境。照护者会使用温和的声音和音乐来安抚和激发婴幼儿的听觉兴趣。

（2）4～6个月

家庭环境：婴幼儿可以更清晰地分辨家庭成员的声音，他们开始回应家庭成员的言语。

托育环境：婴幼儿在托育环境中开始与其他婴幼儿互动，分享声音和音乐的体验。

（3）7～12个月

家庭环境：婴幼儿可以理解并回应简单的指令，如"给我玩具"或"来这边"。他们会模仿家庭成员的声音和语调。

托育环境：婴幼儿在托育环境中开始与照护者和其他婴幼儿互动，参与音乐和声音活动。

（4）13～24个月

家庭环境：婴幼儿开始说出一些简单的词语和短语，如"妈妈""爸爸"和"再见"。他们可以理解并回应问题，开始积极参与双向交流。

托育环境：婴幼儿在托育环境中学习与照护者和其他婴幼儿分享声音和音乐的乐趣。

（5）25～36个月

家庭环境：婴幼儿掌握的词汇量逐渐增加，能够表达更多的需求和情感。他们开始用词语组成简单的句子，表达复杂的思想。

托育环境：在托育环境中，婴幼儿与照护者和其他婴幼儿进行更深层次的音乐和声音互动，学习合唱和合奏。

（二）0～3岁婴幼儿各年龄段听觉环境行为观察与指导的要点

1. 0～6个月

（1）行为观察：婴幼儿对声音表现出兴奋和感兴趣，他们会对突然出现的声音做出明显的反应，并试图找出声音来源；他们会对柔和的声音和音乐做出安静和愉悦的反应。

（2）行为指导：照护者为婴幼儿提供安静而舒适的听觉环境，减少环境中刺激过多的噪声为他们播放柔和的音乐，如摇篮曲等。

2. 7～12个月

（1）行为观察：婴幼儿对不同的声音表现出更大的兴趣和更强的敏感性，他们会模仿简单的声音，并对熟悉声音和特定声音模式做出兴奋和愉悦的反应。

（2）行为指导：照护者为婴幼儿提供丰富多样的声音，如音乐、自然的声音、动物的声音等；与婴幼儿一起玩声音游戏，如模仿动物的声音、制造各种声音效果等，以促进他们对不同声音的辨别和理解能力的发展。

3. 13～24个月

（1）行为观察：婴幼儿对不同声音的辨别和理解能力进一步增强，他们会对家人的声音、熟悉的歌曲和儿歌表现出更大的兴趣和参与欲望。

（2）行为指导：照护者为婴幼儿提供丰富多样的音乐体验，如唱歌、跳舞、使用简单乐器等；与婴幼儿一起唱儿歌，模仿动物的声音，引导他们关注声音的细节和变化。

4. 25～36个月

（1）行为观察：婴幼儿对复杂的声音表现出更强烈的兴趣和理解能力，他们会对故事、音乐和游戏中的声音做出积极参与和愉悦的反应。

（2）行为指导：照护者与婴幼儿一起听故事、唱歌和做音乐游戏等；为婴幼儿提供丰富的听觉刺激，如音乐、婴幼儿音乐故事、自然的声音等；鼓励婴幼儿进行声音模仿、语言表达和参与音乐活动。

四、婴幼儿音乐欣赏行为观察与指导

婴幼儿音乐欣赏行为观察与指导是指观察与指导婴幼儿在音乐欣赏活动中的行为和体验，以促进他们对音乐的感知、理解和享受的过程。观察音乐欣赏行为是指观察婴幼儿在音乐欣赏活动中的反应和行为表现。指导音乐欣赏行为是指根据观察结果，进行相应的指导来促进婴幼儿音乐欣赏能力的发展。

（一）婴幼儿音乐欣赏行为概述

婴幼儿音乐欣赏行为是婴幼儿音乐认知和情感发展的关键组成部分。通过积极参与和互动，婴幼儿能够更好地感知和理解音乐的元素，增强对节奏、旋律和情感的辨别和理解能力，并建立对音乐的积极认知。

1. 婴幼儿音乐欣赏行为的定义

婴幼儿音乐欣赏行为是指婴幼儿感知和体验音乐的过程。这一行为涵盖了婴幼儿对不同音乐注意、感兴趣、理解和积极参与等行为。婴幼儿在早期阶段就对音乐表现出兴趣，并通过听觉和感知来欣赏音乐。

2. 婴幼儿音乐欣赏行为的种类

（1）聆听：婴幼儿会注意到环境中的音乐，对不同类型的音乐做出反应，听到音乐后婴幼儿会停下手中的活动，专注聆听。

（2）对节奏的感知：婴幼儿对音乐的节奏表现出兴趣，会用手或身体动作来配合节奏，如拍手、跳动等。

（3）对旋律的反应：婴幼儿对音乐的旋律产生兴趣，会哼唱、摇晃身体或表现出愉悦的表情。

（4）舞蹈和动作：婴幼儿会随着音乐节奏跳舞和做动作，用身体来感受音乐的节奏和情感，如扭动、摇摆等。

（5）表达情绪：婴幼儿会用哭闹或显得高兴的表情来回应音乐，对不同类型的音乐表现出不同的情绪反应。

（6）模仿音乐：婴幼儿会模仿音乐中的声音或乐器，用自己的方式参与音乐，如发出"咿咿呀呀"的声音模仿歌曲。

（7）参与音乐：婴幼儿会用手拍打节奏、敲打简易乐器或尝试模仿歌曲的节奏和动作来参与音乐。

（8）对音乐来源感兴趣：婴幼儿会对音乐来源感兴趣，例如观察乐器演奏者、歌手或音响设备等。

3. 婴幼儿音乐欣赏行为发展的里程碑

（1）0～6个月：婴幼儿会对音乐产生兴趣，会停下来专注聆听音乐，能对简单的节奏产生反应，例如摇晃身体或拍手。

（2）7～12个月：婴幼儿会对音乐产生更强烈的兴趣，表现出愉悦和快乐的情绪，会随着音乐节奏跳舞和做动作，用身体来感受音乐的节奏和情感。

（3）13～24个月：婴幼儿对音乐旋律产生兴趣，会哼唱、模仿声音或尝试跟着唱，会用手拍打节奏或模仿乐器的声音。

知识链接

1～2岁婴幼儿会对哪些音乐和旋律产生兴趣？

1～2岁的婴幼儿对音乐和旋律的兴趣会因个体差异而有所不同，但一般来说，以下类型的音乐和旋律可能会引起他们的兴趣。

（1）简单的儿童歌曲：有明快旋律和简单歌词的儿童歌曲往往能够引起婴幼儿的兴趣。这些歌曲通常具有重复的节奏和简单的旋律，符合婴幼儿的听觉和认知发展水平。

（2）节奏感强的音乐：婴幼儿对有明显节奏感的音乐很感兴趣。有简单的节奏和重复的鼓点或节拍的音乐可以让他们感到兴奋。

（3）声音效果和音效：声音效果和音效对婴幼儿来说是很有吸引力的。动物叫声、车辆声音等具有辨识度的声音效果可以引起他们的好奇。

（4）乐器声音：婴幼儿会对各种乐器的声音产生兴趣，尤其是明亮、清晰的声音，例如钢琴、小提琴、手鼓等的声音。

（5）呼应性音乐：呼应性音乐是指可以让婴幼儿与之互动的音乐，相应的互动有教唱歌曲、拍手、跳舞等。这种互动可以增强他们的参与感和兴趣。

（6）多样性的节奏和音高：婴幼儿对不同的节奏和音高变化会产生兴趣。变化丰富的音乐可以激发他们的好奇。

（4）25～36个月：婴幼儿对音乐的欣赏和理解能力逐渐增强，会更加专注地聆听音乐和做出更复杂的动作，会用各种表情回应音乐的情感和氛围，会更积极地参与音乐活动，与其他人一起唱歌、跳舞或拍手。

（二）0～3岁婴幼儿各年龄段音乐欣赏行为观察与指导的要点

1. 0～6个月

（1）行为观察：婴幼儿对音乐的感知主要表现为对音乐的回应和产生舒适感受，他们会对柔和的音乐和声音表现出安静和放松的反应，对音乐的节奏和旋律模式表现出兴奋和愉悦的反应。

（2）行为指导：照护者为婴幼儿提供安静而舒适的音乐环境，播放轻柔的音乐，如摇篮曲等，观察他们的反应并回应他们的舒适反应，与他们一起享受音乐。

2. 7～12个月

（1）行为观察：婴幼儿对音乐的感知和情感反应进一步发展，他们会跟随音乐的节奏拍手或摇摆身体，会对熟悉歌曲和音乐模式表现出更大兴趣和参与欲望。

（2）行为指导：照护者为婴幼儿提供丰富多样的音乐体验，包括听各种风格的音乐、欣赏韵律强烈的歌曲和玩乐器玩具等；与他们一起唱儿歌，鼓励他们模仿成人的音乐节奏做出动作。

3. 13～24个月

（1）行为观察：婴幼儿对音乐的理解和情感反应进一步发展，他们会模仿音乐的旋律、节奏或歌词，会对音乐情绪和动态变化产生更大的共鸣和反应。

（2）行为指导：照护者为婴幼儿提供丰富多样的音乐体验，如唱歌、跳舞、使用简单乐器等，与他们一起参与音乐，鼓励他们模仿音乐的声音和动作，表达对音乐的情感反应。

4. 25～36个月

（1）行为观察：婴幼儿对音乐的感知和理解能力不断增强，他们会更加积极地参与音乐，表达对音乐的喜好和偏好。

（2）行为指导：照护者为婴幼儿提供丰富多样的音乐体验，如体验各种音乐风格、乐器的声音和不同的节奏模式，鼓励他们自由表达和创造属于自己的音乐。

------ 💡 课堂讨论 ------

托育机构进行婴幼儿听觉行为观察与指导时的注意事项有哪些？

第四节 婴幼儿触觉行为观察与指导

婴幼儿触觉行为观察与指导是指观察和指导婴幼儿在触觉方面的感知和行为，以促进他们的触觉和身体感知能力发展的过程。触觉行为观察与指导的目的是通过观察和指导婴幼儿的触觉行为，促进他们对不同物体、材质和触摸刺激的认知和感知能力的发展。

一、婴幼儿手指和手掌运动行为观察与指导

婴幼儿手指和手掌运动行为观察与指导是指观察与指导婴幼儿在使用手指和手掌进行运动和探索时的行为和技能发展的过程。

（一）婴幼儿手指和手掌运动行为概述

手指和手掌行为是婴幼儿在日常生活中常见的手部动作和互动方式。通过这些动作，婴幼儿能够探索和了解周围的环境，发展手部运动技能，并通过手部互动和手指指向来表达需求和情感。

1. 婴幼儿手指和手掌行为的定义

婴幼儿手指和手掌行为是指婴幼儿在日常生活中使用手指和手掌进行的各种动作和表现。这些行为是婴幼儿手部运动的表现，是他们探索世界的重要方式之一。

2. 婴幼儿手指和手掌行为的种类

（1）掌握抓握：婴幼儿用整个手掌抓握物体的抓握动作。

（2）指向抓握：婴幼儿出现更加精细的手指抓握动作，他们能够用拇指和食指抓住小物件。

（3）探索：婴幼儿会用手指和手掌来触摸和探索周围的物体和表面，他们会用一只手抓住物品，然后用另一只手拍打、摸索、揉捏物体，以了解物体的质地、形状和大小。

（4）手指指向：婴幼儿在社交互动中学会使用手指指向物体或感兴趣的事物。这种行为有时是他们表达需求或吸引他人注意力的方式。

（5）点指：婴幼儿会用手指点指物体或人，以表达他们的意图或吸引他人的注意。

（6）堆叠：婴幼儿手部协调能力增强，能进行更精细的操作，如用手指拨弄小玩具、堆叠积木等。

（7）涂画：婴幼儿会用手掌或手指涂画，虽然还不太规范，但表现出对绘画和色彩的兴趣。

（8）手势：婴幼儿在表达时使用手势，例如挥手、抓握手中的玩具等。

3. 婴幼儿手指和手掌行为发展的里程碑

（1）0～6个月：婴幼儿会自动地握住放入手掌中的物体，用手指和手掌来触摸和探索周围的物体及其表面。

（2）7～12个月：婴幼儿出现指向抓握动作，能够用拇指和食指抓住小物件，他们的手指和手掌动作更加熟练，能够更好地探索和了解周围的环境。

（3）13～24个月：婴幼儿能够进行更复杂的手指动作，例如用手指拨弄小玩具（见图3-7）、搭建塔等；使用手势来表达需求或意图，如挥手、拍手等。

（4）25～36个月：婴幼儿用手指和手掌涂画，虽然还不太规范，但表现出对绘画和色彩的兴趣；在社交互动中更加熟练地使用手指指向物体或感兴趣的事物，用手指点指物体或人。

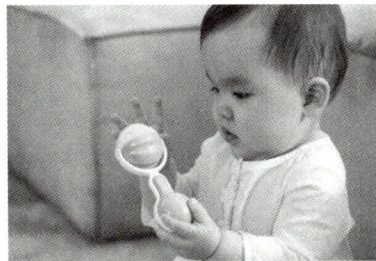

图3-7　婴幼儿用手指拨弄小玩具

（二）0～3岁婴幼儿各年龄段手指和手掌运动行为观察与指导的要点

1. 0～6个月

（1）行为观察：照护者观察婴幼儿是否能自发地伸展和弯曲手指，注意婴幼儿的抓握反射，即当手掌被物体刺激时，婴幼儿会紧握物体。

（2）行为指导：照护者提供适合婴幼儿握持的玩具，如柔软的布娃娃或带有握把的玩具，帮助婴幼儿增强手指和手掌的灵活性；在哺乳或喂食时，鼓励婴幼儿握住奶瓶或乳头自主进食，如图3-8所示。

2. 7～12个月

（1）行为观察：照护者观察婴幼儿是否能够单独移动手指，如使用拇指和食指做捏取动作，注意婴幼儿是否能够将手指伸入小孔中或夹住物体。

图3-8　婴幼儿握住奶瓶自主进食

（2）行为指导：照护者提供各种形状和材质的玩具，如积木、塑料珠等，帮助婴幼儿进行捏取、抓握和放置等动作，鼓励婴幼儿玩拍手游戏，培养其手指的协调性。

3. 13～24个月

（1）行为观察：照护者观察婴幼儿是否能够使用手指指向物体，并进行简单的抓握、拧紧、敲打等动作，注意婴幼儿是否能够使用拇指和食指夹取小物品。

（2）行为指导：照护者鼓励婴幼儿进行涂鸦、拼拼图等活动，促进婴幼儿手指精细运动能力和手眼协调能力的发展；提供符合婴幼儿年龄的玩具，帮助婴幼儿增强手指的灵活性。

4. 25～36个月

（1）行为观察：照护者观察婴幼儿是否能够用手指完成按下小按钮、拧开瓶盖等较为复杂的手指动作，注意他们在搭积木或穿线时是否能够使用多个手指进行操作。

（2）行为指导：照护者提供符合婴幼儿年龄的拼图、涂色、书写工具等玩具和活动，帮助婴幼儿进一步发展对手指和手掌的控制能力，鼓励婴幼儿参与模仿活动，如描绘简单的形状、线条，帮助他们练习手指的精细动作和提升书写能力。

二、婴幼儿触摸定向行为观察与指导

婴幼儿触摸定向行为观察与指导是指观察与指导婴幼儿在触摸和探索物体时的定向行为和技能发展的过程。

（一）婴幼儿触摸定向行为概述

婴幼儿触摸定向行为对于他们的感知和认知发展至关重要。通过触摸定向行为，婴幼儿能够积极地认识周围的物体和环境，形成对物体的触觉记忆，并加深对物体属性的理解。

1. 婴幼儿触摸定向行为的定义

婴幼儿触摸定向行为是指婴幼儿通过触摸和使用手指来定向、感知和探索周围物体和环境的行为。这一行为是婴幼儿认知发展的重要组成部分，可帮助他们建立对世界的触觉认知，了解物体的质地、形状、温度和大小等信息。

从出生开始，婴幼儿就通过手部运动来探索周围的环境。他们用手指、手掌和其他身体部位触摸物体，从而获取关于物体的触觉信息。随着成长，婴幼儿逐渐发展出更加精细和准确的触摸定向行为，能够用手指进行更精细的触摸和感知动作。

2. 婴幼儿触摸定向行为的种类

（1）探索物体：婴幼儿会用手指和手掌来触摸和感知周围的物体，通过触摸来探索物体的质地、形状、硬度等特征。

（2）抓握物体：婴幼儿学会用手指和手掌抓握物体，通过抓握来感知物体的形态和大小。

（3）辨认物体：婴幼儿能够通过触摸和感知来辨认不同的物体，区分它们的特征，例如通过触摸来识别不同的玩具。

（4）对触感的反应：婴幼儿会对不同的触感产生不同的反应，例如柔软的材质可能让他们感到舒适，而硬的材质可能让他们感到不适。

（5）手眼协调：婴幼儿发展出手眼协调能力，能够准确地用手指触摸和指向他们感兴趣的物体，例如将手指指向想要的玩具。

（6）实验性触摸：婴幼儿通过实验性触摸来探索不同物体的表面，了解它们的特性，例如用手指触摸不同材质的玩具。

（7）创造性触摸：随着婴幼儿认知和想象力的发展，他们会进行创造性的触摸行为，例如用手指在纸上涂画。

3. 婴幼儿触摸定向行为发展的里程碑

（1）0～6个月：婴幼儿会用手指和手掌来探索周围的物体，通过触摸来感知世界；会有抓握反射动作，当有物体放入手掌中时，他们会自动地握住。

（2）7～12个月：婴幼儿用手指和手掌进行实验性触摸，尝试不同的触感，例如触摸不同材质的玩具；发展出指向抓握行为，能够用拇指和食指一起抓住小物件。

（3）13～24个月：婴幼儿能够通过触摸和感知来辨认不同的物体，区分它们的特征，例如通过触摸来识别不同的玩具；随着认知和想象力的发展，他们会进行创造性的触摸行为，例如用手指在纸上涂画。

（4）25～36个月：婴幼儿手指指向能力和手眼协调能力逐渐增强，能够准确地用手指触摸和指向他们感兴趣的物体；他们的实验性触摸和创造性触摸行为会逐渐增加，他们能够更加准确地感知和探索周围的物体。

知识链接

2～3岁婴幼儿的实验性触摸和创造性触摸行为有哪些?

2～3岁婴幼儿正处于探索世界和发展创造性的阶段，他们会通过触摸来获取信息、学习、发现和表达自己的创意。以下是这个年龄段婴幼儿常有的一些实验性触摸和创造性触摸行为。

（1）感官探索：这个阶段的婴幼儿会对各种不同材质和表面的物体感兴趣，他们会用手指、手掌、指甲等去触摸、揉捏、拍打、搓弄物体，以了解其质地、温度和形状。

（2）沙盒游戏：进行沙盒游戏是一个常见的婴幼儿创造性触摸行为，他们会用手掌、指尖等去模塑、挖掘和探索沙子，创造出不同的形状和结构。

（3）绘画和涂鸦：婴幼儿会展现对绘画的兴趣，他们用手指、画笔或其他工具在纸上绘画和涂鸦；他们的绘画和涂鸦的动作可能是无意识的，但也显示出他们的创造性尝试。

（4）玩具探索：婴幼儿会以探索性的方式来使用玩具，他们尝试用不同的方式来玩玩具，例如将积木堆叠、拼拼图、用玩具进行角色扮演等。

（5）捏黏土或模型：照护者提供黏土、橡皮泥等材料可以鼓励婴幼儿进行创造性触摸，他们会将黏土塑造成各种形状，例如食物、人物等。

（6）实验性水游戏：婴幼儿喜欢在水中探索和玩耍，他们用手指、容器等来探索水的性质，尝试倒水、泼水等活动。

（7）音乐和声音创造：婴幼儿通过敲击、拍打、摇晃等方式创造简单的声音，他们会对各种能发出声音的物体感兴趣。

（二）0～3岁婴幼儿各年龄段触摸定向行为观察与指导的要点

1. 0～6个月

（1）行为观察：婴幼儿通过触摸来探索周围的物体和表面，他们会用手指、手掌和身体其他部位接触不同的表面，如玩具、布料或自己的身体。

（2）行为指导：照护者提供丰富的触摸刺激，如柔软织物、质地不同的玩具和安全的触摸表面，鼓励婴幼儿自由地触摸和探索，同时确保触摸环境的安全。

2. 7～12个月

（1）行为观察：婴幼儿的触摸定向行为更加明显，他们有意识地将手指或手掌放在想要触摸的物体上，并对触摸的效果产生兴趣和做出反应；他们通过触摸来感受不同物体的质地、形状和温度。

（2）行为指导：照护者提供各种材质的触摸刺激，如有细腻纹理的物体、表面粗糙的物体、温度不同的物体等，鼓励婴幼儿触摸和探索不同的物体和材质。

3. 13～24个月

（1）行为观察：婴幼儿的触摸定向行为更加精细和准确，他们能够通过触摸来辨识不同的物体和材质，并将触摸感受与物体的特征联系起来；他们会更有意识地触摸自己的身体部位和他人的身体部位。

（2）行为指导：照护者提供具有不同质地和形状的触摸材料，如纹理板、涂料、沙子等，鼓励婴幼儿触摸和辨识不同的材料，并通过亲密的互动和语言描述来增强他们的触摸体验。

4. 25～36个月

（1）行为观察：婴幼儿的触摸定向行为更加灵活和熟练，他们能够通过触摸来进行更复杂的认知和探索活动，如识别物体的形状、大小、硬度等；他们还可以通过触摸来表达情感和创造力。

（2）行为指导：照护者提供丰富的触摸材料和活动，如塑料手工艺品、触摸板书、模具和绘画材料，鼓励婴幼儿通过触摸进行创造性的活动，如涂鸦、手指绘画和模具制作。

三、婴幼儿触觉敏感性行为观察与指导

婴幼儿触觉敏感性行为观察与指导是指观察与指导婴幼儿对触摸刺激的感知和反应，以促进他们的触觉发展和增强敏感性的过程。

（一）婴幼儿触觉敏感性行为概述

婴幼儿触觉敏感性行为帮助他们建立对世界的触觉认知，了解物体的属性和特征。适度的触觉刺激有助于促进婴幼儿的感觉运动发展和身心健康。

1. 婴幼儿触觉敏感性行为的定义

婴幼儿触觉敏感性行为是指婴幼儿感知触觉刺激和对其做出反应的行为。这种敏感性是指婴幼儿对身体接触、质地、温度、压力等触觉刺激的感知程度和反应程度。每个婴幼儿对触觉刺激的敏感性不同，有些婴幼儿对某些刺激更敏感，而对其他刺激相对不那么敏感。

2. 婴幼儿触觉敏感性行为的种类

（1）轻柔触摸反应：有些婴幼儿对轻柔的触摸表现出积极的反应，例如会感到舒适、安心和愉悦。

（2）粗糙触摸反应：有些婴幼儿对粗糙或强烈的触摸表现出消极反应，如哭闹、回避或不安。

（3）对温度变化的敏感性：有些婴幼儿对温度的变化比较敏感，对冷热的触感有不同的反应。

（4）对质地的偏好：有些婴幼儿对某些质地的触感有偏好，如喜欢触摸柔软的材质，而对坚硬或粗糙的材质做出不喜欢的反应。

（5）身体接触反应：婴幼儿对身体接触的方式有敏感性反应，例如对拥抱、亲吻等身体接触的喜欢或不喜欢。

（6）对触感细节的敏感性：每个婴幼儿对触觉刺激的敏感性不同，有些婴幼儿对细微的触感变化有更明显的反应。

（7）反应强度：有些婴幼儿对触觉刺激的反应强烈，表现出较大的情感反应，而有些婴幼儿的反应相对较小。

3. 婴幼儿触觉敏感性行为发展的里程碑

（1）0～6个月：婴幼儿对触摸刺激有反应，会对轻柔的触摸做出积极的反应，例如感到舒适和安心；对强烈的触摸有消极的反应，如哭闹或回避。

（2）7～12个月：婴幼儿会表现出对某些质地的偏好，如喜欢触感柔软的材质，而对硬或粗糙的材质表现出不喜欢的反应；会对身体接触的方式做出敏感性反应，如对拥抱、亲吻等身体接触表现出积极的喜欢或不喜欢的反应。

（3）13～24个月：婴幼儿对温度的变化比较敏感，对冷热的触感有不同的反应，他们的触觉敏感性行为有不同的强度，有些婴幼儿对触摸刺激的反应比较大。

（4）25～36个月：婴幼儿对触摸刺激的敏感性变得更强，对细微的触感变化有更明显的反应，他们的触觉敏感性行为变得更加多样化和个性化，对不同刺激会有不同的反应。

知识链接

婴幼儿的触觉敏感性行为多样化和个性化的表现有哪些?

婴幼儿的触觉敏感性行为因个体差异而呈现多样化和个体化的特点，每个婴幼儿会有以下不同的表现。

（1）对材质的反应：有些婴幼儿对特定材质有明显的好恶之分，他们会喜欢某种材质的玩具，而对另一些材质则不太感兴趣，甚至产生厌恶感。

（2）触摸敏感：有些婴幼儿对轻柔的触摸或按摩有积极的反应，表现为更容易放松和安静下来。

（3）触摸回避：有些婴幼儿对强烈的触摸或刺激性的触感有回避反应，会表现出挣扎、哭闹等

行为。

（4）触摸探索：婴幼儿通常会通过触摸来探索周围的世界，他们会用手指、手掌等不同部位去触摸、揉捏、摸索物体，以感受其质地、温度和形状。

（5）触摸口腔探索：婴幼儿常常会将物体放入口中来进行触摸和探索，这是他们认识周围事物的一种方式，但需要照护者保证物体的安全性。

（6）对温度的敏感性：婴幼儿会对温度敏感，例如喜欢温暖的环境和物体。

（7）对压力的反应：有些婴幼儿对较轻的触感和轻微的压力有积极反应，例如喜欢拥抱或被包裹。

（8）对声音的触觉反应：触觉敏感性不仅限于对物体的触摸，也包括声音的触感，例如有些婴幼儿对柔和的声音更容易产生积极的反应，而对嘈杂或刺耳的声音会产生负面情绪。

（9）触摸与情绪联系：婴幼儿会将触摸与情感联系在一起，例如某种类型的触摸会使他们感到安心和舒适。

（二）0～3岁婴幼儿各年龄段触觉敏感性行为观察与指导的要点

1. 0～6个月

（1）行为观察：婴幼儿触觉敏感性行为表现为对某些触摸刺激的过度敏感或过度回避，他们会对某些纹理、材质或触摸方式产生强烈的反应，如哭闹、皮肤过敏或回避触摸。

（2）行为指导：照护者观察婴幼儿对不同触摸刺激的反应，尊重他们的界限并避免强迫他们接触不喜欢的物体或进行身体接触，为他们提供舒适和安全的触摸刺激，如柔软的织物、轻柔的触摸和亲密的拥抱，以满足他们的触摸需求。

2. 7～12个月

（1）行为观察：婴幼儿的触觉敏感性行为更加明显，他们会对某些质地、纹理或触摸方式表现出积极或回避的反应，会对不同的触摸刺激有强烈的喜欢或厌恶。

（2）行为指导：照护者观察婴幼儿对触摸刺激的反应，尊重他们的敏感性和喜好，提供多样化的触摸材料和活动，但避免强迫他们接触不喜欢的物体，与婴幼儿建立亲密的互动，为婴幼儿提供安全、温暖和放松的触摸体验。

3. 13～24个月

（1）行为观察：婴幼儿的触觉敏感性行为更加复杂和个性化，他们会对不同触摸刺激有不同反应，有些仍然过度敏感或回避，有些则寻求更多的触摸刺激。

（2）行为指导：照护者观察婴幼儿的触摸偏好和界限，并尊重他们的需求；提供丰富的触摸材料，如织物、纹理板、涂料等，以满足他们的触摸需求，鼓励他们逐渐接触那些会产生过度敏感或回避反应的物体，以帮助他们适应和调节触觉敏感性。

4. 25～36个月

（1）行为观察：婴幼儿的触觉敏感性行为发展得更多样化，他们对触摸刺激的喜好和反应变得更加明显，并表现出更多的个体差异。

（2）行为指导：照护者观察和了解婴幼儿对不同触摸刺激的反应和偏好，并根据他们的需求和界限提供适当的触摸刺激，与婴幼儿进行积极的互动和触摸活动，如让婴幼儿自己涂鸦、为婴幼儿按摩或拥抱婴幼儿，以促进他们的触觉敏感性的发展。

四、婴幼儿肢体接触行为观察与指导

婴幼儿肢体接触行为观察与指导是指观察与指导婴幼儿在与他人或物体互动时的肢体接触行为，以促进他们的身体感知和社交互动能力发展的过程。

（一）婴幼儿肢体接触行为概述

婴幼儿肢体接触行为是婴幼儿与周围环境进行情感交流和互动的自然表现。通过肢体接触行为，婴幼儿表达对周围环境的好奇、喜爱、信赖和依恋，同时也表达对安全感和情感支持的需求。

1. 婴幼儿肢体接触行为的定义

婴幼儿肢体接触行为是指婴幼儿在与他人或物体互动时，通过肢体动作来进行接触或表达情感的行为。这种接触行为是婴幼儿与外界进行交流和沟通的一种方式，同时也反映了他们的情感需求和情感状态。

2. 婴幼儿肢体接触行为的种类

（1）拥抱照护者：婴幼儿用双臂抱住照护者，表达对他们的亲近和依恋，这种行为是表达情感和寻求安慰的一种方式。

（2）拥抱物体：婴幼儿用双臂拥抱玩具或其他物体，表达对物体的喜爱和亲近，这种拥抱行为是对物体的情感表达。

（3）触摸：婴幼儿用手掌或手指触摸周围的物体、人或自己的身体，通过触摸来感知和认识世界，他们对柔软的物体、光滑的表面或其他不同质地的物体感兴趣。

（4）握手：婴幼儿会用手握住他人的手，表达友好和合作的意愿，这种握手行为在婴幼儿与其他婴幼儿或成人互动时出现。

（5）亲吻：婴幼儿会用嘴唇亲吻人或物体，表达喜爱和情感，这种亲吻行为是对喜爱对象的情感表达。

（6）躺在他人怀里：婴幼儿会主动躺在他人怀里，表达对他们的信赖和安心，这种行为显示婴幼儿渴望安全感和亲密接触。

（7）爬行或跑向他人：当婴幼儿渴望与他人进行接触时，会通过爬行或跑向他人来表达自己的需求和情感。

3. 婴幼儿肢体接触行为发展的里程碑

（1）0～6个月：婴幼儿出生后会做出一种称为"抱抱反射"的动作，当他们的身体被接触时，他们会自动地用手臂和手指紧紧抓住接触他们的人或物，这是一种保护性的先天性反射动作；他们会对亲密的肢体接触，特别是与照护者之间的互动有积极的反应，表现出安心和满足的情绪。

（2）7～12个月：婴幼儿主动进行肢体接触，他们会主动伸出手臂，试图抓住周围的物和人，表达对他们的兴趣和好奇；他们的拥抱动作变得更加明显，他们会用手臂紧紧抓住照护者，表达依恋和渴望安慰的情感。

（3）13～24个月：婴幼儿的拥抱和亲吻动作逐渐增加，他们会主动拥抱和亲吻照护者，表达他们的喜爱；他们会与其他婴幼儿或成年人握手，以及进行一些身体接触的游戏，如互相拥抱、牵手等。

（4）25～36个月：婴幼儿的亲密依恋行为变得更加明显，他们对于与照护者的身体接触和亲密交流有更强的需求；他们会运用肢体接触来进行非语言的交流，例如通过拥抱、握手和身体姿势来表达情感需求。

（二）0～3岁婴幼儿各年龄段肢体接触行为观察与指导的要点

1. 0～6个月

（1）行为观察：婴幼儿对肢体接触非常敏感，他们对抚摸、轻拍和拥抱等肢体接触有积极的反应，表现出放松、安心和享受的情绪。

（2）行为指导：照护者与婴幼儿建立亲密的肢体接触，如抚摸、轻拍和拥抱，这可以加强亲子关系，建立安全感，并促进婴幼儿的情感发展。

2. 7～12个月

（1）行为观察：婴幼儿主动进行肢体接触互动，他们会伸出手臂或身体，表达对拥抱、抚摸和握手的需求；会通过触摸来探索自己的身体和周围的物体。

（2）行为指导：照护者鼓励婴幼儿主动进行肢体接触互动，回应他们的拥抱、抚摸和握手的需求，与他们一起玩拍击、拍手和击掌的游戏，提供丰富的触摸材料和玩具，鼓励他们进行触摸和探索。

3. 13～24个月

（1）行为观察：婴幼儿对肢体接触的表达方式变得更加多样化，他们会用拥抱、接吻和摸索来表达喜爱的情感，或者用推搡、踢腿和咬等行为来表达不满的情绪。

（2）行为指导：照护者教导婴幼儿进行适当的肢体接触互动，并帮助他们理解肢体行为的界限和他人的感受，鼓励他们使用拥抱、接吻和轻拍等亲密的肢体接触方式来表达关爱和友善，同时引导他们学会适当地控制和表达自己的情绪。

知识链接

照护者如何教导1~2岁婴幼儿理解肢体接触行为的界限和他人的感受?

教导1~2岁的婴幼儿理解肢体接触行为的界限和他人的感受是一项重要的任务,有助于培养他们的社交技能和情感智力。以下方法可以帮助照护者教导婴幼儿有关这些方面的概念。

(1)示范正确行为:照护者示范正确的肢体接触行为,如拥抱、轻拍、握手等。

(2)用语言解释:当婴幼儿表现出不适当的肢体接触行为时,照护者用简单语言来解释,例如,告诉他们"轻轻碰一下,朋友会开心,但重碰可能会让他们感到不舒服"。

(3)关注他人的反应:照护者帮助婴幼儿关注他人的情感和反应。当他们进行肢体接触时,问他们"你的朋友感觉怎么样?他们喜欢吗?",培养他们关注他人感受的意识。

(4)鼓励分享和合作:照护者引导婴幼儿进行合作性活动,如一起堆积木或合作进行简单的游戏,帮助他们学会与他人互动,也增加合适的肢体接触。

(5)建立个人空间意识:照护者告诉婴幼儿每个人都有自己的个人空间,需要尊重他人的空间,可以使用图书、绘本或角色扮演来解释这个概念。

(6)给予积极反馈:当婴幼儿展示出理解和尊重他人的肢体接触行为时,照护者及时给予积极的反馈和鼓励,这会加强他们的积极行为。

(7)纠正不适当行为:当婴幼儿表现出不适当的肢体接触行为时,要以温和的方式进行纠正,例如告诉他们"我们要轻轻碰朋友,这样他们才不会不开心"。

(8)引导情感表达:照护者帮助婴幼儿表达他们的情感,以减少不适当的肢体接触。如果婴幼儿感到愤怒、难过或紧张,照护者鼓励他们用语言来表达。

4. 25~36个月

(1)行为观察:婴幼儿对肢体接触的理解和运用能力不断增强,他们会通过亲密的拥抱、握手和互动游戏来表达建立友谊和合作的意愿;他们意识到与他人的界限,并学会尊重他人的个人空间。

(2)行为指导:照护者鼓励婴幼儿积极进行肢体接触互动,提供机会让他们参与拥抱、握手、搏斗和追逐等互动游戏,以促进其社交和身体协调能力的发展,同时教导他们尊重他人的个人空间和界限。

课堂讨论

托育机构进行婴幼儿触觉行为观察与指导时的注意事项有哪些?

第五节 婴幼儿味觉、嗅觉行为观察与指导

婴幼儿味觉行为观察与指导的目的是通过观察和引导婴幼儿的味觉行为,促进他们对不同食物味道的认知和感知能力的发展,以及培养健康的饮食习惯。

一、婴幼儿味觉反应行为观察与指导

婴幼儿味觉反应行为观察与指导是指观察和指导婴幼儿在食物接触和摄入过程中的味觉反应,以促

进他们的味觉感知和健康饮食习惯的培养。

（一）婴幼儿味觉反应行为概述

婴幼儿味觉反应行为是婴幼儿对食物味道和口感的自然反应，有助于他们建立对不同味道的认知和偏好。

1. 婴幼儿味觉反应行为的定义

婴幼儿味觉反应行为是指婴幼儿对不同食物的味道、口感和风味做出的生理和行为反应。这些反应包括咀嚼、吞咽、吐出食物、表情变化（如脸部表情的变化、眼睛的注视），以及可能发出的声音或言语反应。婴幼儿的味觉反应行为可以帮助照护者了解婴幼儿对食物的喜好、不喜好和适应性，以及婴幼儿是否对某种食物产生过敏或不适反应。

2. 婴幼儿味觉反应行为的种类

（1）吃食物：婴幼儿会咀嚼并吞咽食物，表示他们对该食物感兴趣或喜欢。

（2）吐出食物：婴幼儿可能会吃一些食物后将其吐出，这可能是因为他们不喜欢或无法适应该食物的味道或质地。

（3）表情变化：婴幼儿的脸部表情会根据食物味道的不同而变化，可能会做出嘴巴张大、皱眉头、眼睛睁大等表情。

（4）注视食物：婴幼儿可能会盯着食物看，表现出对食物的兴趣。

（5）避开食物：如果婴幼儿不喜欢某种食物，他们可能会试图避开或将其推开。

（6）喊叫或哭泣：某些婴幼儿可能会通过发出不同的声音来表达对食物的好恶，可能会哭泣或高兴地喊叫。

（7）吸吮或舔食物：婴幼儿可能会吸吮或舔食物，以了解食物的味道或质地。

（8）紧闭嘴巴的：某些婴幼儿可能会紧闭嘴巴，拒绝接受特定食物。

3. 婴幼儿味觉反应行为发展的里程碑

（1）0～6个月：婴幼儿出生后会表现出一种称为"咀嚼和吞咽反射"的先天性反射动作，即当舌头或口腔受到刺激时，会自动地做出咀嚼和吞咽动作，他们对甜味有较为明显的吮吸反应，例如对奶水或糖水的吮吸反应比较积极。

（2）7～12个月：婴幼儿开始尝试固体食物，从纯母乳或配方奶逐渐过渡到辅食，他们对新的食物味道表现出好奇，但也可能出现拒绝的反应。

（3）13～24个月：婴幼儿的味觉发展更加成熟，他们会表现出对某些味道和食物的偏好和厌恶，对一些辛辣或苦味的食物表现出较为明显的拒绝；会继续尝试各种食物，通过探索性尝试来逐渐建立对不同味道的认知。

（4）25～36个月：婴幼儿的口味逐渐多样化，愿意尝试更多种类的食物，并表现出对不同味道的接受能力；会用言语表达对食物味道的喜欢或不喜欢，例如说"好吃""不好吃"等。

（二）0～3岁婴幼儿各年龄段味觉反应行为观察与指导的要点

1. 0～6个月

（1）行为观察：婴幼儿对味觉刺激物的反应还不明显，他们会表现出对甜味的偏好，而对酸、咸和苦味的反应较为有限。

（2）行为指导：母乳或配方奶是其主要的食物来源，照护者确保提供正确的喂养方式和保证婴幼儿的饮食均衡，以满足婴幼儿的营养需求。

2. 7～12个月

（1）行为观察：婴幼儿的味觉反应开始变得明显，他们对新的食物表现得好奇和感兴趣，并通过面部表情和口头反应来表达对食物的喜好或厌恶。

（2）行为指导：照护者逐渐引入多种食物，让婴幼儿尝试新的口味，观察他们的反应，尊重他们的偏好和界限，并保持饮食的多样性和均衡，以满足婴幼儿的营养需求。

3. 13～24个月

（1）行为观察：婴幼儿的味觉偏好开始明显，他们会表现出对某些食物的喜好，并对其他食物表现出厌恶或拒绝。

（2）行为指导：照护者鼓励婴幼儿尝试各种不同的食物，以增加他们的饮食多样性；提供健康、均衡的饮食选择，并尊重他们的偏好，尽量避免强迫或限制婴幼儿吃某种食物，以保证其有正面的饮食体验。

4. 25～36个月

（1）行为观察：婴幼儿的味觉反应和偏好更加稳定，他们表现出明确的喜好和厌恶，对食物的选择更加有意识。

（2）行为指导：照护者继续提供多样化的食物和味道，鼓励婴幼儿参与食物的准备和选择过程，尊重他们的偏好，同时鼓励他们尝试新的食物和口味，以扩展他们的饮食习惯。

二、婴幼儿饮食习惯行为观察与指导

婴幼儿饮食习惯行为观察与指导是指观察和指导婴幼儿在饮食方面的行为和偏好，以帮助他们建立健康的饮食习惯的过程。

（一）婴幼儿饮食习惯行为概述

婴幼儿饮食习惯行为在婴幼儿成长过程中是非常重要的，它们会逐渐形成并影响婴幼儿的饮食偏好和饮食习惯。照护者通过观察婴幼儿的饮食习惯行为，了解他们对不同食物的喜好和厌恶，以提供营养均衡、适合婴幼儿口味的食物，促进他们的健康成长。同时，照护者尽量培养婴幼儿良好的饮食习惯，引导他们养成多样化、均衡的饮食习惯，培养健康的饮食观念。

1. 婴幼儿饮食习惯行为的定义

婴幼儿饮食习惯行为是指婴幼儿在饮食方面所表现出的一系列行为和习惯。这包括他们对食物的偏好和厌恶、进食的方式、饮食节奏、进食态度、饭量和饮食需求等方面的表现。

（1）对食物的偏好和厌恶：婴幼儿会表现出对某些食物的偏好，愿意主动吃下这些食物，并表现出喜悦的情绪；同时，他们也对某些食物表现出厌恶，拒绝食用或吐出这些食物。

（2）进食的方式：婴幼儿进食的方式有所不同，有的表现得较为小心翼翼，会慢慢地品尝食物；而有的会较为急促地进食，表现得比较着急。

（3）饮食节奏：有些婴幼儿会表现出较快的进食节奏，而有些则较为缓慢。

（4）进食态度：有些婴幼儿进食时会表现得较为开心愉悦，而有些会表现得较为不耐烦或烦躁。

（5）饭量和饮食需求：婴幼儿的饭量和饮食需求因个体差异而异，有些婴幼儿较为贪食，而有些较为挑食。

2. 婴幼儿饮食习惯行为的种类

（1）喂食兴趣：婴幼儿会表现出对食物的兴趣，观察和探索不同种类的食物，他们会伸手去抓取食物，用手指触摸、嗅闻食物，甚至将食物放入嘴巴。

（2）食物偏好：婴幼儿会对某些食物有偏好，主要是因为其味道、质地或颜色，这些偏好会随着时间而改变。

（3）挑食：在某些时期，婴幼儿会表现出挑食的行为，对某些食物有明显的偏好或会拒绝，这是因为他们正在尝试不同口味的食物，或者是因为他们对新食物持保守态度。

（4）拒绝食物：婴幼儿会在某些时候完全拒绝食物，甚至是之前喜欢的食物，这是因为他们正在经历生长发育的变化，或者是因为他们身体状态不适。

（5）自主进食：随着成长，婴幼儿会逐渐学会自主进食，他们试图用手拿取食物，用勺子吃东西，尝试用碗或杯子等。

（6）情感饮食：部分婴幼儿会在情绪波动时表现出饮食行为的改变。有时候，他们会因为情绪不佳或开心而影响进食。

（7）模仿大人：婴幼儿会模仿成年人的饮食习惯和行为，会模仿成年人用勺子吃饭、用杯子喝水等。

3. 婴幼儿饮食习惯行为发展的里程碑

（1）0～6个月：婴幼儿出生后以母乳或配方奶为主要食物，不需要进食固体食物，母乳或配方奶提供了他们所需的营养。

（2）7～12个月：婴幼儿食用辅食，如米糊、果泥和蔬菜泥等，他们开始形成对不同食物口味的偏好，有些会喜欢某些食物，而对其他食物表现出拒绝的态度。

（3）13～24个月：婴幼儿学会使用手抓取食物或使用勺子尝试自主进食，他们的饮食习惯逐渐稳定，开始形成比较固定的进食节奏和喜好。

（4）25～36个月：婴幼儿饮食的多样性逐渐增加，其愿意尝试更多种类的食物，他们逐渐学会使用餐具，如勺子、碗等进食。

（二）0～3岁婴幼儿各年龄段饮食习惯行为观察与指导的要点

1. 0～6个月

（1）行为观察：婴幼儿以母乳或配方奶为主食，照护者观察婴幼儿的吃饱信号和进食姿势。

知识链接

婴幼儿吃饱的信号有哪些？

婴幼儿吃饱的信号会因个体差异而有所不同。常见的婴幼儿吃饱的信号如下。

（1）停止进食：婴幼儿在吃饱后会自然停止进食，不再主动张嘴接受食物。

（2）扭头或移开：婴幼儿会把头扭向一边，或者把目光从食物转移到其他地方，不再对食物感兴趣。

（3）吐出食物：婴幼儿感到饱了，会吐出食物，表示不再想吃。

（4）抗拒勺子或奶瓶：婴幼儿吃饱后，会抗拒勺子或奶瓶，不再接受食物。

（5）放松姿势：吃饱后，婴幼儿会放松身体，不再紧张或焦虑。

（6）表现出满足感：饱足的婴幼儿会露出满足的表情，例如微笑或放松。

（7）停止挑选食物：当婴幼儿不再挑选食物、拿取食物或触摸食物时，表示他们已经吃饱了。

（8）表现出注意力分散：吃饱后，婴幼儿会变得不再专注于食物，开始对周围环境感兴趣。

（9）进食速度减缓：吃饱后，婴幼儿会减缓进食速度，逐渐减少进食数量。

（2）行为指导：照护者哺喂婴幼儿时，要关注他们的饱腹感，遵循他们的进食节奏。

2. 7～12个月

（1）行为观察：婴幼儿开始引入辅食，照护者观察他们对新食物的接受程度、吃饭时的自主性和进食速度。

（2）行为指导：照护者逐渐引入不同种类的食物，观察婴幼儿对食物的喜好和厌恶，鼓励婴幼儿自主进食，使用符合他们年龄的餐具，让他们尝试自己抓取食物。

3. 13～24个月

（1）行为观察：婴幼儿的进食能力和食物偏好更加明显，照护者观察他们对不同食物的喜好、饭量和进食速度。

（2）行为指导：照护者提供均衡多样的食物选择，包括各类蔬菜、水果、谷物、蛋白质来源等，鼓励婴幼儿尝试新食物，但不强迫他们吃不喜欢的食物。

4. 25～36个月

（1）行为观察：婴幼儿的饮食习惯和食物偏好越发稳定，照护者观察他们对不同食物的喜好、饭量和进食行为。

（2）行为指导：照护者继续提供均衡多样的食物选择，鼓励婴幼儿尝试新食物和不同的食材组合，鼓励婴幼儿自主控制饭量，不强迫他们吃饭或不强调饭量。

三、婴幼儿嗅觉反应行为观察与指导

婴幼儿的嗅觉反应行为观察与指导是指观察和指导婴幼儿在面对不同气味时的行为和反应。嗅觉是婴幼儿早期感知和探索世界的重要方式之一,对于他们的发展和生活体验具有重要意义。

(一)婴幼儿嗅觉反应行为概述

照护者通过观察婴幼儿的嗅觉反应行为,了解他们对不同气味的物体的反应,以便创造适合他们的环境和提供有趣的嗅觉刺激,促进他们的感知和认知发展。同时,尊重婴幼儿对气味的个体差异,给予他们适当的时间和空间来逐渐适应和接受新的气味的物体。

1. 婴幼儿嗅觉反应行为的定义

婴幼儿嗅觉反应行为是指婴幼儿对不同气味的反应和表现。嗅觉是人类的一种感知能力,婴幼儿通过嗅觉来感知和识别周围的气味。

2. 婴幼儿嗅觉反应行为的种类

(1)喜欢和接受:婴幼儿会对某些气味的物体做出喜欢和接受的反应,例如靠近气味源或对有某种气味的物体表现出兴趣,这种反应会伴随愉悦的面部表情和积极的身体语言。

(2)避开和拒绝:有些婴幼儿会对某些气味的物体做出避开和拒绝的反应,例如远离气味源或用手推开有某种气味的物体,这种反应伴随着厌恶的面部表情和不满的身体语言。

(3)探索性嗅闻:婴幼儿会探索性嗅闻不同气味的物体,以了解和认知周围的环境,他们会将不同的物体或手指放入口中,通过嗅闻和口腔感觉来探索物体的特性。

(4)嗅闻和食物:婴幼儿的嗅觉反应与食物有关,他们对某些食物的气味有特别的反应,表现出喜欢或者厌恶。某些气味会激发他们的食欲,而另一些气味会引发他们的厌恶情绪。

(5)嗅闻和情绪:气味可以与情绪联系在一起,某些气味会引起婴幼儿的愉悦或不安,甚至在一定程度上影响他们的情绪状态。

3. 婴幼儿嗅觉反应行为发展的里程碑

(1)0~6个月:婴幼儿通过嗅闻来辨别和寻找母亲的乳汁,他们会表现出嗅觉的敏感性,对不同气味产生不同程度的反应,比如做出愉悦或厌恶的表情。

(2)7~12个月:婴幼儿逐渐接触辅食,对新的食物气味表现出好奇和进行探索性嗅闻,他们通过嗅闻来辨别家庭成员的气味,认识和区分不同的家庭成员。

(3)13~24个月:婴幼儿对一些熟悉的气味表现出喜欢的反应,例如喜欢家庭烹饪的食物的气味;对一些陌生的气味做出警惕和回避的反应。

(4)25~36个月:婴幼儿对一些与游戏和活动相关的气味表现出兴趣,例如彩色蜡笔的气味等,他们会主动寻找一些熟悉的或有趣的气味。

(二)0~3岁婴幼儿各年龄段嗅觉反应行为观察与指导的要点

1. 0~6个月

(1)行为观察:照护者观察婴幼儿是否对周围的气味表现出好奇和兴趣。

(2)行为指导:照护者让婴幼儿接触不同的气味,如花朵、食物等的气味,以促进其嗅觉探索和感知能力的发展。

2. 7~12个月

(1)行为观察:照护者观察婴幼儿是否参与嗅觉游戏,如闻花、闻水果等,观察婴幼儿是否能够区分不同气味,对熟悉的气味做出反应。

(2)行为指导:照护者引导婴幼儿参与嗅觉游戏,为他们提供不同的气味体验,帮助他们区分和辨识不同的气味。

3. 13～24个月

（1）行为观察：照护者观察婴幼儿是否表现出对某些气味的喜好或嫌恶，是否主动靠近或远离某种气味，观察某些气味是否会引发婴幼儿的情绪反应，如兴奋、放松或不安等。

（2）行为指导：照护者引导婴幼儿参与各种嗅觉活动，如闻花、闻蔬菜等，满足他们的嗅觉好奇心，帮助他们发展嗅觉偏好和情绪调节能力。

4. 25～36个月

（1）行为观察：照护者观察婴幼儿是否能够辨认更多种类的气味，如香料、食物、花朵等的气味，观察婴幼儿对不同气味是否引发情绪反应，如喜欢、厌恶或惊讶等。

（2）行为指导：照护者引导婴幼儿参与各种嗅觉活动，如闻香味、闻食物等，发展他们的嗅觉识别能力，并与情绪表达相结合。

四、婴幼儿嗅觉记忆行为观察与指导

婴幼儿嗅觉记忆行为观察与指导是指对婴幼儿在嗅觉方面的记忆能力进行观察，并通过指导和支持促进他们对气味的记忆和认知能力的发展的过程。

（一）婴幼儿嗅觉记忆行为概述

嗅觉记忆行为是婴幼儿在嗅觉发展过程中逐渐表现出来的，有助于他们建立对不同气味的记忆和认知的行为。照护者通过观察婴幼儿的嗅觉记忆行为，了解他们对不同气味的回忆和识别能力，适时提供有趣的嗅觉刺激，促进他们的感知和记忆能力的发展。同时，照护者给予婴幼儿积极的情感体验，鼓励他们探索和认知新的气味，为他们的嗅觉记忆形成奠定基础。

1. 婴幼儿嗅觉记忆行为的定义

婴幼儿嗅觉记忆行为是指婴幼儿在感知和接触不同气味后，对这些气味形成记忆的行为。嗅觉记忆是指通过嗅觉感知和储存气味的信息，并在以后的时间点回忆和识别这些气味。在婴幼儿阶段，嗅觉记忆的发展是一个逐渐成熟的过程，随着他们的大脑和嗅觉系统的发育，嗅觉记忆会逐渐巩固。

2. 婴幼儿嗅觉记忆行为的种类

（1）喜欢和回忆：婴幼儿会对某些气味做出喜欢的反应，并在以后的时间点回忆和识别这些喜欢的气味，他们会在再次接触这些气味时表现出积极的情绪。

（2）厌恶和避免：一些婴幼儿会对某些气味做出厌恶的反应，并在以后的时间点回忆和识别这些厌恶的气味，他们会避免再次接触这些气味，并对其表现出不满和拒绝的情绪。

（3）与情感关联：婴幼儿的嗅觉记忆不仅涉及对气味的回忆和识别，还与情感有关联。某些气味会引起婴幼儿积极或消极的情感体验，并在以后的时间点使婴幼儿产生与此类情感体验有关联的回忆。

（4）对熟悉气味的认知：随着婴幼儿不断接触周围的环境，他们会对一些熟悉的气味形成认知和记忆，并在以后的时间点识别和回忆这些气味。

（5）对陌生气味的好奇：婴幼儿对于一些陌生的气味会表现出好奇和进行探索性嗅闻，这有助于他们对新的气味进行记忆和认知。

3. 婴幼儿嗅觉记忆行为发展的里程碑

（1）0～6个月：婴幼儿出生后，嗅觉系统逐渐成熟，他们对不同气味做出敏感的反应，但嗅觉记忆尚不稳定。

（2）7～12个月：婴幼儿对一些熟悉的气味有回忆和认知，比如妈妈的气味或熟悉食物的气味。

（3）13～24个月：婴幼儿对家庭环境中的一些气味有记忆，能够辨别家庭成员的气味和家常食物的气味。

（4）25～36个月：婴幼儿对一些新的气味表现出好奇和进行探索性嗅闻，并试图记忆和辨别这些气味。

（二）0～3岁婴幼儿各年龄段嗅觉记忆行为观察与指导的要点

1. 0～6个月

（1）行为观察：照护者注意婴幼儿对于不同气味的反应，包括喜欢、厌恶或对气味刺激的注意力反应。

（2）行为指导：照护者提供丰富的嗅觉刺激，让婴幼儿感受不同的气味，与婴幼儿一起进行亲子互动，让他们熟悉照护者的气味。

2. 7～12个月

（1）行为观察：照护者观察婴幼儿对于熟悉气味的反应，包括高兴、兴奋或通过嗅闻物体来寻找特定的气味。

（2）行为指导：照护者提供多样的嗅觉刺激，如不同气味的水果、花朵等，帮助婴幼儿建立更多的嗅觉记忆，与婴幼儿一起进行嗅觉游戏，如闻香识物，并让他们试图找到相应的物体。

3. 13～24个月

（1）行为观察：照护者观察婴幼儿对于熟悉气味的记忆和辨认能力，以及对于新的气味的好奇和兴趣。

（2）行为指导：照护者提供更复杂的嗅觉刺激，如不同气味的蔬菜等，与婴幼儿一起进行嗅觉游戏，如闻香识物，并让他们描述或命名相应的气味。

4. 25～36个月

（1）行为观察：照护者观察婴幼儿对于多种气味的辨识能力，以及对于特定气味的记忆。

（2）行为指导：照护者提供更多种类的嗅觉刺激，如不同气味的食物、烹饪香料等，让婴幼儿能够进一步扩展嗅觉记忆，与婴幼儿一起进行嗅觉探索和游戏，如猜猜气味或找到特定的气味源。

课堂讨论

托育机构进行婴幼儿嗅觉行为观察与指导时的注意事项有哪些？

课后练习题

1. 简述婴幼儿感官行为观察与指导的原则和方法。

2. 哪些感官发育对婴幼儿未来生活具有重大影响？

3. 根据掌握的婴幼儿视觉行为观察与指导相关知识，编写一节促进婴幼儿视觉行为发展的托育课程。

4. 根据掌握的婴幼儿听觉行为观察与指导相关知识，编写一节促进婴幼儿听觉行为发展的托育课程。

5. 根据掌握的婴幼儿触觉行为观察与指导相关知识，编写一节促进婴幼儿触觉行为发展的托育课程。

6. 根据掌握的婴幼儿味觉反应行为观察与指导相关知识，编写一节促进婴幼儿味觉行为发展的托育课程。

7. 根据掌握的婴幼儿嗅觉反应行为观察与指导相关知识，编写一节促进婴幼儿嗅觉行为发展的托育课程。

第四章
婴幼儿动作行为观察与指导

本章学习目标

1. 掌握婴幼儿动作发展的内容、规律。
2. 掌握婴幼儿动作行为观察与指导的原则、方法。
3. 掌握婴幼儿粗大动作行为观察与指导的要点。
4. 掌握婴幼儿精细动作行为观察与指导的要点。

婴幼儿动作行为观察与指导的目的是帮助婴幼儿获得健康的运动和动作发展，促进他们的姿势控制能力、平衡能力、移动技能和手部控制能力和精细动作能力等的发展。

第一节　婴幼儿动作行为观察与指导概述

婴幼儿动作行为观察与指导是指对婴幼儿在运动和动作方面的行为进行观察和评估，并根据观察结果提供相应的指导和支持的过程。婴幼儿动作行为包括他们的反射、姿势、移动、实物操作、抓握和视觉–运动等动作。

一、婴幼儿动作发展的内容与顺序

婴幼儿动作发展是指0～3岁婴幼儿通过一系列的运动和行为，逐步掌握各种粗大动作和精细动作的过程。婴幼儿动作发展的过程是一个逐渐从简单到复杂、从不稳定到稳定的过程。

（一）婴幼儿动作发展的内容

婴幼儿动作发展的内容包含抓握、翻身、坐立、爬行、站立和行走，以及抓取和投掷6方面的内容。

1. 抓握

婴幼儿通过抓握物体来探索和观察周围的环境，从最初的粗糙抓握到逐渐掌握更精细的抓握技巧，以发展手眼协调能力、精细运动技能和探索世界的能力。

（1）抓握反射（0～3个月）：当手掌被物体刺激时，婴幼儿会紧紧握住物体，如图4–1所示。这种抓握反射对于婴幼儿维持姿势和保护自己是非常重要的。

（2）掌握物体（4～6个月）：婴幼儿学会使用整个手掌抓住物体，如图4–2所示，逐渐学会使用手指和拇指更加精确地抓握物体。

（3）三指抓握（7～9个月）：婴幼儿发展出三指抓握能力，会用拇指、食指和中指抓握物体，如图4–3所示，并探索不同的手指运动方式。

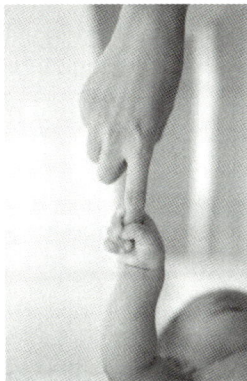
图4-1 婴幼儿抓握反射

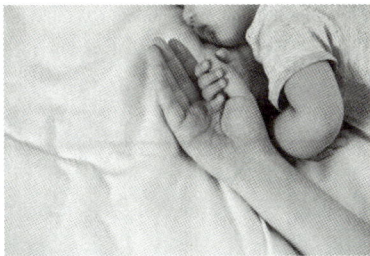
图4-2 婴幼儿用整个手掌抓握物体

图4-3 婴幼儿三指抓握物体

（4）逐渐精细化（10～12个月）：婴幼儿抓握能力变得更加精细和协调，他们利用手指的独立运动来更好地控制物体，并尝试将物体从一只手转移到另一只手，如图4-4所示。

（5）动态抓握（13～36个月）：婴幼儿发展出动态抓握能力，即在抓握物体的同时进行物体的移动等，例如用勺子舀取食物进食（见图4-5）或用笔画画。

图4-4 婴幼儿将物体从一只手转移到另一只手

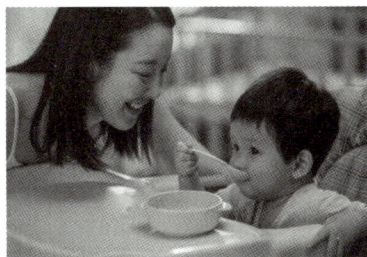
图4-5 婴幼儿用勺子舀取食物进食

2. 翻身

翻身是指婴幼儿从仰卧位或俯卧位转换成相反的姿势，如从仰卧位翻转到俯卧位，或反之。翻身有助于增强婴幼儿的肌肉力量和核心稳定性，提升他们的身体控制能力，并为他们进一步探索世界和参与各种活动打下基础。

（1）从仰卧到侧卧的翻身（3～5个月）：婴幼儿能从仰卧姿势转到侧卧姿势，这是婴幼儿通过扭动身体、利用自己的力量和平衡来完成的，如图4-6所示。

（2）从仰卧到俯卧的翻身（6～7个月）：婴幼儿学会从仰卧姿势转为俯卧姿势，掌握通过向一侧滚动或将一只手臂伸出来推动身体来实现翻身的动作，如图4-7所示。

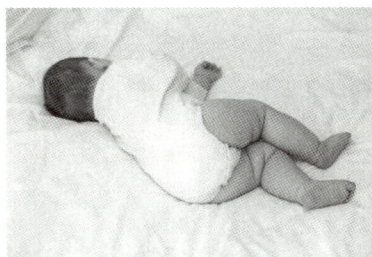
图4-6 婴幼儿从仰卧到侧卧的翻身

图4-7 婴幼儿从仰卧到俯卧的翻身

（3）从俯卧到仰卧的翻身（8～9个月）：婴幼儿能从俯卧姿势转为仰卧姿势，通过将一只手臂伸出来支撑身体，然后用另一只手臂和腿来推动身体向上翻转。

（4）双向翻身（10～12个月）：婴幼儿发展出双向翻身的能力，能够自由地在仰卧姿势和俯卧姿势之间转换。

3. 坐立

坐立是婴幼儿运动发展的重要里程碑之一。坐立是指婴幼儿能够自主地坐起来，并以坐姿探索和参与环境。

（1）支撑坐立（4~6个月）：婴幼儿能展示一定程度的支撑坐姿，他们能够在成年人或支撑物的支持下，保持上半身稳定，如图4-8所示，并能自由地使用双手探索周围环境。

（2）独立坐立（7~8个月）：婴幼儿能够在没有外部支撑的情况下独立地坐起来，他们会运用核心肌肉的力量来保持身体平衡，以及掌握使用双手支撑和调整身体姿势的技能，如图4-9所示。

图4-8　婴幼儿支撑坐立　　　　　　　图4-9　婴幼儿独立坐立

（3）转身坐立（9~10个月）：婴幼儿学会通过旋转和转身的方式从仰卧或俯卧姿势坐起来，他们会利用手臂、腹肌和腿部的力量来推动自己，并在转身的过程中保持平衡，如图4-10所示。

（4）稳定坐立（11~12个月）：婴幼儿的坐姿稳定性会逐渐增强，他们能够坐得更加直立和稳定；他们学会调整自己的姿势，使重心保持在坐垫或地面的中央，并能够在坐立的情况下自由地玩耍、探索和参与各种活动，如图4-11所示。

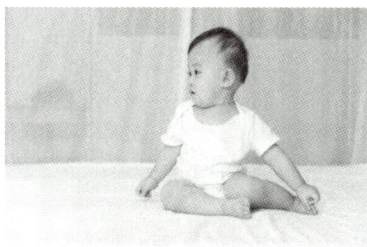

图4-10　婴幼儿转身坐立　　　　　　　图4-11　婴幼儿稳定坐立

4. 爬行

爬行是婴幼儿运动发展的重要阶段，标志着他们从依赖于坐立姿势逐渐转向四肢运动，开始探索和变换环境。这是婴幼儿发展运动技能、协调能力和肌肉力量的重要阶段。爬行有助于培养他们的大肌肉群和小肌肉群的协调运动能力。

（1）爬行准备（0~3个月）：婴幼儿使用手臂和腿部的力量来推动身体，并尝试抬起腹部，使其离开地面，如图4-12所示。

（2）腹部蠕动（4~5个月）：婴幼儿展示腹部蠕动能力，他们会利用手臂和腹肌的力量，在腹部贴着地面的情况下，靠腹部蠕动使身体向前移动，如图4-13所示。

图4-12　婴幼儿爬行准备　　　　　　　图4-13　婴幼儿腹部蠕动

（3）匍匐前进（6~8个月）：婴幼儿学会匍匐前进，他们会使用手臂和膝盖提供支撑，将身体向前移动，如图4-14所示。

（4）四肢爬行（9~12个月）：婴幼儿学会使用手臂和腿部来支撑身体，实现四肢爬行，他们学会交替使用手臂和腿部来移动身体，并维持爬行的协调性，如图4-15所示。

图4-14 婴幼儿匍匐前进

图4-15 婴幼儿四肢爬行

知识链接

能吸引婴幼儿爬行的玩具有哪些？

有许多玩具可以吸引婴幼儿爬行。使用玩具吸引婴幼儿爬行时，要确保玩具的安全性，并在婴幼儿使用玩具时监督他们，以防止任何意外的发生。

（1）婴幼儿健身毯：婴幼儿健身毯通常具有丰富的图案、颜色和质地，可以吸引婴幼儿的注意力，上面可能还附着了一些玩具、镜子或能发出声音的装置，这些都可以激发婴幼儿的好奇心，鼓励他们在毯子上爬行和探索。

（2）爬行隧道：爬行隧道是一种柔软、可折叠的玩具，婴幼儿可以在其中爬行，这种玩具可以让婴幼儿感受到穿越隧道的乐趣，同时也能锻炼他们的肌肉力量和协调能力。

（3）可移动玩具：这类玩具可以在婴幼儿爬行的时候滚动或移动。例如，一些轮子上带有手柄的小车，当婴幼儿推动它们时，它们会移动。这种类型的玩具可以激发婴幼儿的兴趣，鼓励他们追逐和追赶。

（4）音乐活动台：音乐活动台是一种多功能玩具，上面有按钮、开关和键盘，婴幼儿可以按下或敲击这些部件，触发音乐和声音效果。这种玩具不仅可以吸引婴幼儿的注意力，还可以增强他们的手眼协调能力和手指灵活性。

（5）填充玩具：这种类型的玩具通常比较柔软，可以放在婴幼儿爬行的路径上。它们可能具有各种形状和质地，婴幼儿可以在爬行过程中爬过它们、拿起它们或者探索它们的质地。

（6）手推玩具：手推玩具是一种婴幼儿可以用手推动的玩具。当婴幼儿在地板上爬行时，他们可以将这些玩具推动，以增加他们的运动量和扩大活动范围。

5. 站立和行走

站立和行走是婴幼儿运动发展的重要里程碑，标志着他们从依赖于坐立和爬行转变为能够自主地站立和移动。站立和行走对于婴幼儿的身体控制能力、平衡能力和运动协调性的发展非常重要。

（1）站立准备（0～7个月）：婴幼儿利用周围的物体来支撑自己的身体，他们通过扶着家具、墙壁或照护者的手来尝试站立，如图4-16所示。

（2）扶物站立（8～10个月）：婴幼儿能够通过扶物独立站立，他们用手扶住物体，并尝试在保持平衡的同时站立，如图4-17所示。

图4-16 婴幼儿站立准备

图4-17 婴幼儿扶物站立

（3）自由站立（11～12个月）：婴幼儿能够在没有外部支撑的情况下自由地站立，他们独立维持平衡，并通过调整身体姿势来保持稳定，如图4-18所示。

（4）行走（13～15个月）：婴幼儿迈出第一步，进入行走阶段，他们从站立的姿势开始，尝试用一只脚迈出一步，然后逐渐迈出更多的步伐，如图4-19所示。

图4-18　婴幼儿自由站立

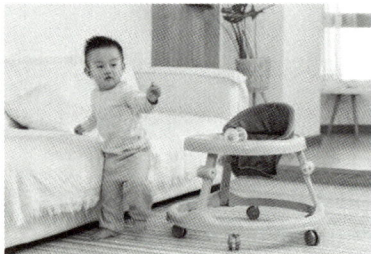

图4-19　婴幼儿行走

（5）步伐发展（16～24个月）：婴幼儿步伐会逐渐发展得更加稳定和协调，他们学会抬起脚、交替迈步，并掌握前进、转向和停止的技巧，如图4-20所示。

6. 抓取和投掷

抓取和投掷是婴幼儿动作发展中涉及手眼协调和精细运动控制的重要内容。这对于婴幼儿的手眼协调能力、精细运动控制能力和空间认知的发展非常重要。

（1）抓握发展（0～4个月）：婴幼儿发展握持能力，他们从会使用整个手掌来抓取物体，如图4-21所示，逐渐发展出用手指抓握的能力，能够使用拇指和其他手指来抓取和控制物体。

图4-20　婴幼儿步伐发展

（2）抓取技巧（5～8个月）：婴幼儿展示更精细的抓取技巧，他们可以用拇指和指尖抓取物体，如玩具或食物，如图4-22所示。

图4-21　婴幼儿使用整个手掌抓取物体

图4-22　婴幼儿用拇指和指尖抓取物体

（3）投掷探索（9～12个月）：婴幼儿能将物体从手中投掷，如图4-23所示，并观察物体的运动轨迹和落地情况。

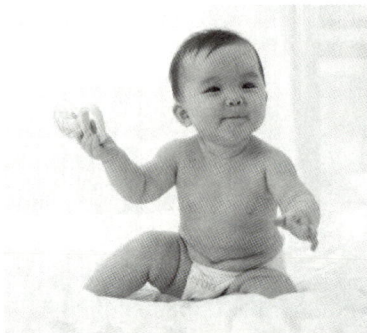

图4-23　婴幼儿投掷探索

（4）精细投掷（13～36个月）：婴幼儿会更有目的性投掷物体，并熟练控制投掷的力量和方向，如图4-24所示，他们通过调整手臂和手指力量来投掷不同大小和重量的物体。

图4-24　婴幼儿精细投掷

（二）婴幼儿动作发展的规律

婴幼儿动作发展的规律是指婴幼儿在生理和心理发展的基础上，逐步掌握和展示各种运动和动作技能的普遍趋势或模式。这个规律是通过大量的观察、研究和实践得出的，并且适用于绝大多数正常发育的婴幼儿。但每个婴幼儿的动作发展是存在个体差异的，不同的婴幼儿会在不同阶段表现出不同的特点。

1. 头控制和躯干控制

头控制是指婴幼儿控制头部的姿势和运动。刚出生时，婴幼儿的颈部肌肉较弱，无法自主地支撑头部，他们的头部会下垂。在出生后的几周和几个月内，婴幼儿的颈部肌肉逐渐变得更强壮，能够逐渐控制和支撑头部。他们能够抬起头部并保持几秒钟。出生3～4个月的婴幼儿的头控制能力明显提升，他们可以稳定地抬起头部，并能够在坐立或爬行时保持头部平衡和稳定。

躯干控制是指婴幼儿控制躯干的姿势和平衡。在头控制能力发展到一定水平后，婴幼儿开始发展躯干控制能力。出生5～6个月的婴幼儿能够坐起来并保持坐姿的稳定，并能够自主地坐着玩耍和观察周围的环境。出生7～9个月的婴幼儿通过扶着物体来站立，并能够保持平衡一段时间。出生10～12个月的婴幼儿能独立站立，并迈出几步尝试行走。

头控制能力和躯干控制能力的发展对婴幼儿的整体运动和发展非常重要。它们为婴幼儿提供了稳定的基础，使他们能够探索周围的环境，并逐渐发展出更复杂的运动技能。同时，这些能力也对他们的平衡能力、协调能力和姿势控制能力有着重要的影响。

2. 运动技能的发展顺序

婴幼儿动作发展的规律涉及一系列运动技能的发展顺序，其运动技能的发展顺序具有普遍性，但也存在个体差异，有些婴幼儿会在某些方面提前或延迟发展。

（1）抬头和颈部控制（0～3个月）：婴幼儿发展出抬头和颈部控制的能力，能够抬起头部并支撑颈部。

（2）翻身（4～6个月）：婴幼儿从仰卧姿势翻转到俯卧姿势，然后学会从俯卧姿势翻转回仰卧姿势。

（3）坐立（6～8个月）：婴幼儿学会坐立并能够独立维持坐姿的稳定。

（4）爬行（7～10个月）：婴幼儿学会爬行，通过使用手臂和腿部的协调运动来移动身体。

（5）站立和行走（9～18个月）：婴幼儿站立并试图迈出第一步，进入行走的阶段。

（6）奔跑和开始跳跃（19～24个月）：婴幼儿掌握奔跑的技巧，并开始跳跃，如图4-25所示。

图4-25　婴幼儿奔跑

（7）径直走和跳跃（25～36个月）：婴幼儿能够径直走和跳跃，并掌握更复杂的运动技能，如图4-26所示。

3. 从大肌肉群到小肌肉群

婴幼儿动作发展的规律之一是从大肌肉群到小肌肉群发展，他们首先掌握和发展大肌肉群的控制和协调能力，然后逐渐发展出对小肌肉群的更精细的控制能力。通过逐渐发展和协调大肌肉群和小肌肉群的控制能力，婴幼儿能够掌握越来越复杂和精细的运动技能。

（1）大肌肉群控制：婴幼儿在最初的发展阶段，主要依靠控制大肌肉群来运动。例如，他们通过运动躯干和四肢的大肌肉群来实现抬头、翻身、爬行和站立等基本运动技能。

图4-26　婴幼儿摆臂绕圈跑步

（2）手臂和腿部控制：随着成长，婴幼儿逐渐具备手臂和腿部大肌肉群的控制能力。这使得他们能够实现爬行、坐立、站立和行走等更复杂的运动技能。

（3）小肌肉群控制：随着大肌肉群的发展，婴幼儿逐渐发展出小肌肉群的控制能力，他们逐渐能够精细地控制手指、手腕、脚趾等小肌肉群，实现更精细的动作，如抓握、投掷和书写等。

（4）手眼协调发展：随着小肌肉群的发展，婴幼儿逐渐发展手眼协调能力，他们能够将视觉输入与手部运动相结合，实现精准动作，如抓取、投掷和绘画等。

4. 在重力和平衡的挑战下发展

重力和平衡的挑战是婴幼儿动作发展中的重要里程碑，婴幼儿必须学会控制自己的身体姿势和保持平衡才能进行各种动作。从平躺到翻身、坐立到站立和行走，婴幼儿需要逐渐适应和掌握保持平衡的技巧。

（1）头部和颈部控制：婴幼儿在出生后面临着头部和颈部控制的挑战。由于头部相对较重且颈部肌肉较弱，他们必须努力支撑头部并控制颈部，以保持平衡。

（2）坐立和躯干控制：随着成长，婴幼儿面临坐立和躯干控制的挑战。坐立需要婴幼儿掌握保持平衡的能力，保持上半身和躯干的稳定。他们逐渐学会使用自己的躯干肌肉来支撑和维持坐姿的平衡。

（3）站立和行走：婴幼儿在学习站立和行走的过程中，必须控制自己的身体重心，学会平衡和调整步伐。这需要他们逐步发展出相关的肌肉力量和增强平衡感。

（4）前进和跳跃：婴幼儿学习前进、奔跑和跳跃等更复杂的动作时，这些动作要求他们更好地应对重力和平衡的挑战，并在运动过程中保持身体的平衡。

知识链接

婴幼儿在重力和平衡的挑战下发展的意义

婴幼儿在重力和平衡的挑战下发展的意义在于，重力和平衡的挑战可促进他们身体和认知等多方面发展。

（1）促进运动发展：重力和平衡挑战能够帮助婴幼儿发展核心肌肉群，增强肌肉力量和灵活性。这有助于他们的大肌肉群的发展，使他们完成支撑身体、爬行、站立和行走等活动。

（2）促进神经系统发展：重力和平衡挑战可以刺激婴幼儿的神经系统，促进神经细胞的连接和成长。这对于感觉运动能力的协调发展、空间认知和身体意识的增强都非常重要。

（3）增强平衡能力：平衡挑战能够帮助婴幼儿培养保持身体平衡的能力，从而增强他们在日常生活中的稳定性和安全性。这对于他们未来发展运动技能和体育活动都非常重要。

（4）增强自信心和独立性：成功地在重力和平衡挑战下发展会给予婴幼儿较强的成就感，增强他们的自信心。这种自信心有助于他们在探索世界时更加勇敢，也能培养他们的独立性和主动性。

（5）促进认知发展：重力和平衡挑战需要婴幼儿在运动过程中不断调整身体的位置，这对于发展空间感知、手眼协调和问题解决等能力都非常有益。同时，这些活动还可以促进大脑的发展，加强神经元之间的连接。

（6）促进社交互动：婴幼儿在重力和平衡的挑战活动中会与其他儿童或成年人互动，这有助于培养他们的社交技能、合作能力和团队合作意识。

（7）促进情感发展：成功克服挑战会让婴幼儿体验到积极的情感，如喜悦和满足感。这些情感体验有助于他们塑造对运动和身体活动的积极态度，为日后的健康生活方式奠定基础。

5. 受环境刺激影响

环境刺激是指周围的物理环境、人际互动和各种刺激性经验，对婴幼儿的动作发展有着重要的影响。

（1）身体感知和感官发展：婴幼儿通过与环境的互动，不断接收各种身体感官刺激，如对触觉、视觉、听觉和前庭感觉的刺激。这些刺激有助于他们身体感知和感官的发展，从而更好地控制和协调自己的动作。

（2）运动探索和互动：婴幼儿通过与环境互动，积极地进行运动探索和互动，他们通过在安全的环境中爬行、站立和行走等来发展肌肉力量和平衡能力。

（3）观察和模仿学习：婴幼儿观察周围的人和环境并模仿各种动作，从中学习和发展新的动作技能。

（4）玩具和游戏：玩具和游戏可以提供不同的刺激和挑战，促进婴幼儿的运动技能和认知发展。例如，玩具可以鼓励婴幼儿抓握和投掷，而游戏可以激发他们的运动探索和协调能力。

二、婴幼儿动作行为观察与指导的原则

照护者观察与指导婴幼儿动作行为的过程应该是温和、愉快和有趣的，通过观察和指导婴幼儿动作作为可以促进婴幼儿的整体发展和健康成长。照护者在观察和指导时需遵循如下原则。

1. 尊重个体差异原则

每个婴幼儿的发展进程都是独特的，照护者要尊重他们的个体差异。不同的婴幼儿在运动技能和发展方面有不同的节奏和时间表。

2. 确保安全性原则

婴幼儿的安全是首要考虑的因素。照护者应提供安全的环境和设施，避免婴幼儿遭受伤害或意外事故，确保周围没有尖锐的物体、危险的电器、坚硬的表面等。

3. 提供适宜性刺激原则

照护者应选择适宜的活动和刺激，以促进婴幼儿的运动发展，考虑婴幼儿的年龄、能力和兴趣，提供与他们当前发展阶段相适应的活动和玩具。

4. 鼓励自主性参与原则

照护者要鼓励婴幼儿主动参与和探索，给予他们自由移动和自主决策的机会，让他们发展自己的动作技能和解决问题的能力。

5. 提供支持和鼓励原则

照护者要为婴幼儿提供积极的支持和鼓励，激发婴幼儿的积极性和自信心，赞赏他们的努力和进步，为他们提供适当的引导和帮助，但不过分干预或强迫。

6. 倡导亲子互动原则

建立亲子间的互动是促进婴幼儿动作行为发展的关键。照护者与婴幼儿进行身体接触、游戏和互动，加强情感的交流和增加身体的接触。

7. 持续观察和评估原则

照护者要定期观察和评估婴幼儿的动作行为发展，注意他们的进展、兴趣和面临的挑战等的变化，并根据需要进行调整和提供指导。

三、婴幼儿动作行为观察与指导的方法

1. 观察婴幼儿动作行为的方法

照护者通过观察婴幼儿的动作行为，可以获取关键的信息，帮助评估和指导他们的动作发展；同时，照护者在观察过程中要保持耐心和敏感，给予婴幼儿适当的支持和鼓励，以促进他们的动作发展和成长。

（1）自然观察法：这是最基本的观察方法之一。通过观察婴幼儿在日常生活中的动作行为，照护者可以密切观察婴幼儿在不同环境中的活动，记录他们的行为和反应。

（2）结构化观察法：在这种方法中，特定的动作目标和技能将被定义，照护者通过有针对性的观察来评估婴幼儿的表现。这种方法通常用于评估特定的运动技能或发展里程碑，例如婴幼儿抬头、翻身、爬行、走路等。

（3）标准测评工具：学术界开发了许多标准化的测评工具，用于评估婴幼儿的运动发展。例如，亨德森-皮特森评估量表（Henderson-Paterson Assessment Scale）是一种用于评估婴幼儿的基本运动技能和运动行为的量表。

（4）视频记录：通过录制婴幼儿的活动和动作视频，照护者可以在后期仔细观察和分析他们的行为。

（5）日常活动报告：通过与婴幼儿家长进行交流，托育教师可以了解他们对婴幼儿动作发展的观察和看法。他们是婴幼儿最亲近的人，可以提供有关婴幼儿日常活动和行为的宝贵信息。

2. 指导婴幼儿动作行为的方法

指导婴幼儿的动作行为是帮助婴幼儿发展和提升动作技能的重要过程。照护者可以通过有效地指导婴幼儿的动作行为，促进婴幼儿身体的发展和运动技能的提升。照护者在指导时要给予婴幼儿足够的时间和空间，让他们以自己的方式和步调来探索和发展。

（1）提供安全的环境：照护者确保婴幼儿在学习和探索时处于安全的环境中，降低潜在的风险。

（2）提供刺激：照护者提供丰富的学习材料和游戏玩具，以激发婴幼儿的好奇心和运动探索欲望。

（3）提供示范和鼓励模仿：照护者以身作则，示范一些基本的动作技能，并鼓励婴幼儿模仿。模仿是婴幼儿学习的重要途径之一。

（4）支持自主性：照护者尊重婴幼儿的自主性和学习节奏，给予他们足够的时间和空间去探索和发展新的动作技能。

（5）提供积极反馈：当婴幼儿展示出正确的动作行为时，照护者应及时给予鼓励和肯定，这将增强他们的自信心和学习动力。

（6）定期观察和记录：照护者要经常观察和记录婴幼儿的动作发展，以便及时发现问题和跟踪进展。

（7）提供合理指导和支持：根据婴幼儿的个体差异，照护者提供符合他们发展水平的指导和支持，同时注意避免过度干预。

───── 课堂讨论 ─────

托育机构在进行婴幼儿动作行为观察与指导时的注意事项有哪些？

第二节　婴幼儿粗大动作行为观察与指导

婴幼儿粗大动作行为观察与指导是指对婴幼儿在粗大动作发展方面的观察和指导过程。这涉及0～3岁婴幼儿基本运动技能的发展，如抬头、翻身、爬行、坐立、站立和行走等。进行婴幼儿粗大动作行为

观察与指导的目的是促进婴幼儿身体和运动能力的发展，培养他们的协调性和自信心。

一、婴幼儿反射行为观察与指导

婴幼儿反射行为是一种无意识的自动反应，是婴幼儿对特定刺激的快速生理反应。这些反应是生物体天生具备的，并且在大脑的控制下进行，无须学习。婴幼儿反射行为的作用是保护婴幼儿免受潜在危害或维持生理平衡。

（一）婴幼儿反射行为概述

婴幼儿反射行为的存在和发展是他们正常生理和运动发展的一部分，同时也是评估婴幼儿健康发展的重要指标之一。

1. 婴幼儿反射行为的定义

婴幼儿反射行为是指婴幼儿在面对刺激时，自动、本能地做出的身体或生理上的反应。这些反射行为是婴幼儿出生时就具备的，不需要经过学习或意识的控制。反射行为在婴幼儿的早期阶段非常常见，随着成长，这些反射会逐渐减弱或消失，并被主动的意识控制所取代。

2. 婴幼儿反射行为的种类

（1）吸吮反射：当婴幼儿的嘴唇或面部被刺激时，他们会自动做出吸吮动作。这是一种生存反射，帮助婴幼儿获取食物并满足其吸吮需求。

（2）寻找反射：当婴幼儿的面部或身体靠近一个物体或表面时，他们会自动转头或移动身体，以寻找和接触该物体。这是一种探索性反射，帮助婴幼儿发展对周围环境的感知和探索能力。

（3）摇头反射：当婴幼儿的头部被刺激或受到扰动时，他们会自动摇动头部。这是一种自我保护的反射，旨在避免或摆脱不适或刺激。

（4）拥抱反射：当婴幼儿感到突然的失衡或受到惊吓时，他们会突然抬高双臂，然后紧抱头部并迅速松开。这个反射通常伴随着啼哭，是婴幼儿对外界刺激的一种自我保护反应。

（5）踩踏反射：当婴幼儿的脚底受到刺激时，他们会自动做出踩踏动作。这是一种与行走和站立相关的反射，对婴幼儿的运动发展具有重要意义。

3. 婴幼儿反射行为的里程碑

（1）0～1个月

① 吸吮反射：当嘴唇被刺激时，婴幼儿会出现吸吮动作。

② 觅食反射：当脸颊或嘴唇被刺激时，婴幼儿会转向刺激产生的方向，寻找食物。

③ 抓握反射：当手掌被刺激时，婴幼儿会紧紧抓住刺激物。

④ 踩踏反射：当脚掌被刺激时，婴幼儿会做出踩踏动作。

（2）2～3个月

① 跌落反射：当头部向后倾斜时，婴幼儿会做出伸展四肢的动作。

② 拥抱反射：当突然受到惊吓或失去支持时，婴幼儿会伸展四肢并迅速抬起头部。

（3）4～6个月

① 翻身反射：当身体侧倾时，婴幼儿会试图翻身到另一侧或平躺。

② 咬嚼反射：当牙床被刺激时，婴幼儿会做出咬合或咀嚼的动作。

（4）7～9个月

① 爬行反射：当被放置为俯卧姿势时，婴幼儿会用手和膝盖移动身体。

② 坐姿保持反射：当被放置为坐姿时，婴幼儿试图保持平衡并坐直。

（5）10～12个月

独立站立反射：当被支撑起来时，婴幼儿会独立保持站立姿势一段时间。

（二）0～3岁婴幼儿各年龄段反射行为观察与指导的要点

1. 0～3个月

（1）行为观察：照护者注意婴幼儿各种反射行为，如吸吮反射等。

（2）行为指导：照护者针对婴幼儿各种反射行为提供适当的刺激，以促进其出现和发展。例如，照护者将手指放在婴幼儿手掌中以引发抓握反射。

2. 4～6个月

（1）行为观察：照护者观察婴幼儿的反射行为是否呈现出更强的自主性，如翻身反射等。

（2）行为指导：照护者为婴幼儿提供安全的环境和适当的刺激，以促进其主动参与运动和发展更高级的反射行为。例如，照护者给予支撑和鼓励，让婴幼儿尝试抬头、翻身等动作。

3. 7～9个月

（1）行为观察：照护者观察婴幼儿的反射行为是否逐渐消失，而转向主动的目标导向行为，如抓取、探索等。

（2）行为指导：照护者提供适当的刺激和玩具，鼓励婴幼儿主动做出抓取、探索等行为，给予其充分的时间和空间，让婴幼儿自主探索和发展新的动作技能。

4. 10～12个月

（1）行为观察：照护者观察婴幼儿的动作协调性和自主性的变化。

（2）行为指导：照护者提供安全环境和适当刺激，鼓励婴幼儿继续发展和巩固动作技能，为婴幼儿提供合适的支撑和引导，帮助他们探索和掌握新的运动技能。

二、婴幼儿姿势行为观察与指导

婴幼儿姿势行为观察与指导是指对婴幼儿的姿势行为进行观察和评估，并根据观察结果提供相应的指导和支持。姿势行为包括婴幼儿在不同姿势下的身体姿态、姿势转换、平衡能力和动作控制等的表现。进行婴幼儿姿势行为观察与指导的目的是帮助婴幼儿获得健康的姿势控制能力和运动能力，促进他们的身体发育和功能发展。

（一）婴幼儿姿势行为概述

婴幼儿姿势行为的发展对于他们的整体身体发育和运动能力至关重要。正常的姿势行为表明婴幼儿的肌肉和神经系统发展良好，他们能够控制和调节身体的姿势和动作。姿势行为与婴幼儿的感知和认知发展密切相关。通过各种姿势行为，婴幼儿能够与周围环境进行互动，获得新的经验和学习机会。

1. 婴幼儿姿势行为的定义

婴幼儿姿势行为是指婴幼儿在不同的姿势中展示的身体姿态、身体控制和运动表现。婴幼儿姿势行为包括婴幼儿在安静状态下的姿势姿态，如躺卧、坐姿、站立姿势，以及在动态活动中的姿势控制和姿势转换，如爬行、行走、抓握等。婴幼儿的姿势行为反映了他们的肌肉张力、平衡能力、运动控制能力和运动发展水平。

2. 婴幼儿姿势行为的种类

（1）静息姿势：婴幼儿在静止状态下的姿势，如平躺、坐姿、站姿等。静息姿势反映了婴幼儿的肌肉张力、平衡能力和对身体位置的感知能力。

（2）转身姿势：婴幼儿从一个姿势转身呈另一个姿势，如从仰卧姿势转身呈俯卧姿势。这涉及婴幼儿的身体协调能力、肌肉力量和身体控制能力。

（3）坐姿：婴幼儿能够自主地保持坐姿，不需要外部支撑。这表明婴幼儿的躯干肌肉控制和平衡能力的增强。

（4）爬行姿势：婴幼儿用腹部支撑和移动身体的方式爬行，探索周围环境。这需要婴幼儿的腹部和四肢协调运动。

（5）站立姿势：婴幼儿能够自主地站立并保持平衡。这表明婴幼儿的下肢肌肉力量和身体控制能力的增强。

3. 婴幼儿姿势行为的里程碑

（1）0～6个月：婴幼儿呈蜷缩姿势，双手双脚收拢，身体呈弯曲状态，如图4-27所示。随着成长，婴幼儿抬起头部，支撑起上半身并短暂保持抬头姿势。

（2）7～9个月：婴幼儿能够稳定地坐起来，但需要一些额外的支撑；他们学会爬行，通过腹部离地和手脚运动来使身体移动。

（3）10～12个月：婴幼儿能够自己坐立，保持平衡并玩耍；他们能从躺卧姿或坐姿翻滚到其他姿势。

（4）13～18个月：婴幼儿能够在不倚靠其他物体的情况下独立站立一段时间，学会迈步行走。

（5）19～24个月：婴幼儿能够稳定地行走，控制身体平衡，可爬上低矮的家具或阶梯。

（6）25～36个月：婴幼儿能够跑跳、奔跑并改变方向，可能够做出双脚离地的跳跃动作，如图4-28所示，可攀爬上较高的物体。

图4-27 婴幼儿的蜷缩姿势 　　　图4-28 婴幼儿双脚离地跳跃

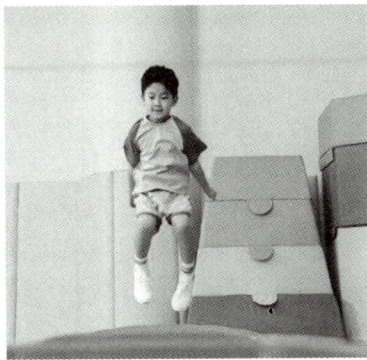

（二）0～3岁婴幼儿各年龄段姿势行为观察与指导的要点

1. 0～6个月

（1）行为观察：照护者观察婴幼儿的姿势和姿态，注意他们是否能够自主控制头部的平衡，是否有一定的躺卧和侧卧能力。

（2）行为指导：照护者提供安全的环境，并为婴幼儿提供足够的平躺时间，促进其头部控制能力和躯干肌肉的发展，帮助他们练习保持平衡。

2. 7～12个月

（1）行为观察：照护者观察婴幼儿姿势控制能力的发展，注意他们是否能够自主坐立、爬行和尝试站立。

（2）行为指导：照护者提供安全的环境，让婴幼儿有机会探索坐立、爬行和站立。婴幼儿自主坐立时，照护者可使用稳固的坐垫或靠垫，帮助他们坐得更稳定。照护者提供合适的玩具和活动，鼓励婴幼儿爬行和站立。

3. 13～24个月

（1）行为观察：照护者观察婴幼儿的姿势控制和动作协调能力发展，注意他们是否能够自主行走、坐下和站立，以及控制身体的平衡。

（2）行为指导：照护者为婴幼儿提供安全的环境，让他们有机会探索自主行走、坐下和站立。

4. 25～36个月

（1）行为观察：照护者观察婴幼儿的姿势控制和动作协调能力发展，注意他们是否能够自如地跑步、跳跃、爬行，并控制自己的身体姿势。

（2）行为指导：照护者提供多样化的活动和挑战，鼓励婴幼儿积极参与跑步、跳跃和爬行等活动。照护者在游戏和运动中提供指导和支持，帮助婴幼儿逐步掌握更复杂的姿势和动作，鼓励他们探索和发展自己的身体能力。

三、婴幼儿移动行为观察与指导

婴幼儿移动行为观察与指导是指对婴幼儿的移动行为进行观察和评估，并根据观察结果提供相应的指导和支持。进行婴幼儿移动行为观察与指导的目的是帮助婴幼儿获得健康的运动发展，促进他们的肌肉和骨骼发育、协调性和运动技能的提升。

（一）婴幼儿移动行为概述

婴幼儿移动行为发展有助于促进他们的身体发展和认知能力提升。通过不同的移动方式，婴幼儿能够探索和了解周围的空间、物体和人际关系。移动行为有助于培养婴幼儿的协调性、平衡能力和运动技能，为后续的发展奠定基础。

1. 婴幼儿移动行为的定义

婴幼儿移动行为是指婴幼儿在发育阶段展现的各种运动方式和行为。移动行为包括婴幼儿在不同发展阶段中的爬行、翻滚、坐立、爬行、站立、行走等行为。这些行为是婴幼儿在运动发展中的重要里程碑，同时也代表了其能力的提升。婴幼儿移动行为是通过他们的肌肉发展、神经系统成熟和感知认知能力的协同作用实现的。

婴幼儿移动行为在他们的早期发育中起着重要的作用。随着成长，婴幼儿从完全依赖成年人照顾到逐渐具备自主运动能力。他们逐步学会控制肌肉、平衡身体和协调动作，从而实现从一个姿势到另一个姿势的转变，并逐渐掌握更复杂的移动行为。

2. 婴幼儿移动行为的种类

（1）翻身：婴幼儿从仰卧姿或俯卧姿翻身到另一侧。这是婴幼儿最早期的移动行为之一，显示出其对自身身体的控制和协调能力。

（2）爬行：婴幼儿在腹部或四肢支撑的情况下使用手臂和腿部移动身体。婴幼儿在俯卧姿或坐姿的基础上，使用手臂和腿部协调向前爬行。这是婴幼儿发展的重要里程碑，表明他们能够主动控制自己的身体并在空间中移动。

（3）站立：婴幼儿能够自主地站立并保持平衡。这需要足够的下肢肌肉力量和身体控制能力，标志着婴幼儿即将迈向行走阶段。

（4）行走：婴幼儿能够用脚移动身体。这是婴幼儿运动发展的重要里程碑，需要足够协调的肌肉动作、平衡能力和空间感知能力。

3. 婴幼儿移动行为的里程碑

（1）0～6个月：婴幼儿从仰卧姿翻身到俯卧姿，他们会扭动身体和蹬腿，探索周围环境。

（2）7～12个月：婴幼儿通过爬行来移动和探索，他们可扶着家具或墙壁站立，并尝试走几步。

（3）13～18个月：婴幼儿学会独立行走，走得不太稳定，但能够迈出几步，他们学会爬楼梯或台阶，如图4-29所示。

图4-29　婴幼儿爬楼梯

（4）19～24个月：婴幼儿能够跑步，加快了移动的速度和增强了身体的协调性，同时尝试跳跃。

（5）25～36个月：婴幼儿掌握跳跃的技巧（见图4-30），并开始踢球或进行其他运动；他们的平衡能力增强，例如能够单脚站立（见图4-31）或骑儿童三轮车（见图4-32）。

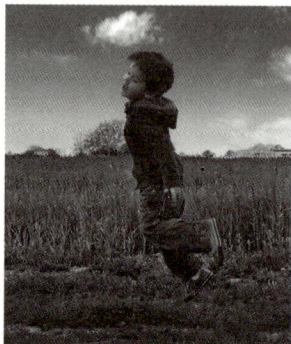

图4-30　婴幼儿跳跃　　　　图4-31　婴幼儿单脚站立　　　　图4-32　婴幼儿骑儿童三轮车

知识链接

如何引导婴幼儿从不会跳跃到掌握跳跃的技巧?

照护者引导婴幼儿从不会跳跃到掌握跳跃的技巧，需要提供适当的支持和创造机会，以激发他们的兴趣并逐步培养他们的跳跃能力，具体方法如下。

（1）示范跳跃动作：在婴幼儿面前示范简单的跳跃动作。照护者可以牵着他们的手臂或手指，帮助他们体验跳跃的感觉；同时，可以用简单的语言描述跳跃的动作，让他们理解跳跃的意义。

（2）提供稳固的支撑和平衡辅助：在婴幼儿开始尝试跳跃时，照护者应提供稳固的支撑和平衡辅助，可以在婴幼儿面前放置一个稳定的垫子，让他们有一个安全的着陆点。

（3）创造安全的环境：照护者确保跳跃的环境安全无障碍，没有尖锐的物体或危险的家具，保持地面平整，没有滑动或摇晃的表面。

（4）鼓励尝试：照护者鼓励婴幼儿尝试跳跃，给予积极的反馈和鼓励；使用温暖的语言和表情，让他们感受到对他们的努力和进步的认可。

（5）创造跳跃的机会：照护者在日常活动中创造跳跃的机会，例如在播放音乐时鼓励婴幼儿随着音乐的节奏跳跃；或者设置一个简单的跳跃游戏，让婴幼儿跳过障碍物或跳到特定的位置。

（6）逐步增加难度：一旦婴幼儿开始熟悉跳跃动作，照护者可以逐步增加跳跃的难度，例如增加跳跃的高度或距离，或者让婴幼儿尝试在不同的表面上跳跃，如在垫子或弹簧床上。

（7）提供自主练习的机会：照护者给予婴幼儿足够的时间和空间来自主练习跳跃；鼓励他们在安全的环境中自由探索和尝试跳跃动作，逐渐增强他们的自信心并提高技能。

（二）0～3岁婴幼儿各年龄段移动行为观察与指导的要点

1. 0～6个月

（1）行为观察：照护者观察婴幼儿的移动行为，包括翻身、爬行等，注意他们是否展示出对移动的兴趣和探索欲望。

（2）行为指导：照护者为婴幼儿提供安全、宽敞的环境，让他们有足够的空间自由移动，鼓励他们尝试翻身、爬行等动作，并提供适当的支撑和引导。

2. 7～12个月

（1）行为观察：照护者观察婴幼儿的移动行为，包括爬行、坐立、扶站等，注意他们是否尝试不同的移动行为和探索新的空间。

（2）行为指导：照护者提供安全环境和适当支撑，鼓励婴幼儿继续发展和探索不同的移动行为，给予他们充分的时间和机会，让他们自主地探索和发展移动技能。

3. 13～24个月

（1）行为观察：照护者观察婴幼儿的移动行为，包括爬行、行走、奔跑等，注意他们的移动能力是否进一步发展，并是否表现出对挑战性移动场景的兴趣。

（2）行为指导：照护者提供安全的环境和适当的支持，鼓励婴幼儿继续发展和巩固移动技能，为他们创造各种具有挑战性的移动场景，如爬上楼梯和下楼梯、越过障碍等，让他们锻炼平衡和协调能力。

4. 25～36个月

（1）行为观察：照护者观察婴幼儿的移动行为，包括跑步、跳跃、踢球等，注意他们的移动行为是否更加协调和灵活。

（2）行为指导：照护者提供丰富多样的运动环境和机会，鼓励婴幼儿继续发展和掌握各种运动技能，引导他们参与各种运动活动，培养他们的身体协调性和运动能力。

四、婴幼儿实物操作行为观察与指导

婴幼儿实物操作行为观察与指导是指对婴幼儿在操作实物时的行为进行观察和评估，并根据观察结果提供相应的指导和支持。

（一）婴幼儿实物操作行为概述

婴幼儿实物操作行为是他们与周围环境互动的一种方式，通过与物体的实际接触和操作物体，婴幼儿能够获得感官刺激、运动经验和认知发展机会。他们使用手部和身体来探索不同物体的材质、形状、质地和功能，以理解物体的特性和使用方法。

1. 婴幼儿实物操作行为的定义

婴幼儿实物操作行为是指婴幼儿在与真实的物体、玩具或材料进行互动时所展示的行为和动作。这包括婴幼儿使用手部和身体来抓握、探索、移动、放置、摆弄、拆解、组装物体等的行为和动作。

婴幼儿实物操作行为是婴幼儿发展过程中的重要里程碑之一。在早期阶段，婴幼儿通过伸手抓握、触摸、摸索和放入口中等方式来探索周围的物体。随着肌肉力量和手眼协调能力的发展，他们逐渐掌握运动技能，能够更加熟练地操作和使用不同的物体。

婴幼儿实物操作行为对于他们的认知和发展具有重要意义。通过实物操作，婴幼儿能够发展手眼协调能力和运动控制能力。他们能够探索物体的形状、大小、质地和功能，并逐渐建立对物体的理解和认知。实物操作有助于婴幼儿培养观察、解决问题的能力和创造性思维。

2. 婴幼儿实物操作行为的种类

（1）抓握：婴幼儿会用手抓取物体并握住，他们从只能用整个手掌来抓取物体。

（2）摸索：婴幼儿使用手指、手掌或全手触摸物体，以感知其形状、质地和温度等特征。摸索是婴幼儿了解物体属性和探索世界的重要方式。

（3）探索口腔：婴幼儿将物体放入口中，咬嚼、舐舔或吸吮物体以获得更多的感官体验。这有助于他们发展口腔肌肉控制能力。

（4）拨弄和转动：婴幼儿喜欢拨弄和转动物体，如转动按钮、拉动绳子或转动玩具车的轮子。这种实物操作行为有助于培养婴幼儿手指灵活性和手眼协调能力。

（5）堆叠和组合：婴幼儿将物体堆叠在一起或组合起来，如搭积木（见图4-33）、堆砌杯子。这种实物操作行为有助于发展婴幼儿的空间认知和问题解决能力。

3. 婴幼儿实物操作行为的里程碑

（1）0～6个月：婴幼儿能够握住物体，但握力较弱，他们观察和摸索物体，并试图将其放入嘴里，出现吸吮、咀嚼和舔嘴唇等反射动作。

（2）7～12个月：婴幼儿能够举起并放下较小的物体，他们会使用手指抓取物体，如图4-34所示；会将不同的物体放入口中，并进行咀嚼；会将物体扔到地面或其他表面上。

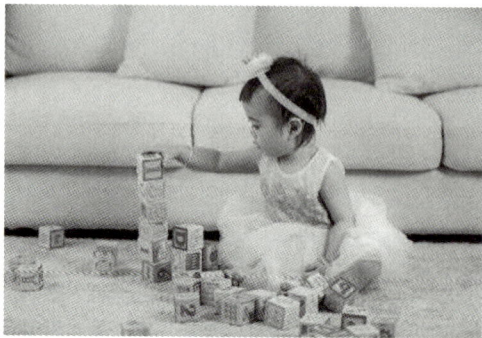

图4-33　婴幼儿搭积木

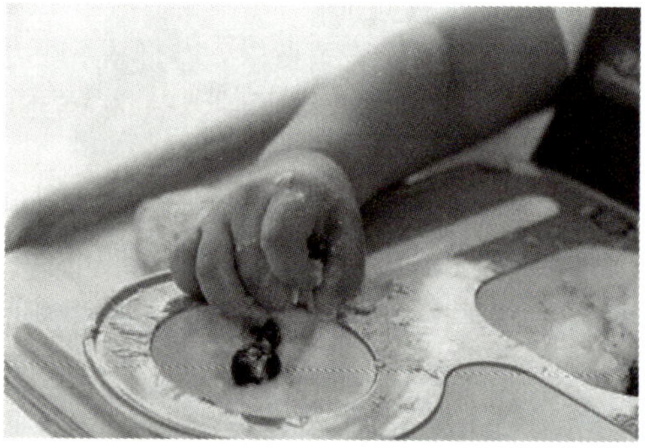

图4-34　婴幼儿用手指抓取物体

（3）13～18个月：婴幼儿将物体堆叠在一起，如积木或杯子；会推动和拉动较小的玩具；能够打开和关闭盖子、按钮或开关会将物体从容器中倒出，如倒出杯子里的水或倒出玩具箱中的玩具。

（4）19～24个月：婴幼儿会模仿成年人的动作，如打电话或搬运重物；会将简单物体组合在一起，如搭建积木或插入形状配对玩具；会将物体倒过来，如将杯子或碗倒置；会使用简单的工具，如用勺子吃饭或用笔画画。

（5）25~36个月：婴幼儿会完成简单的拼图游戏，如将几个大块拼在一起；能够打开和关闭各种盖子、门和开关；会将物体倒置，并观察其特征或功能的变化；能够将物体按照一定属性或特征进行分类。

（二）0~3岁婴幼儿各年龄段实物操作行为观察与指导的要点

1. 0~6个月

（1）行为观察：照护者观察婴幼儿对周围物体的注意和触摸行为，注意他们是否用手探索物体、抓握物体并将物体放入口中。

（2）行为指导：照护者提供符合婴幼儿年龄的安全玩具和探索材料，鼓励他们用手触摸、抓握和摆弄玩具和材料。

2. 7~12个月

（1）行为观察：照护者观察婴幼儿的抓握和放置物体的技能发展，注意他们是否能够更灵活地使用手指和手掌进行实物操作。

（2）行为指导：照护者提供多样化的玩具和材料，鼓励婴幼儿练习不同的抓握和放置动作，引导他们进行简单的堆叠、拼插等操作，培养他们的手眼协调能力。

3. 13~24个月

（1）行为观察：照护者观察婴幼儿的实物操作能力发展，注意他们是否能使用工具，如用勺子吃饭或用刷子画画。

（2）行为指导：照护者提供适合婴幼儿年龄的拼插、堆叠、装配类玩具，鼓励他们进行更复杂的实物操作，给予简单的指导和示范，帮助他们学习使用工具。

4. 25~36个月

（1）行为观察：照护者观察婴幼儿的实物操作技能发展，包括分类、拆卸组装、模仿等，注意他们是否能够模仿成年人的动作和行为。

（2）行为指导：照护者提供具有挑战性的玩具和活动，鼓励婴幼儿进行更复杂的实物操作，如拼拼图、组装模型等，鼓励他们模仿成年人的动作，如做饭、打扫卫生（见图4-35）等，促进他们的认知和社交发展。

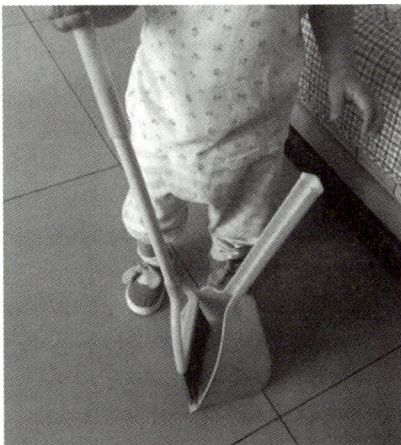

图4-35　婴幼儿模仿成年人打扫卫生

💡 课堂讨论

托育机构进行婴幼儿粗大动作行为观察与指导时的注意事项有哪些？

第三节　婴幼儿精细动作行为观察与指导

婴幼儿精细动作行为观察与指导是指通过观察和指导婴幼儿的小肌肉运动行为，促进他们手眼协调能力、精细运动能力和操作技能的发展。通过观察与指导婴幼儿的精细动作行为，照护者可以促进他们手部操作技能的发展，增强他们的手指控制能力、手眼协调和精细运动能力，为日后的学习、生活奠定基础。

一、婴幼儿抓握行为观察与指导

婴幼儿抓握行为观察与指导是指对婴幼儿在抓握物体时的行为进行观察和评估，并根据观察结果提供相应的指导和支持。抓握行为是指婴幼儿使用手部来抓住、握持和控制物体的动作。婴幼儿抓握行为观察与指导的目的是帮助婴幼儿获得健康的手部和运动发展，促进他们的手指控制能力、手眼协调能力和运动技能的发展。

（一）婴幼儿抓握行为概述

婴幼儿抓握行为是婴幼儿整体运动和认知能力发展的一部分。通过掌握不同类型的抓握方式，婴幼儿能更好地探索周围环境并与之互动，促进身体和认知的发展。

1. 婴幼儿抓握行为的定义

婴幼儿抓握行为是指婴幼儿使用手部来抓住、握持和控制物体的动作。抓握行为是婴幼儿在发育过程中学习和发展的重要技能之一。

在早期阶段，婴幼儿的抓握行为通常以原始抓握为主，即婴幼儿用手指和手掌将物体紧紧地抓住。随着肌肉力量和手眼协调能力的发展，他们掌握了更复杂的抓握方式，如指控抓握、侧抓握和双手协作抓握等。

2. 婴幼儿抓握行为的发展阶段

（1）初期抓握（0~3个月）：婴幼儿会表现出原始的反射抓握行为。当手掌被触碰或受到刺激时，婴幼儿会自动握住物体，这是一种先天性的抓握反射。

（2）掌握抓握（4~6个月）：婴幼儿会主动伸出手并抓握物体，他们使用整个手掌来抓握物体，尚未掌握精细的指掌协调能力。

（3）三指抓握（7~9个月）：婴幼儿发展出握持逆转的能力。他们能够用手指对物体进行更精细的控制，形成三指（拇指、食指和中指）抓握。

名词解释~

握持逆转

"握持逆转"是婴幼儿动作发展过程中的一个重要现象，通常发生在婴幼儿学会抓握物体后的一个特定阶段。这个阶段之所以被称为"握持逆转"或"握持反转"，是因为婴幼儿在抓握物体时，手掌原本朝向下方（掌心朝下），但在握持物体后，手掌却转向上方（掌心朝上）。

握持逆转通常发生在婴幼儿的发育过程中，在7~9个月。在此之前，婴幼儿通常会使用一种称为"原始握持"的抓握方式，即用整个手掌包裹住物体。随着手部肌肉的发展和手眼协调能力的提升，婴幼儿逐渐学会了使用拇指和食指进行精细抓握。

握持逆转的发生是一个重要的里程碑，它标志着婴幼儿的手指控制能力得到了显著改善。通过握持逆转，婴幼儿可以更好地抓握和探索各种物体，同时也为将来的手指技能发展奠定了基础，如使用工具和书写等。

（4）侧面抓握（10～12个月）：婴幼儿掌握侧面抓握的技巧，即使用手指的侧面而不是掌心来握持物体。这种抓握方式增强了手指的灵活性和控制能力。

（5）钳制抓握（13～36个月）：婴幼儿掌握钳制抓握的技巧，即通过拇指和食指对捏（见图4-36）来捏取和控制物体。这是一种更高级的抓握技能，使婴幼儿能够进行更复杂的实物操作。

图4-36　婴幼儿在空中做出拇指和食指对捏的动作

3. 婴幼儿抓握行为的里程碑

（1）0～3个月：婴幼儿会展示出手掌抓握反射，当手掌被物体刺激时会紧握物体；他们有更多的手部运动，能够有意识地触摸物体，但抓握力还不够强。

（2）4～6个月：婴幼儿能够将手放在物体上并试图抓握，出现掌握抓握行为，即用整个手掌抓握物体；他们能够进行简单的握持抓握，即用整个手掌和手指一起抓握物体。

（3）7～9个月：婴幼儿能够进行爪握抓握，即用其他手指和拇指一起抓握物体；出现更精细的抓握能力，如三指抓握。

（4）10～12个月：婴幼儿能够进行更精确的抓握，如拧开盖子或使用手指点按按钮能够抓握细小物品，如使用拇指和食指夹住小物品。

（5）13～18个月：婴幼儿手指控制能力进一步发展，能够使用手指进行精细的抓握和操作；能够握笔并涂鸦。

（6）19～24个月：婴幼儿的手指控制能力和精细抓握能力进一步增强，能够使用手指精细地进行各种活动，如拼拼图、堆叠积木等。

（7）25～36个月：婴幼儿的手指控制能力和精细抓握能力进一步发展，能够进行更复杂的手指操作；能够使用手指握住较小的物体，并进行更复杂的动作，如画画、打结等。

知识链接

如何指导婴幼儿掌握打结的技巧？

照护者指导婴幼儿掌握打结的技巧时需要耐心进行适当的引导，具体步骤如下。

（1）示范打结动作：在婴幼儿面前示范打结的动作，例如系鞋带或给绳子打结；使用简单的语言和慢动作来解释每个步骤，让他们理解打结的过程。

（2）使用大型物品：开始时，可以使用大型的绳子或鞋带，让婴幼儿更容易掌握打结的技巧，因为大型物品更易于握持和操作，能让他们有更多的机会练习。

（3）提供适当的练习材料：给婴幼儿提供适合练习打结的材料，例如有颜色的绳子或织带。这样可以吸引他们的兴趣，并让练习变得更有趣。

（4）分解步骤：将打结过程分解为简单的步骤，让婴幼儿逐步掌握每个步骤。例如，先教他们如何交叉绳子，再教他们如何穿过环形，最后教他们如何拉紧结。

（5）提供适当的支持：在婴幼儿练习打结时，提供适当的支持和指导，可以用手辅助他们的手臂动作，或者用简单的语言提醒他们每个步骤的内容。

（6）鼓励练习和重复：鼓励婴幼儿多次练习打结，并重复相同的动作。练习和重复有助于巩固他们的技能和记忆。

（7）激发创造力：一旦婴幼儿掌握了基本的打结技巧，鼓励他们运用创造力尝试不同的打结方式，可以鼓励他们在绳子或织带上打出自己喜欢的图案或形状。

（二）0～3岁婴幼儿各年龄段抓握行为观察与指导的要点

1. 0～3个月

（1）行为观察：照护者观察婴幼儿手掌的抓握反射。

（2）行为指导：照护者提供适当大小和形状的玩具，让婴幼儿有机会探索和抓握，可以用玩具轻轻触摸婴幼儿的手掌，激发他们的抓握反射。

2. 4～6个月

（1）行为观察：照护者观察婴幼儿主动伸手试图抓住物体的行为。

（2）行为指导：照护者提供易于抓握的玩具，如柔软的布娃娃或环形玩具，让婴幼儿练习抓握和握持动作，鼓励婴幼儿尝试抓握不同形状和大小的物体。

3. 7～9个月

（1）行为观察：照护者观察婴幼儿使用手指进行抓握的能力。

（2）行为指导：照护者提供多种具有不同形状和质地的玩具，鼓励婴幼儿使用手指进行抓握和探索；可以给婴幼儿提供一些容器和物体，让他们练习将物体放入容器中。

4. 10～12个月

（1）行为观察：照护者观察婴幼儿手指控制能力和手眼协调能力的发展。

（2）行为指导：照护者提供符合婴幼儿年龄的拼图、堆叠玩具等，让婴幼儿进行手指操作的练习，鼓励婴幼儿使用手指进行精细抓握，如夹取小物件或翻书页，如图4-37所示。

5. 13～36个月

（1）行为观察：照护者观察婴幼儿手指控制能力和精细抓握能力的进一步发展。

（2）行为指导：照护者提供拼拼图、穿珠子、剪纸、搭建模型、打结等符合婴幼儿年龄的活动，以促进婴幼儿手指控制能力和精细动作的发展，鼓励婴幼儿进行涂鸦等更复杂的手指操作活动。

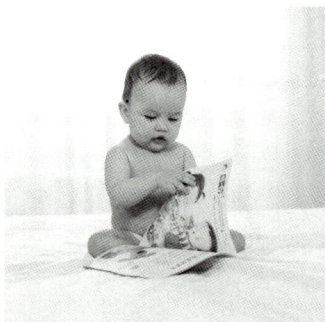

图4-37 婴幼儿翻书页

二、婴幼儿视觉-运动整合行为观察与指导

婴幼儿视觉-运动整合行为观察与指导是指对婴幼儿在视觉和运动之间进行整合和协调的行为进行观察和评估，并根据观察结果提供相应的指导和支持。婴幼儿视觉-运动整合行为观察与指导的目的是帮助婴幼儿获得健康的视觉和运动发展，促进他们的视觉感知能力、运动控制能力和空间认知能力的提升。

（一）婴幼儿视觉-运动整合行为概述

视觉-运动整合行为对婴幼儿的整体发展非常重要。它有助于婴幼儿建立对物体和环境的感知、理解和掌控，促进他们的运动协调性、空间意识和认知的发展。良好的视觉-运动整合能力为婴幼儿的运动技能、学习能力和日常生活中的活动执行提供基础。

1. 婴幼儿视觉-运动整合行为的定义

婴幼儿视觉-运动整合行为是指婴幼儿在视觉感知和运动控制之间建立联系和协调的能力。婴幼儿视觉-运动整合行为是在婴幼儿发育过程中逐渐发展和改善的。视觉-运动整合是一个复杂的过程，涉及婴幼儿的视觉系统和运动系统之间的互动和协调。婴幼儿通过视觉感知环境和物体，并将这些视觉信息与身体的运动控制相结合，以执行各种运动任务和动作。

2. 婴幼儿视觉-运动整合行为的种类

（1）注视追踪：婴幼儿能够将目光集中在一个移动的物体上，并随着物体的移动调整视线的方向和焦点。

（2）视觉定向：婴幼儿能够将目光集中在一个特定的目标上，并注视一段时间，以观察和认识目标。

（3）视觉扫视：婴幼儿能够快速扫视周围环境，寻找感兴趣的物体或人，并转移视线以观察不同的物体或人。

（4）手眼协调：婴幼儿能够将视觉和手部运动结合起来，例如准确地抓取和握持物体。

（5）视觉导航：婴幼儿能够利用视觉信息来引导自己的身体，例如在爬行或行走时避开障碍物。

（6）空间感知：婴幼儿能够理解和感知周围的空间关系，例如能辨别远近、高低或左右等。

（7）视觉模仿：婴幼儿能够观察他人的行为或面部表情，并尝试模仿回应。

知识链接

照护者如何促进婴幼儿面部表情的发展？

促进婴幼儿面部表情的发展需要创造一个丰富、亲密和激动人心的环境，以引发他们的表情和情感表达。

（1）进行亲密互动：照护者与婴幼儿进行亲密互动，例如面对面对话、拥抱和亲吻。亲密互动可以增强婴幼儿与他人之间的情感联系，促进其面部表情的发展。

（2）建立眼神接触：照护者与婴幼儿建立眼神接触，这是进行情感交流的重要方式。照护者在与婴幼儿进行互动时，建立眼神接触可以加强情感联系和增进相互间的理解。

（3）模仿面部表情：照护者模仿婴幼儿的面部表情，例如模仿他们微笑、皱眉或眨眼。这种模仿可以增进与他们的社交互动，鼓励他们更多地表达自己的情感。

（4）给予高度关注：照护者给予婴幼儿高度关注和赞赏，当他们展示出不同的面部表情时，及时回应并表达欣赏和喜悦之情。

（5）使用音调、语调和声音：照护者通过音调、语调和声音的变化来吸引婴幼儿的注意力，并激发他们做出面部表情。照护者使用温柔、欢快或激动的声音与他们交流。

（6）提供面部表情游戏：照护者和婴幼儿一起玩与面部表情相关的游戏，如模仿表情游戏。这些游戏可以让婴幼儿学习和做出不同的面部表情，并增强他们的情感表达能力。

（7）使用镜子：照护者给婴幼儿提供一个小镜子，让他们看到自己的面部表情。他们会对自己的面部表情产生兴趣，并尝试模仿从镜子中看到的面部表情。

（8）通过音乐和舞蹈：照护者播放欢快的音乐并与婴幼儿一起跳舞。音乐和舞蹈可以激发他们的情感表达，并激发婴幼儿做出不同的面部表情。

（9）阅读图画书：照护者选择有趣的图画书与婴幼儿一起阅读。通过观察书中的插图和插图人物的面部表情，婴幼儿可以学习和模仿不同的面部表情。

3. 婴幼儿常见视觉–运动整合行为的里程碑

（1）0～3个月：婴幼儿能够注视和追踪移动物体，例如头部跟随玩具移动。

（2）4～6个月：婴幼儿通过手部动作与视觉信息进行协调，能够用手抓取和探索物体。

（3）7～9个月：婴幼儿能够准确抓取和放置物体，展示更复杂的手眼协调能力。

（4）10～12个月：婴幼儿能够通过视觉–运动整合来完成简单的动作序列，例如将物体放入容器中或堆叠积木。

（5）13～18个月：婴幼儿能够进行精细的手指操作，例如拧开盖子、按按钮等，同时注意力和手眼协调能力也得到了改善。

（6）19～24个月：婴幼儿更高级的手眼协调技能得到发展，例如使用铅笔或画笔进行简单的绘画，将图形放入正确的形状孔中等。

（7）25～36个月：婴幼儿能够进行更复杂的手眼协调活动，如穿珠子、使用剪刀剪纸、拼拼图等，同时能够进行简单的体育动作，如投球或踢球，如图4-38所示。

图4-38　婴幼儿参与踢球活动

（二）0～3岁婴幼儿各年龄段视觉–运动整合行为观察与指导的要点

1. 0～6个月

（1）行为观察：照护者观察婴幼儿的注视能力和视线追踪移动物体的能力，注意他们是否能够将手和眼睛的动作协调起来。

（2）行为指导：照护者提供适当的视觉刺激，如移动玩具、摆动彩色物体等，以促进婴幼儿的注视能力和视线追踪移动物体能力的发展，鼓励他们用手触摸和抓握物体，以培养手眼协调能力。

2. 7～12个月

（1）行为观察：照护者观察婴幼儿的手眼协调能力，包括准确地抓取物体、放置物体和转移物体的能力。

（2）行为指导：照护者提供各种大小和形状的物体供婴幼儿探索和操作，如积木、拼图等，鼓励他们进行抓握和放置的活动，同时提供适当的指导和激励。

3. 13～18个月

（1）行为观察：照护者观察婴幼儿的手指操作能力，如拧开盖子、按按钮等。

（2）行为指导：照护者提供具有挑战性的手指操作任务，如套环、插线珠等，鼓励他们使用手指进行精细的操作，并逐渐增加任务的难度。

4. 19～36个月

（1）行为观察：照护者观察婴幼儿的手眼协调能力和精细动作技能，例如使用铅笔或画笔进行简单的绘画，进行更复杂手眼协调活动，如穿珠子、拼拼图等。

（2）行为指导：照护者提供符合婴幼儿年龄的拼拼图、穿珠子、画画、剪纸等活动，鼓励他们进行体育活动，如投球、踢球等，以进一步发展婴幼儿视觉-运动整合能力。

课堂讨论

托育教师进行婴幼儿精细动作行为观察与指导时，为婴幼儿提供的支持有哪些？

课后练习题

1. 简述婴幼儿动作发展的内容、规律。
2. 简述婴幼儿动作行为观察与指导的原则、方法。
3. 请问在婴幼儿反射、姿势、移动、实物操作、抓握和视觉-运动整合行为发展中，是否存在优先级发育？
4. 根据掌握的婴幼儿粗大动作行为观察与指导相关知识，编写一节促进婴幼儿粗大动作行为发展的托育课程。
5. 根据掌握的婴幼儿精细动作行为观察与指导相关知识，编写一节促进婴幼儿精细动作行为发展的托育课程。

第五章
婴幼儿语言行为观察与指导

本章学习目标

1. 掌握婴幼儿语言发展的内容、规律。
2. 掌握婴幼儿语言行为观察与指导的意义、原则、方法。
3. 掌握婴幼儿语音表达行为观察与指导的要点。
4. 掌握婴幼儿语言理解行为观察与指导的要点。
5. 掌握婴幼儿手势和身体语言行为观察与指导的要点。

婴幼儿语言行为观察与指导是指通过仔细观察和理解婴幼儿的语言行为，以便提供适当的指导和支持，促进婴幼儿的语言发展。婴幼儿语言行为观察与指导的目的是了解婴幼儿的语言能力和语言发展水平，促进婴幼儿语言能力和沟通能力的发展。

第一节 婴幼儿语言行为观察与指导概述

照护者通过婴幼儿语言行为观察与指导，可以帮助婴幼儿建立良好的语言基础，提升语言能力和沟通能力，促进认知和社交发展。在观察与指导过程中，照护者应给予婴幼儿足够的时间、空间和支持，以积极、耐心和鼓励的态度引导婴幼儿的语言学习和表达。

一、婴幼儿语言发展概述

婴幼儿语言发展是指0～3岁婴幼儿在语言能力方面逐渐学会理解和使用语言的过程。在语言发展的早期阶段，婴幼儿通过听觉感知语言环境，对声音和语调产生兴趣。婴幼儿通过模仿和重复照护者的声音来发展语言技能。随着成长，婴幼儿能够理解和使用越来越多的词语，组合简单的词语和短语，形成初步的语言表达能力。

1. 婴幼儿语言发展的内容

（1）语音发展：婴幼儿从识别和模仿简单的声音开始，逐渐发展出清晰和准确的发音能力；他们发出不同的音节和音素，并掌握一些基本的语音规律。

（2）词汇发展：婴幼儿学习和掌握词语，逐渐扩展词汇量，他们首先学会一些基本的名称，如"妈妈""爸爸"等，然后逐渐学习和掌握更多的名词、动词和形容词。

（3）语句构建：随着词汇量的增加，婴幼儿会组合词语，形成简单的语句，他们最初掌握的是句子的基本结构，如"我要水""给我玩具"等，然后逐渐学会使用更复杂的语法结构和连词。

（4）理解能力：婴幼儿在语言发展中逐渐增强语言理解能力，能够理解简单的指令、问题和故事情节，以及能根据自我理解执行相应的行为。

（5）表达能力：婴幼儿通过语言表达自己的需求、情感和意图，会使用语言来表达请求和命令、分享信息、描述事物等，逐渐发展出自己的表达风格，增强表达能力。

（6）语用能力：婴幼儿会运用语言使其在社交交流中发挥特定功能，能够理解和运用礼貌用语，用语言表达感谢和请求帮助等，逐渐掌握社交语言规范和技巧。

（7）语言意识：婴幼儿能够意识到语言可以用来交流、表达和理解思想，开始探索语言的使用。

2. 婴幼儿语言发展的规律

（1）前语言期（0～12个月）：婴幼儿通过听觉感知语言环境，模仿和重复简单的声音，建立对语言的兴趣和理解，能够通过眼神接触和肢体语言与照护者进行沟通，发出各种各样的呀呀声和音节。

（2）词语期（13～18个月）：婴幼儿学习和使用词语，能够理解和表达一些简单的词汇，掌握一些基本的名称，如"妈妈""爸爸"等，逐渐扩展词汇量，使用简单的指示代词，如"这个""那个"等。

（3）语言爆炸期（19～24个月）：婴幼儿词汇量迅速增长，掌握更多的词语，并能够将它们用于简单的语言表达；开始组合词语，形成简单的句子和短语，表达基本的需求和意愿，运用重复和模仿的方式学习新词汇和句子结构。

知识链接

1～2岁婴幼儿掌握的词语有哪些?

1～2岁婴幼儿逐渐掌握一些基本的词语和表达方式，但每个婴幼儿的发展速度和兴趣都有所不同，因此实际掌握的词语也会有所不同。1～2岁婴幼儿掌握的词语示例如下。

（1）家庭成员名称：如"妈妈""爸爸""姐姐""弟弟"等。

（2）日常物品名称：如"球""书""饭""水"等。

（3）动物名称：如"狗""猫""鸟""鱼"等。

（4）颜色：如"红色""蓝色""绿色"等。

（5）身体部位：如"头""手""脚""肚子"等。

（6）动作词：如"吃""喝""走""跑"等。

（7）形状：如"圆形""方形"等。

（8）数字：婴幼儿开始尝试说"1""2"等数字。

（9）问候和交际用语：如"你好""再见""谢谢"等。

（10）感情词汇：婴幼儿会使用一些简单的情感词汇，如"开心""哭"等。

（11）指示性词汇：如"这个""那个""给我"等。

以上这些词语只是一些示例，实际掌握情况因婴幼儿个体差异、家庭环境和语言刺激等因素而有所不同。此时，重要的是为婴幼儿创造丰富的语言环境，与他们互动、交流，鼓励他们尝试新词汇，使他们逐步形成起丰富的语言能力。

（4）句子构建期（25～36个月）：婴幼儿使用更复杂的句子结构和语法规则，如使用动词的进行时态、使用连接词等，发展出较为完整的语言表达能力，能够用语言描述和分享经验、情感和观点，理解能力增强，语言理解范围扩大，能够理解更复杂的指令和问题。

二、婴幼儿语言行为观察与指导的意义

婴幼儿语言行为观察与指导对于促进婴幼儿的全面发展和提升学习能力具有重要的意义。

1. 早期发现语言障碍

通过仔细观察婴幼儿的语言行为，照护者可以及早发现婴幼儿在语言发展上存在的问题或障碍。早

期干预对于纠正语言问题尤为重要，因为在婴幼儿的神经系统塑造和连接形成的早期阶段，干预的效果更为显著。

2. 提供个性化指导

观察婴幼儿的语言行为可以帮助照护者了解每个婴幼儿的个体差异。个性化指导能够针对每个婴幼儿的发展阶段和兴趣，提供更加有效和有针对性的学习支持。

3. 促进语言表达和沟通能力

观察与指导可以激发婴幼儿的语言表达和沟通兴趣。照护者鼓励婴幼儿用语言表达想法和情感，有助于他们建立良好的语言基础。

4. 增强听力和理解能力

通过与婴幼儿互动并观察他们的反应，可以帮助他们更好地理解语言和与他人交流。照护者提供清晰的语音和有效的交流方式有助于增强婴幼儿的听力和理解能力。

5. 促进社交技能发展

婴幼儿的语言行为观察与指导也涉及对婴幼儿与他人的互动和社交技能的观察和指导。通过和他人进行交流，婴幼儿可以学会如何在社交场景中更好地理解他人，以及如何表达自己的需求和情感。

6. 建立良好的学习基础

语言是婴幼儿学习的重要工具。通过观察与指导，照护者可以帮助婴幼儿建立良好的语言基础，为后续的学习和认知发展打下坚实的基础。

三、婴幼儿语言行为观察与指导的原则

1. 尊重个体差异原则

每个婴幼儿在语言发展方面存在个体差异。有些婴幼儿在某些方面发展得较为快速，而有些婴幼儿则需要更多时间和支持。照护者要根据每个婴幼儿的个体差异提供个性化的观察与指导，尊重婴幼儿的发展节奏和特点。

2. 倡导非干预原则

观察婴幼儿的语言行为时，照护者应尽量避免干预和打断婴幼儿的自然表达，给予婴幼儿足够的时间和空间，让婴幼儿以自己的方式探索和表达。观察和指导的目的是了解婴幼儿的发展情况，而不是强制性地纠正或干预婴幼儿的语言行为。

3. 提供丰富语言环境原则

照护者为婴幼儿提供丰富多样的语言刺激和环境。这包括与婴幼儿进行互动对话，与婴幼儿一起阅读绘本、唱歌、玩耍和参观有趣的地方等。通过创造丰富的语言环境，照护者可以让婴幼儿有更多的机会听到和学习到新的语言模式和词汇。

4. 给予正向反馈原则

照护者给予婴幼儿正向的反馈，鼓励婴幼儿的努力和进步，以增强婴幼儿的自信心和积极性。照护者使用肯定的语言和表情，对婴幼儿的语言表达给予赞赏和认可，鼓励婴幼儿继续发展和尝试新的语言技能。

5. 跟随婴幼儿兴趣原则

照护者观察婴幼儿的兴趣和好奇心，根据婴幼儿的兴趣提供相关的语言指导和互动。这有助于增强婴幼儿语言学习的积极性和主动性，使得婴幼儿的语言学习更加有趣和有效。

6. 鼓励互动和模仿原则

照护者与婴幼儿进行积极的互动和模仿，回应婴幼儿的语言表达、姿态和面部表情，模仿婴幼儿的声音和语调。这种互动和模仿能够建立起照护者与婴幼儿之间的情感联系和语言连接，促进婴幼儿的语言能力和互动能力发展。

7. 提倡适度挑战原则

照护者在观察与指导中提供适度的挑战，根据婴幼儿的语言发展水平和能力，逐步引入新的语言技能和概念，给予婴幼儿一些挑战，但同时保持挑战的可行性，以保持婴幼儿的兴趣和动力。

四、婴幼儿语言行为观察与指导的方法

1. 进行观察和记录

照护者观察婴幼儿的语言行为，包括婴幼儿的语音发展、词汇使用、语句构建、理解能力和表达能力等，记录婴幼儿的表现和进展，以便对比和评估婴幼儿的语言发展。

2. 提供语言刺激

照护者与婴幼儿进行互动，提供丰富的语言刺激，使用简单、清晰的语言和表达方式与婴幼儿交流，使用重复和模仿的方式帮助婴幼儿学习和掌握新的语言模式和词汇。

3. 利用日常活动

照护者将语言学习融入日常生活和活动中，在洗澡、吃饭、穿衣等日常活动中，使用语言与婴幼儿互动和交流，如用语言描述活动、命名物品、提问或回答问题等，以促进婴幼儿的语言发展。

4. 阅读绘本与讲故事

阅读绘本和讲故事是促进婴幼儿语言发展的有效方式。照护者选择符合婴幼儿年龄的图书，与婴幼儿共同阅读绘本和讲故事，让婴幼儿参与其中，回答问题和描述故事情节。

5. 鼓励唱儿歌

唱儿歌是培养婴幼儿语言能力的有趣方法。唱儿歌可以帮助婴幼儿学习语音、节奏和韵律，同时也能扩展婴幼儿的词汇量和表达能力。

6. 创造语言环境

照护者创造丰富的语言环境，让婴幼儿接触到多样的语言材料和刺激，使用图片、玩具、实物等物品，为婴幼儿提供多样性的语言体验和学习机会。

7. 鼓励模仿和互动

照护者与婴幼儿进行积极的互动和模仿，回应婴幼儿的语言表达、姿态和面部表情，模仿婴幼儿的声音和语调。这种互动和模仿能够激发婴幼儿的兴趣和动力，并促进婴幼儿的语言发展。

8. 给予积极的反馈和赞赏

照护者给予婴幼儿积极的反馈和赞赏，鼓励婴幼儿的努力和进步，使用肯定的语言和表情，对婴幼儿的语言表达给予认可和赞赏，以增强婴幼儿的自信心和积极性。

课堂讨论

托育教师在进行婴幼儿语言行为观察与指导时的注意事项有哪些？

第二节　婴幼儿语音表达行为观察与指导

婴幼儿语音表达行为观察与指导是指对婴幼儿语音表达行为进行观察、分析和指导的过程。婴幼儿语音表达行为观察与指导的目标是帮助婴幼儿建立良好的语言基础，促进婴幼儿语言沟通能力和表达能力的发展。

一、婴幼儿哭泣行为观察与指导

婴幼儿哭泣行为观察与指导是指对婴幼儿哭泣行为进行观察、分析和指导的过程。它涉及照护者对婴幼儿哭泣行为的观察和解读，以了解婴幼儿哭泣的原因、情境和需求，并采取适当的方法来支持和引导婴幼儿的情绪表达和自我调节能力的发展。婴幼儿哭泣行为观察与指导的目标是帮助婴幼儿建立情绪

调节和情感表达的能力，促进婴幼儿的健康发展和与婴幼儿建立良好的情感关系。

（一）婴幼儿哭泣行为概述

婴幼儿哭泣行为是婴幼儿生理和心理需求的表达，婴幼儿可能是因饥饿、疼痛、不适、困惑、孤独、不安或其他需求而哭泣，也可能是因表达情感而哭泣，如表达焦虑、疲惫、不满或寻求安慰等。哭泣在婴幼儿的发展早期是一种正常的反应和生理需求的表达方式。

1. 婴幼儿哭泣行为的定义

婴幼儿哭泣行为是指婴幼儿在表达自己需求、情感和不适时通过发出哭声来沟通和表达的行为。哭泣是婴幼儿最基本的表达方式之一，婴幼儿通过不同的哭声、哭泣的频率、强度和持续时间来传达不同的信息。婴幼儿哭泣行为在不同婴幼儿之间会有差异。有些婴幼儿哭泣频率较高，而有些则相对较低。婴幼儿哭泣的频率、强度和持续时间受到多种因素的影响，包括婴幼儿个体差异、发展阶段、情绪状态、环境刺激和照护者的反应等。

对于婴幼儿的哭泣行为，照护者应该试图理解并提供适当的安抚和支持。哭泣行为是婴幼儿与照护者之间的一种沟通方式，是帮助建立亲子关系和满足婴幼儿的需求。

2. 婴幼儿哭泣行为的种类

（1）饥饿哭泣：婴幼儿感到饥饿时而表现出的哭泣行为，伴随寻找乳头或食物的动作。

（2）疼痛哭泣：婴幼儿感到身体不适或疼痛时而表现出的哭泣行为，伴随面部扭曲、身体扭动或抓握身体部位等表现。

（3）疲劳哭泣：婴幼儿因过度疲劳或需要休息而表现出的哭泣行为，伴随眼睛红润、打哈欠、身体松弛等表现。

（4）不满哭泣：婴幼儿因感到不满、受挫或不舒服而表现出的哭泣行为，伴随不断变化的哭泣音调和频率。

（5）孤独哭泣：婴幼儿感到寂寞或需要陪伴时表现出的哭泣行为，伴随寻找视线和接触的动作。

（6）不安哭泣：婴幼儿感到不安、焦虑或担心时表现出的哭泣行为，伴随哭声变得尖锐或产生紧张情绪、身体紧绷等表现。

3. 婴幼儿哭泣行为发展的里程碑

（1）0～1个月：婴幼儿频繁地哭泣，通常是表达饥饿、不适、疼痛或需要安慰和接触的需求。哭泣无规律，声音较为柔和。

（2）2～3个月：婴幼儿有了不同类型的哭声，如饥饿、疼痛或不满时的哭声不同。婴幼儿会有更多的哭声变化和表情的表现。

（3）4～6个月：婴幼儿哭泣时与周围环境有更多的互动，他们会用哭声来吸引照护者的注意，并会在得到安慰或回应后停止哭泣。

（4）7～36个月：随着婴幼儿语言和认知能力的发展，他们会使用其他沟通形式来表达需求，如通过手势、声音和面部表情等，哭泣行为逐渐减少，而使用其他沟通方式更加频繁。

（二）0～3岁婴幼儿各年龄段哭泣行为观察与指导的要点

1. 0～2个月

（1）行为观察：照护者注意婴幼儿的基本需求，如婴幼儿是否饿了、需要换尿布或感到不适，观察哭泣的频率、音调和持续时间，以便了解婴幼儿的需求。

（2）行为指导：照护者及时回应婴幼儿的哭泣，安抚婴幼儿，为其提供安全感；尝试不同的抱婴幼儿的姿势，轻拍或轻摇婴幼儿，帮助婴幼儿放松和安静下来。

2. 3～6个月

（1）行为观察：照护者寻找婴幼儿哭泣的原因，如婴幼儿是否饿了、疲劳、不适或需要进行社交互动，观察婴幼儿是否用哭泣来吸引注意力和寻求社交互动。

（2）行为指导：照护者鼓励婴幼儿通过面部表情、手势和声音来表达需求，帮助婴幼儿逐渐学会其他沟通方式，建立良好的亲子关系，提供稳定的安全环境。

3. 7～12个月

（1）行为观察：照护者观察婴幼儿哭泣是否与探索欲望和分离焦虑有关，注意婴幼儿在不同情境下的哭泣行为和表情变化。

（2）行为指导：照护者鼓励婴幼儿主动探索和尝试新事物，提供安全的环境和支持，在分离时给予适度的安抚和支持，培养婴幼儿的自主性和信心。

4. 13～36个月

（1）行为观察：照护者观察婴幼儿的哭泣行为是否与情绪表达、自我主张、沟通能力等有关，注意婴幼儿在交往和游戏中的情感表现。

（2）行为指导：照护者帮助婴幼儿学会用语言表达情感和需求，鼓励婴幼儿积极参与社交互动，建立积极的情绪调节和解决冲突能力。

知识链接

托育教师在面对婴幼儿哭泣时的处理方式有哪些？

托育教师在面对婴幼儿哭泣时的处理方式会因情境、教育理念和婴幼儿的需求的不同而有所不同。通常情况下，托育教师的目标是提供安全、支持和温暖的环境，以满足婴幼儿的情感和生理需求。

（1）满足基本需求：婴幼儿哭泣可能是因为他们感到饥饿、困倦、不舒服或需要换尿布等。托育教师通常会检查婴幼儿是否有未满足的基本需求，并及时采取行动来满足这些需求。

（2）提供安抚和安慰：哭泣是婴幼儿表达情感和需求的方式之一。托育教师可以通过拥抱、轻轻摇晃、用语言安抚等方式来安慰婴幼儿，让婴幼儿感到安全和被关心。

（3）观察和倾听：托育教师会注意婴幼儿的哭声，尝试理解婴幼儿哭泣的原因。他们会倾听婴幼儿的声音和观察他们的表情，以更好地理解他们的情感和需求。

（4）建立情感联系：在婴幼儿成长过程中，托育教师与他们建立情感联系非常重要。托育教师积极参与互动，与婴幼儿建立信任和亲近的关系，从而减少焦虑和不安情绪，有助于婴幼儿更好地处理情绪。

二、婴幼儿语音行为观察与指导

婴幼儿语音行为观察与指导是指对婴幼儿语音行为进行观察、分析和指导的过程。它涉及对婴幼儿语音发展的观察和理解，以了解婴幼儿在语音产生、发音、语音模仿等方面的能力和表现，并通过适当的指导方法来支持和促进婴幼儿的语音发展。婴幼儿语音行为观察与指导的目标是帮助婴幼儿建立良好的语音基础，促进婴幼儿的语音产生和发音能力的发展。

（一）婴幼儿语音行为概述

语音行为是人类语言能力的一部分。通过声音的形成和组织，人们能够进行交流和沟通。对于婴幼儿来说，语音行为是其探索和使用语言的重要过程。

1. 婴幼儿语音行为的定义

婴幼儿语音行为是指婴幼儿通过声音、音节等来进行沟通和交流的行为。语音行为是婴幼儿语言发展的重要组成部分，涉及他们的声音产生、音节的组合和语言表达的能力。

婴幼儿的语音行为表现为一系列声音和音节，包括啊、呀、咿呀声、咯咯声等。这些声音和音节是婴幼儿探索声音和语言的途径，同时也是他们表达需求、情感和意图的方式。随着婴幼儿的语言发展，语音行为逐渐进化为更有意义的语言表达，包括词语、短语和句子的发音和组合。婴幼儿逐渐学会并使用语言中的音素、音节和语音规则，以更有效地表达自己的意思。

2. 婴幼儿语音行为的发展阶段

（1）先声阶段（0～2个月）：婴幼儿通过啼哭来表达不适、饥饿、疲劳等需求，他们发出一些非语言性的声音，如咕噜声、吸吮声等。

（2）调音阶段（3～6个月）：婴幼儿控制呼吸和声带，发出一些元音音素，如"啊""呀""喔"等，尝试一些辅音音素，如"咯""呃""嘟"等。

（3）音节阶段（7～12个月）：婴幼儿发出更多的音节组合，尝试形成一些简单的音节串，他们模仿照护者的语音，并尝试重复一些常见的音节组合。

（4）词语阶段（13～18个月）：婴幼儿说出有意义的词语，他们会模仿照护者的发音，并试图用词语来命名身边的事物和表达一些基本需求。

（5）语句阶段（19～36个月）：婴幼儿尝试表达简短的句子，他们的词汇量逐渐扩展，他们能使用更复杂的语言结构，并能够表达更多的意思和情感。

3. 婴幼儿语音行为发展的里程碑

（1）哭声变化（0～2个月）：婴幼儿的哭声会有不同的音调和节奏，以表达不同的需求。

（2）元音音素的出现（3～4个月）：婴幼儿发出一些元音音素，如"啊""呀""喔"等。

（3）辅音音素的尝试（5～6个月）：婴幼儿发出一些辅音音素，如"咯""呃""嘟"等。

（4）重复音节（7～9个月）：婴幼儿重复发出一些音节，如"baba""dada"等。

（5）简单词语的出现（10～12个月）：婴幼儿说出一些简单的词语，如"爸爸""妈妈"等。

（6）多音节组合（13～18个月）：婴幼儿说出两个或更多音节组合形成的词语，如"宝宝""奶奶"等。

（7）两词短语的使用（19～24个月）：婴幼儿使用两个词组成的简短短语，如"我要""不要"等。

（8）句子的构建（25～36个月）：婴幼儿构建更长的句子，并能使用语法规则和复杂的语言结构。

（二）0～3岁婴幼儿各年龄段语音行为观察与指导的要点

1. 0～6个月

（1）行为观察：照护者注意婴幼儿的哭声和笑声，以及对各种元音和辅音音素的尝试发音。

（2）行为指导：照护者回应婴幼儿的哭声和笑声，与婴幼儿进行亲密的互动，为婴幼儿提供丰富的听觉刺激和正确的语言模型。

2. 7～12个月

（1）行为观察：照护者注意婴幼儿模仿简单音节、辅音音素和重复音节的行为。

（2）行为指导：照护者鼓励婴幼儿模仿发音，使用简单音节和词汇与婴幼儿交流。

3. 13～24个月

（1）行为观察：照护者注意婴幼儿使用简单词语和短语表达自己的需求和意愿。

（2）行为指导：照护者积极回应婴幼儿的语言尝试，提供正确的词汇和句子模型，鼓励婴幼儿尝试更多的词汇和不同的句子结构。

4. 25～36个月

（1）行为观察：照护者观察婴幼儿组合多个词语构建更复杂的句子，并使用更多的语法规则的行为。

（2）行为指导：照护者鼓励婴幼儿使用更复杂的句子和语言结构，与婴幼儿进行有意义的对话，向婴幼儿示范正确的语法和词汇。

知识链接

2～3岁婴幼儿掌握的句子有哪些？

2～3岁的婴幼儿正处于语言发展的关键阶段，他们逐渐开始将词语组织成句子，表达更复杂的意思。以下是2～3岁婴幼儿掌握的句子示例。

（1）使用"名词+动词"的句子：例如"我要吃饭。""爸爸走了。""妈妈睡觉。"等。

（2）使用"名词+形容词"的句子：例如"大象很大。""小狗很可爱。""天空是蓝色的。"等。

（3）使用"名词+名词"的句子：例如"汽车路上。""花土里。"等。

（4）使用"动词+副词"的句子：例如"哥哥跑得很快。""妹妹吃得很香。"等。

（5）疑问句：例如"你要吃苹果吗？""这是什么？"等。

（6）否定句：例如"不要这个玩具。""不要哭。"等。

（7）使用连接词的句子：例如"我想要冰激凌，然后去公园玩。""我喜欢吃肉，但不喜欢吃菜。"等。

（8）感叹句：例如"多么漂亮的花啊！""看，彩虹出来了！"等。

（9）与时间有关的句子：例如"昨天我去了动物园。""今天是晴天。"等。

（10）与空间有关的句子：例如"小鸟在天空飞。""猫咪在桌子下面。"等。

三、婴幼儿语调和韵律行为观察与指导

婴幼儿语调和韵律行为观察与指导是指对婴幼儿在语言发展过程中的语调和韵律表现进行观察和分析，并提供适当的指导和支持。它涉及对婴幼儿语音特征、节奏感和表达方式的观察与指导。婴幼儿语调和韵律行为观察与指导的目标是促进婴幼儿在语言发展过程中的语调和韵律表达能力的发展。

（一）婴幼儿语调和韵律行为概述

婴幼儿语调和韵律行为表现为一系列的声调模式、音高变化、语速、停顿和重音的使用。婴幼儿通过调整声调、音高和节奏，以及使用不同的语音强度和延长音节来表达情感、吸引注意力和与他人交流。

1. 婴幼儿语调和韵律行为的定义

婴幼儿语调和韵律行为是指婴幼儿在语言发展过程中表现出来的声音模式、音调、语速、语调和重音的特点。语调和韵律是语言的重要成分，它们赋予语言表达情感、重点和交流的作用。

婴幼儿语调和韵律行为通常与情感和意图紧密相关。当婴幼儿感到高兴或兴奋时，他们会使用较高的声调、较快的语速和连续的音节来表达他们的情感；而当他们感到不安、疲惫或需要关注时，他们会使用低沉的声调、较慢的语速和间隔的音节来表达。随着语言能力的发展，婴幼儿学会使用更复杂的语调和韵律模式。他们模仿成年人的语调、语音节奏和句子结构，以及使用不同语调来表达疑问、陈述、命令和祈使等。

2. 婴幼儿语调和韵律行为的种类

（1）音高变化：婴幼儿在语言表达中会使用不同的音高，包括高音和低音，他们能在发出特定词语或句子的时候提高音高或降低音高。

（2）音调模式：婴幼儿使用不同的音调模式来表达不同的意义或情感，他们使用上升音调来表示疑问，使用下降音调来表示陈述。

（3）重音和节奏：婴幼儿会在一些音节上施加重音，使其在发音中更加突出，他们的语言会表现出一定的节奏感和节拍感。

（4）语速和停顿：婴幼儿的语言表达会有快速或慢速的变化，他们会在适当的位置停顿或拉长某些音节。

（5）语气和情感表达：婴幼儿通过语调和韵律来表达情感和意图，他们会使用特定的语调模式来表达快乐、不满或焦虑等情感。

（6）音素和音节的掌握：婴幼儿在语调和韵律方面的表现涉及对音素和音节的正确掌握和运用，包括发音的准确性和对音节的重音模式的掌握。

名词解释~

音素、音节

在汉语中，音素和音节是重要概念，用来描述汉语中的声音单元和音节结构。

汉语中的音素是用来区分不同词义的最小声音单位。汉语中的音素数量有限，大约有20～30个，具体数量因方言和发音变化而有所不同。以下是一些音素的例子：/b/是"爸爸"中的第一个音；/m/是"妈妈"中的第一个音。

汉语中的音节是由一个或多个音素组成的声音单元。每个汉字可以分解为一个或多个音节，通常包括声母和韵母。例如，汉字"家"可以分解为两个音节：声母/j/和韵母/iɑ/，其中"ia"包含两个元音音素/i/和/ɑ/。

汉语与其他语言不同，因此理解这些概念对于学习汉语的声音系统和发音规则非常重要。

3. 婴幼儿语调和韵律行为发展的里程碑

（1）0～6个月：婴幼儿对声音和语调的敏感性增强，能够辨别和回应不同的语音模式和音高；他们通过哭泣和叫喊来表达不同的需求和情感，如饥饿、不舒服或寂寞；他们会模仿照护者的声音和语调。

（2）7～12个月：婴幼儿发出有音节和重音的咿呀声，探索声音的变化和不同的语音模式；他们使用声音和韵律来表达兴奋、喜悦或不满等情感；他们模仿照护者的语调和韵律，模仿简单的语音模式。

（3）13～18个月：婴幼儿使用简单的音节和词语，并表现出音高和音调的变化；他们的语言具有更强的节奏感和韵律感，他们在语言中使用重音和停顿；他们通过语调和韵律来表达需求和意愿，如请求或拒绝。

（4）19～24个月：婴幼儿增加了词汇量和句子长度，能够使用更多的语调模式和有更多的音高变化；他们使用上升音调表示疑问，使用下降音调表示陈述；他们增强了语言的节奏感，能更加流畅地用语言进行表达和组织语言。

（5）25～36个月：婴幼儿词汇量大幅增加，形成更复杂的句子结构和表达方式；他们使用语调和韵律来表达情感、强调信息和建立语义关系；他们增强了语音的准确性和流畅性，掌握了更多的音节和音素。

（二）0～3岁婴幼儿各年龄段语调和韵律行为观察与指导的要点

1. 0～6个月

（1）行为观察：照护者注意婴幼儿对声音的反应和注意力，包括听到声音后的扭头、注视或微笑等反应，观察婴幼儿的哭泣行为，以了解不同类型的哭声背后的需求和情感。

（2）行为指导：照护者与婴幼儿进行语言互动，包括通过声音、韵律和语调模仿婴幼儿的哭声和咿呀声，提供安抚和与其进行亲密的互动，帮助婴幼儿感受语言和情感的联系。

2. 7～12个月

（1）行为观察：照护者注意婴幼儿发出有音节和重音的咿呀声，以及对不同声音模式的模仿行为，观察婴幼儿的情感表达，包括使用音调和韵律来表达喜悦、兴奋、不满或不安等情感。

（2）行为指导：照护者与婴幼儿进行双向语言互动，回应婴幼儿的咿呀声和声音表达，使用丰富的声音、音调和韵律与婴幼儿进行歌唱、讲故事和对话等活动。

3. 13～18个月

（1）行为观察：照护者注意婴幼儿使用更多的音节和词语，以及对音高和音调的变化的掌握情况，观察婴幼儿在表达需求、意愿和情感时使用的语调和韵律。

（2）行为指导：照护者与婴幼儿进行听音乐和歌唱活动，帮助婴幼儿增强语言的节奏感和韵律感，通过模仿和反馈来指导婴幼儿在语调和韵律上的发展，鼓励婴幼儿尝试新的语音模式和声音变化。

4. 19～24个月

（1）行为观察：照护者注意婴幼儿的语言表达逐渐增加了疑问和陈述的语调模式，观察婴幼儿在语言表达中对节奏感、停顿和语气变化的运用。

（2）行为指导：照护者与婴幼儿进行有趣的对话和互动，引导婴幼儿使用不同的语调和韵律来表达情感、意图和疑问，鼓励婴幼儿参与音乐和舞蹈活动，进一步培养婴幼儿语言的节奏感和韵律感。

5. 25～36个月

（1）行为观察：照护者注意婴幼儿词汇量和句子长度的增加，以及对复杂语调模式的掌握，观察婴幼儿在语言表达中对语气、重音和感情色彩的运用。

（2）行为指导：照护者与婴幼儿进行丰富的语言互动和对话，鼓励婴幼儿使用多样化的语调和韵律来表达自己的意见、想法和情感，为婴幼儿提供丰富的音乐体验和表演机会，帮助婴幼儿进一步发展语调和韵律。

四、婴幼儿自言自语行为观察与指导

婴幼儿自言自语行为观察与指导是指对婴幼儿在语言发展过程中出现的自言自语行为进行观察和分析，并提供适当的指导和支持。自言自语是指婴幼儿在没有实际交流对象的情况下，通过口头表达方式对自己说话或与自己对话的行为。

（一）婴幼儿自言自语行为概述

自言自语行为在婴幼儿的语言发展中十分常见。它是婴幼儿表达自己的思维过程、理解世界和建构内部对话的方式之一。自言自语有助于婴幼儿组织思维、练习语言技能、理解概念和自我调节情绪。

1. 婴幼儿自言自语行为的定义

婴幼儿自言自语行为是指婴幼儿在没有他人参与的情况下，通过发出声音来与自己进行交流和沟通的行为。这种行为通常是婴幼儿在独自玩耍、思考、探索或参与想象活动时出现的。婴幼儿自言自语行为包括对自己说话、低声咕哝、模仿声音或扮演角色等。这些声音可以是清晰可辨的语言片段、词语、音节，也可以是无意义的音节和声音。

婴幼儿的自言自语行为通常在较早的发展阶段出现，随着语言能力的增强和社交互动的增加而逐渐减少。但有些婴幼儿在较长一段时间内仍保持自言自语的习惯。

2. 婴幼儿自言自语行为的种类

（1）咿呀声和嘴唇动作：婴幼儿会发出咿呀声、吱吱声或做嘴唇动作，即使婴幼儿还不能说出具体的词语或句子。

（2）重复语音或音节：婴幼儿会重复某个语音、音节或词语，这有助于婴幼儿掌握和练习语言的发音。

（3）模仿声音：婴幼儿会模仿周围环境中的声音，如动物的叫声等。

（4）自我安慰和情感表达：婴幼儿使用自言自语来安抚自己，表达情感，如哄自己入睡、自我慰藉或表达兴奋等。

（5）角色扮演和想象游戏：在自言自语中，婴幼儿会模仿角色、人物或情节，进行想象游戏，这是婴幼儿发展社交和情绪认知的一部分。

（6）内部思维和问题解决：婴幼儿会在自言自语中进行内部思考、规划行动或解决问题，这有助于婴幼儿发展认知能力和解决困惑的能力。

（7）虚构和创造性表达：在自言自语中，婴幼儿会表达虚构的情节、故事或创造性的想法，展示自己的想象力和创造力。

3. 婴幼儿自言自语行为发展的里程碑

（1）0～6个月：婴幼儿会发出咿呀声、吱吱声或做嘴唇动作，表达对周围声音的兴趣和回应；会使用一些简单的音节或进行声音模仿，尝试模仿照护者的语音。

（2）7～12个月：婴幼儿使用重复音节或词语，例如重复发出"baba""mama"等；会通过自言自语来表达兴奋、满足或不满的情绪，使用咿呀声、吱吱声和简单的嘴唇动作来模仿照护者的语音和声音。

（3）13～18个月：婴幼儿的自言自语变得更加丰富和多样化，使用的音节和词语数量增加，他们会在自言自语中模仿照护者的语音，说出一些简单的句子，模仿照护者的语调和语音模式，通过自言自语来安慰自己或表达情感。

（4）19~24个月：婴幼儿在自言自语中使用的词汇量和句子长度增加，他们使用自言自语来解决问题、模仿角色和情节，进行角色扮演和想象游戏；会进行内部思考和自我对话，尝试解决问题或规划行动。

（5）25~36个月：婴幼儿的自言自语变得更加复杂和连贯，他们使用更多的句子和更复杂的语法结构，在自言自语中表达虚构的情节、故事和创造性的想法，使用自言自语来表达自己的意愿、提出问题和解释观点。

知识链接

婴幼儿自言自语行为与思维内化的关系

婴幼儿自言自语行为与思维内化之间存在密切的关系，这涉及他们的语言发展、认知发展、社会情境和学习、思维内化等多个方面。

（1）语言发展方面：婴幼儿在早期阶段通过自言自语来探索声音和语言的表达方式。这种自我表达有助于婴幼儿逐渐掌握语言的音韵结构、词汇和语法。随着他们的语言能力增强，自言自语逐渐从单纯的语音探索过渡为更有意义的语言表达，反映出他们对世界的理解和思考。

（2）认知发展方面：自言自语行为反映了婴幼儿内心思维的外在表现。初期的自言自语可能是无意识的，但随着认知的发展，它们开始成为婴幼儿处理信息、解决问题和规划行动的方式。婴幼儿通过自言自语来组织想法，提醒自己要做的事情，或者思考复杂的情境。

（3）社会情境和学习方面：婴幼儿自言自语行为在社会情境中起着重要的作用。在与家庭成员、同伴或其他人互动时，他们通过自言自语来表达想法、共享信息，或者参与协作活动。同时，自言自语还可以帮助他们内化他人的指导和语言模式，从而促进他们对知识和技能的学习。

（4）思维内化方面：自言自语是思维内化的一个阶段。随着年龄的增长，婴幼儿逐渐学会将内部思维过程转化为内心的声音，而不再完全依赖于外部的语言表达。这种内化过程是认知和语言发展的重要里程碑，它使婴幼儿能够在头脑中进行更复杂、抽象的思维活动，而无须借助外部的语言表达。

（二）0~3岁婴幼儿各年龄段自言自语行为观察与指导的要点

1. 0~6个月

（1）行为观察：照护者注意婴幼儿对声音的反应，包括婴幼儿对自己声音和环境声音的反应，观察婴幼儿发出的咿呀声和吱吱声，尝试理解婴幼儿的情感和需求。

（2）行为指导：照护者回应婴幼儿的声音，与婴幼儿互动，并模仿婴幼儿的声音和表情，提供丰富的声音刺激，如儿歌和自然声音。

2. 7~12个月

（1）行为观察：照护者注意婴幼儿发出重复的音节、咿呀声和模仿声音的行为，观察婴幼儿在自言自语行为中的表情和身体语言。

（2）行为指导：照护者与婴幼儿进行语音模仿的互动游戏，鼓励婴幼儿模仿不同的声音和语调，提供丰富多样的声音和咿呀声供婴幼儿模仿，以促进婴幼儿的语音发展。

3. 13~18个月

（1）行为观察：照护者注意婴幼儿的自言自语变得更加多样化，使用的音节和词语增多，观察婴幼儿在自言自语中模仿照护者的语音和语调模式。

（2）行为指导：照护者与婴幼儿进行互动和对话，回应婴幼儿的自言自语，对婴幼儿自言自语行为表示感兴趣和理解，为婴幼儿提供丰富多样的语音模式和韵律刺激，如儿歌和韵律游戏。

4. 19~24个月

（1）行为观察：照护者注意婴幼儿的自言自语行为变得更加复杂，使用的词汇量和句子长度增加，观察婴幼儿在自言自语行为中模仿角色、情节和进行想象游戏的具体表现。

（2）行为指导：照护者与婴幼儿进行有趣和有意义的对话，鼓励婴幼儿使用自言自语行为来表达想法和情感，为婴幼儿提供多样化的语音刺激，如诗歌、故事和音乐活动，促进婴幼儿自言自语行为的发展。

5. 25～36个月

（1）行为观察：照护者注意婴幼儿的自言自语行为变得更加复杂和连贯，使用更多的句子和复杂的语法结构，观察婴幼儿在自言自语行为中表达虚构的情节、故事和创造性的想法。

（2）行为指导：照护者与婴幼儿进行有趣和富有想象力的对话，鼓励婴幼儿通过自言自语行为来表达创造性的想法和故事情节，为婴幼儿提供丰富的语言环境和进行互动，以促进婴幼儿的语言能力和自我表达能力的发展。

🔆 **课堂讨论**

自言自语行为在婴幼儿语言发展中的积极意义是什么？消极意义是什么？

第三节 婴幼儿语言理解行为观察与指导

婴幼儿语言理解行为观察与指导是指对婴幼儿在理解语言方面的行为进行观察和分析，并提供适当的指导和支持。婴幼儿语言理解行为观察与指导的目标是促进婴幼儿的语言理解能力和交流能力的发展。

一、婴幼儿物品识别理解行为观察与指导

婴幼儿物品识别理解行为观察与指导是指对婴幼儿在识别和理解物品方面的行为进行观察和提供适当的指导和支持。这涉及观察婴幼儿对不同物品的注意、感兴趣、触摸和探索行为，以及婴幼儿对物品的识别和命名能力。通过观察与指导，照护者帮助婴幼儿发展物品识别和理解的能力，扩展婴幼儿的感知认知和语言表达能力。

（一）婴幼儿物品识别理解行为概述

婴幼儿物品识别理解行为是婴幼儿感知、认知和语言发展的重要组成部分。它对于婴幼儿的日常生活、学习和社交都具有重要意义。通过发展物品识别理解行为，婴幼儿能够更好地理解和适应周围环境，增强自己的认知能力和语言表达能力。

1. 婴幼儿物品识别理解行为的定义

婴幼儿物品识别理解行为是指婴幼儿通过观察、感知和理解物品的特征和功能，对物品进行识别和理解的行为。这包括辨认不同的物品，了解它们的属性、用途和关系，并将其与周围环境和自身经验联系起来。

物品识别理解行为是婴幼儿认知和感知发展的重要组成部分。通过观察和探索物品的形状、颜色、大小、纹理、声音等特征，婴幼儿逐渐学会将物品与特定的词语、概念和功能联系起来。

婴幼儿物品识别理解行为逐渐发展，从最初的简单辨认到逐渐理解物品的功能、分类和相似性。他们通过观察和模仿他人的行为，理解物品的用途和功能，并使用物品参与各种活动。

2. 婴幼儿物品识别理解行为的种类

（1）辨认物品的特征：婴幼儿通过视觉和触觉感知物品的特征，如形状、颜色、纹理等，从而辨认出不同的物品。

（2）分类物品：婴幼儿会将相似的物品归类，建立起物品之间的关联和类别。例如，婴幼儿可以将

玩具分为动物玩具、车辆玩具等。

（3）理解物品的功能和用途：婴幼儿理解物品的功能和用途，即认识到物品的用途和作用。例如，婴幼儿可以理解杯子是用来喝水的，勺子是用来搅拌食物的。

（4）使用物品：婴幼儿使用物品来完成特定的任务或满足特定的需求。例如，婴幼儿能够使用勺子进食，使用笔画画等。

（5）用语言给物品命名：婴幼儿使用语言来命名物品，即引用适当的词汇来指代不同的物品。

3. 婴幼儿物品识别理解行为发展的里程碑

（1）0～6个月：婴幼儿会对周围的物品表现出兴趣，会触摸、抓取和探索物品，他们通过视觉和触觉感知物品的特征，如形状、质地和温度。

（2）7～12个月：婴幼儿会辨认常见的物品，如玩具、家具和食物，他们使用手势和声音来表达对物品的兴趣或需求。

（3）13～18个月：婴幼儿能够辨认并命名一些常见的物品，如球、书、椅子等，他们模仿照护者使用物品的动作，如拿起电话模仿照护者打电话。

（4）19～24个月：婴幼儿能够辨认更多的物品，包括更具体的玩具、动物和食物，他们能够使用物品，如用勺子进食、用牙刷刷牙。

（5）25～36个月：婴幼儿能够辨认和命名更广泛的物品，包括更复杂更抽象的玩具和工具等，他们能够描述物品的特征和用途，如形状、颜色和功能。

知识链接

托育教师如何引导1～3岁婴幼儿辨认和命名更复杂、更抽象的物品？

帮助1～3岁的婴幼儿辨认和命名更复杂、更抽象的物品是一个需要耐心和渐进的过程。托育教师可以使用以下方法。

（1）使用感官刺激：婴幼儿通过观察、触摸、闻味、品尝和听声音等方式来认知世界。托育教师为他们提供各种不同的感官刺激，例如触摸各种纹理的材料、听不同的声音，这有助于他们理解不同物品的属性。

（2）拓展词汇：在日常活动中，托育教师使用丰富的词汇来描述物品，当婴幼儿接触新物品时，使用形容词、颜色词、形状词等来描述物品的特点。例如，用"这是一个大大的红色球"，而不仅仅是"这是一个球"。

（3）对比：通过将新的物品与已知的物品进行对比，托育教师帮助婴幼儿理解它们的不同之处，例如"这个玩具比那个玩具更大，它的形状也不同"。

（4）故事情境：托育教师将物品放入简单的故事情境中。通过故事，婴幼儿可以更好地理解物品的用途和特点。例如，托育教师可以讲一个关于新玩具如何帮助小动物朋友的故事。

（5）亲身示范：托育教师可以将物品的名称和属性用肢体语言、动作和表情示范出来，这有助于婴幼儿更好地理解物品。

（6）重复和强调：重复是巩固记忆的重要方式。托育教师通过反复介绍和提及物品的名称和特点，帮助婴幼儿建立对它们的认知。

（7）创造性玩耍：托育教师利用创造性玩耍的机会，鼓励婴幼儿将不同物品组合在一起，创造出新的场景和故事情境，这有助于他们将不同的概念联系在一起。

（8）适时引导：托育教师适时提问婴幼儿关于物品的问题，鼓励他们思考和表达。例如，"这是什么颜色的？""你觉得这个物品是用来做什么的？"这样的问题可以激发他们思考和促进语言能力的发展。

（9）尊重兴趣：托育教师关注婴幼儿的兴趣，选择与其兴趣相关的更复杂、更抽象的物品。他们对感兴趣的事物更有认知和学习的动力。

（10）家园合作：托育教师和家长合作，了解婴幼儿在家中的兴趣和学习需求，以便在托育环境中更有针对性地引导婴幼儿。

（二）0～3岁婴幼儿各年龄段物品识别理解行为观察与指导的要点

1. 0～6个月

（1）行为观察：照护者注意婴幼儿对周围物品的视觉注意力和触摸兴趣，观察婴幼儿对不同物品的反应和手部探索行为。

（2）行为指导：照护者提供安全、易于抓握的玩具和物品，鼓励婴幼儿通过触摸和探索来认识物品，使用简单且清晰的语言命名物品，与婴幼儿进行互动。

2. 7～12个月

（1）行为观察：照护者注意婴幼儿对常见物品的辨认和兴趣，包括玩具、食物和日常用品等，观察婴幼儿模仿使用物品的动作和手势。

（2）行为指导：照护者提供丰富多样的物品，让婴幼儿识别和辨认不同的物品，使用简单且明确的语言指示，引导婴幼儿模仿使用物品的动作和功能。

3. 13～18个月

（1）行为观察：照护者观察婴幼儿对更多种类物品的辨认和命名，包括具体的玩具、食物和家居用品等，注意婴幼儿对物品功能和用途的理解。

（2）行为指导：照护者提供具有不同形状、颜色和功能的物品，帮助婴幼儿扩展物品识别和理解的范围，与婴幼儿进行语言互动，给物品命名并描述其特征和用途。

4. 19～36个月

（1）行为观察：照护者观察婴幼儿对种类更广泛的物品的辨认和命名，包括更复杂、更抽象的玩具和工具，注意婴幼儿开始使用语言描述物品的特征、用途和功能的行为。

（2）行为指导：照护者提供更多样的和更复杂的物品，帮助婴幼儿进一步发展物品识别和理解能力，与婴幼儿进行对话和讨论，鼓励婴幼儿使用适当的语言词汇来描述物品的特征、用途和功能。

二、婴幼儿日常用语理解行为观察与指导

婴幼儿日常用语理解行为观察与指导是指对婴幼儿在理解日常用语和口头指令方面的行为进行观察，并提供适当的指导和支持。通过观察与指导婴幼儿的日常用语理解行为，照护者可以帮助婴幼儿建立良好的日常用语理解能力，增强婴幼儿对口头指令的敏感性，并促进婴幼儿的语言发展和交流能力的提升。

（一）婴幼儿日常用语理解行为概述

婴幼儿日常用语理解行为是婴幼儿在日常生活中理解和应用口头语言的重要能力。它对于婴幼儿的社交互动和日常生活具有重要意义。通过发展和提升日常用语理解行为，照护者可以使婴幼儿更好地理解和应对日常生活中的口头指令、对话和交流，提高婴幼儿语言沟通的效果和准确性。

1. 婴幼儿日常用语理解行为的定义

婴幼儿日常用语理解行为是指婴幼儿通过听取和理解他人的日常用语，对语言表达的含义和意图进行理解和解释的行为。这包括他们对日常用语的词汇、句子结构、语义和语用的理解。

日常用语理解行为是婴幼儿语言发展的重要组成部分。婴幼儿逐渐学会识别和理解他人的日常用语，包括问候、指令、问题、描述和谈话等。他们理解特定的词语和短语的意义，理解句子的语法结构和语义关系，并能够根据上下文推断说话人的意图和传达的信息。

婴幼儿日常用语理解行为逐渐发展，从最初的理解简单词语到逐渐理解更复杂的句子和语篇。他们

可以根据语言输入和上下文理解指令、问题和故事情节，并能够做出适当的回应。

2. 婴幼儿日常用语理解行为的种类

（1）物体识别：婴幼儿能够理解和识别日常生活中的物体，包括常见的玩具、食物、动物等。

（2）动作指令理解：婴幼儿能够理解口头指令中涉及的动作，例如"拿来""给我""坐下"等。

（3）日常指令理解：婴幼儿能够理解一些日常生活中的指令，如"洗手""穿鞋""吃饭"等。

（4）情绪表达理解：婴幼儿能够理解他人口头表达的情绪，例如听到"高兴""生气""累了"等词语时能够理解其意义。

（5）人称代词理解：婴幼儿能够理解和识别一些人称代词，如"我""你""他/她"等，以理解对话中的参与者。

（6）指示代词理解：婴幼儿能够理解和识别一些指示代词，如"这个""那个""这边""那边"等，以理解物体的位置和方向。

3. 婴幼儿常用语理解行为发展的里程碑

（1）0～6个月：婴幼儿对语言声音表现出兴趣，能够区分语言声音和非语言声音；能够通过听觉定向的方式对声音产生反应，例如转头或注视声音来源。

（2）7～12个月：婴幼儿能够辨认熟悉的人称代词，如"我""你"等，并对其产生反应；能够理解简单的指令，如"给我""拿来"等，并能够做出相应的动作。

（3）13～18个月：婴幼儿能够理解和识别一些常见的物体名称，如"球""狗""书"等；能够理解一些日常生活中的简单指令，如"吃饭""睡觉"等，并能够配合做出相应动作。

（4）19～24个月：婴幼儿能够理解更多的物体名称和动作指令，包括具体的玩具、食物和日常活动，如"喝水""刷牙"等；能够理解一些简单的问题，如"你要什么？""哪个是红色的？"等，并能够做出回答。

（5）25～36个月：婴幼儿能够理解种类更广泛的物体名称和动作指令，如"自行车""大象""穿上雨衣"等；能够理解更复杂的问题和指令，如"你为什么哭了？""帮我找一本书并放在书架上"等，并能够做出适当回答和行动。

（二）0～3岁婴幼儿各年龄段日常用语理解行为观察与指导的要点

1. 0～6个月

（1）行为观察：照护者注意婴幼儿对语言声音的反应，包括注视、转头等，观察婴幼儿对不同声音的区分和辨认能力。

（2）行为指导：照护者提供丰富的语言刺激，如使用温柔的语调和简单的词语与婴幼儿互动，鼓励婴幼儿与他人进行眼神交流和面部表情的互动，以增强婴幼儿语言理解能力和奠定婴幼儿与他人交流的基础。

2. 7～12个月

（1）行为观察：照护者注意婴幼儿对熟悉的人物名称和简单指令的反应，如"妈妈""拿来"等，观察婴幼儿的动作回应和理解能力，看其是否能正确执行简单的指令。

（2）行为指导：照护者使用简单的、明确的口头指令与婴幼儿互动，例如"给我玩具""来这边"等，以促进婴幼儿对日常用语的理解和回应；肢体动作和示范来加强婴幼儿对指令的理解，并帮助婴幼儿做出相应的动作。

3. 13～18个月

（1）行为观察：照护者观察婴幼儿对种类更广泛的物体名称和日常指令的理解能力，注意婴幼儿对简单问题的回答和理解情境的能力。

（2）行为指导：照护者提供多样化的日常用语刺激，如命名物品、发出指令和提问等，以帮助婴幼儿增强日常用语理解能力；鼓励婴幼儿回答简单的问题，为婴幼儿提供正面反馈和鼓励，以增强婴幼儿的语言表达和理解能力。

4. 19～24个月

（1）行为观察：照护者观察婴幼儿对更复杂物体名称和指令的理解和回应，注意婴幼儿对复杂问题和情境的理解能力。

（2）行为指导：照护者使用更具体和复杂的语言表达与婴幼儿互动，如描述物体特征、提问有关情境的问题等，以促进婴幼儿的日常用语理解和表达能力的进一步发展；与婴幼儿进行交流和对话，鼓励婴幼儿回答复杂的问题，提供适当的反馈和引导。

知识链接

1.5～3岁婴幼儿较1.5岁前婴幼儿对复杂问题和情境的理解能力有哪些进步？

尽管仍然受到认知发展的限制，1.5～3岁婴幼儿相较于1.5岁前婴幼儿，在对复杂问题和情境的理解能力上可能有一些明显的进步，具体如下。

（1）增强的语言理解能力：1.5～3岁婴幼儿的语言理解能力会得到显著的提升，他们能够更好地理解更复杂的语言结构和指令并做出回应，能够辨认更多的词汇。

（2）复杂情境的模仿：1.5～3岁婴幼儿通常更能够模仿和参与更复杂的角色扮演，他们能够在玩耍中模拟真实生活情境，表现出对这些情境的理解。

（3）多步骤解决问题：1.5～3岁婴幼儿能够处理稍微复杂一些的问题，这一过程可能包含多个步骤。例如，他们能够跟随简单的指令完成一系列的动作。

（4）注意到因果关系：1.5～3岁婴幼儿能注意到更多的因果关系，即某些事件如何影响其他事件，他们能够理解一些基本的因果关系，虽然仅限于直接的影响。

（5）情绪理解和表达：婴幼儿在1.5～3岁时不仅能更好地理解自己的情绪，还能理解他人的情绪，他们会采用适当的方式来安抚他人或分享自己的情绪。

（6）关注和理解社会情境的意识：1.5～3岁婴幼儿更加关注和理解社会情境，会展现出对社会规范和期望的一定程度的理解。

（7）简单的推理能力：1.5～3岁的婴幼儿在某些情况下展现出简单的推理能力。例如，他们能够通过观察得出一些基本的结论。

（8）理解的持久性：与1.5岁前婴幼儿相比，1.5～3岁婴幼儿更能在短期内保持对事件和情境的理解，他们的注意力和记忆能力有所提升。

尽管1.5～3岁婴幼儿的认知能力不断增强，但他们的认知发展仍然受到一些限制，他们的思维仍然主要基于感性经验和直觉，而不是抽象推理。

5. 25～36个月

（1）行为观察：照护者观察婴幼儿对种类更广泛的物体名称、指令的理解能力和对问题的回答能力，注意婴幼儿在情境中理解和运用日常用语的能力。

（2）行为指导：照护者输入丰富多样的语言，与婴幼儿进行复杂的对话和讨论，促进婴幼儿日常用语理解和表达能力的进一步发展，鼓励婴幼儿参与角色扮演和情境重现活动，以帮助婴幼儿将日常用语与情境联系起来，并进行实际应用。

三、婴幼儿动作指示理解行为观察与指导

婴幼儿动作指示理解行为观察与指导是指对婴幼儿在理解和执行动作指令方面的行为进行观察和提供适当的指导和支持。通过观察与指导婴幼儿的动作指示理解行为，照护者可以帮助婴幼儿建立良好的动作指令理解能力，增强婴幼儿对口头指令的敏感性，并促进婴幼儿语言的发展和运动控制能力的提升。

（一）婴幼儿动作指示理解行为概述

婴幼儿动作指示理解行为在日常生活中起着重要的作用，它涉及婴幼儿对指令的理解，以及对指令所涉及动作的控制和执行。通过发展和提升动作指示理解行为，婴幼儿能够更好地理解和应对日常生活

中的指令和任务，增强语言和运动协调的能力，以及增强社交交流能力和日常生活技能。

1. 婴幼儿动作指示理解行为的定义

婴幼儿动作指示理解行为是指婴幼儿通过听取和理解他人的动作指示，能够执行相应的动作要求的行为。这包括他们对动作指示的理解、记忆和执行。

动作指示理解行为是婴幼儿认知和语言发展的重要组成部分。通过照护者的口头或非口头指示，婴幼儿逐渐学会理解和执行简单的动作指示，如"给我拿一本书""坐下""伸出手"等。他们能够理解和记住特定的动作指示，然后通过自己的动作来响应。随着婴幼儿认知的发展和语言能力的增强，他们能够理解更复杂的动作指示，包括多步骤的指示和具有语境的指示。他们根据口头指示、手势、表情和上下文来理解动作指示，并通过动作来展示他们对动作指示的理解和响应。

2. 婴幼儿动作指示理解行为的种类

（1）简单指示理解：在婴幼儿早期，他们开始理解一些基本的、简单的指示，如"来这边""给我玩具"等。这些指示通常涉及身边的物品或动作。

（2）复杂指示理解：随着婴幼儿的发展，他们能够理解更复杂的指示，涉及多个步骤或动作的组合。例如，"把书放在桌子上，然后坐在椅子上"。

（3）时间性指示理解：随着年龄的增长，婴幼儿开始理解与时间相关的指示，如"等一下""马上就要吃饭了"等。

（4）方向性指示理解：婴幼儿逐渐能够理解与方向相关的指示，如"走到前面""放到后面的椅子上"等，这涉及对空间和方向的理解。

（5）概念性指示理解：随着认知能力的提高，婴幼儿能够理解一些抽象概念，如"找一个大的""给我一个红色的"等，这需要他们理解和应用颜色、大小等概念。

（6）自我指示理解：婴幼儿逐渐理解自己的指示。例如，他们可以回应"给自己穿衣服""去洗手"等指示。

3. 婴幼儿动作指示理解行为发展的里程碑

（1）0～6个月：婴幼儿能够对声音产生反应，如转头或注视声音来源；他们对身体的基本动作有一定的理解，如张开嘴巴准备吃奶。

（2）7～12个月：婴幼儿能够理解一些简单动作指令，如"来""拿""给我"等，并能够做出相应动作予以回应；能够模仿一些简单动作，如拍手、挥手等。

（3）13～18个月：婴幼儿能够理解更多的动作指令，如"坐下""站起来""丢掉"等，并能够执行相应的动作；能够理解日常生活中的一些常见动作指令，如"洗手""吃饭""睡觉"等，并能够做出相应的动作。

（4）19～24个月：婴幼儿能够理解更多复杂的动作指令，如"把玩具放到盒子里""擦嘴巴""把球踢过来"等，并能够执行相应的动作；能够学习更多复杂的动作，如扫地、穿衣服等。

（5）25～36个月：婴幼儿能够理解和执行种类更广泛的动作指令，包括复杂的动作组合和顺序，如"拿起书放到书架上""先洗手再吃饭"等；能够理解更复杂的指令和任务，如"整理玩具""穿衣服系鞋带"等，并能够逐步独立地完成这些任务。

（二）0～3岁婴幼儿各年龄段动作指示理解行为观察与指导的要点

1. 0～6个月

（1）行为观察：照护者注意婴幼儿对声音的反应，如转头、注视或表情变化等，以判断婴幼儿是否对动作指示有一定的感知和产生注意，观察婴幼儿是否能够根据声音和视觉提示做出一些简单的动作回应，如伸手抓取物体。

（2）行为指导：照护者使用简单、明确的动作指示与婴幼儿进行互动，如"抱抱""摇摇手"等，以帮助婴幼儿建立基本的动作指示理解能力，结合肢体语言和示范来加强婴幼儿对动作指示的理解和回应。

2. 7～12个月

（1）行为观察：照护者观察婴幼儿对种类更广泛的动作指示的理解和回应，包括日常活动指示和简单的动作模仿，注意婴幼儿的动作执行是否准确和连贯。

（2）行为指导：照护者使用清晰、简单的语言表达与婴幼儿进行互动，鼓励婴幼儿模仿和执行简单的动作指示，结合肢体语言、手势和示范来帮助婴幼儿理解和执行动作指示。

3. 13～18个月

（1）行为观察：照护者观察婴幼儿对更复杂的动作指示的理解和回应，包括日常活动指示和模仿动作指示，注意婴幼儿对多个动作指示的顺序和组合的理解和执行。

（2）行为指导：照护者使用简洁、明确的语言与婴幼儿互动，提供更复杂的动作指示，逐步增强婴幼儿的动作指示理解和执行能力，结合肢体语言、手势和示范来帮助婴幼儿理解和执行更复杂的动作指示，注意动作指示的顺序和组合。

4. 19～24个月

（1）行为观察：照护者观察婴幼儿对种类更广泛的动作指示的理解和回应，包括日常活动指示、模仿动作指示和复合动作指示，注意婴幼儿动作执行的准确性和流畅性。

（2）行为指导：照护者提供多样化的动作指示刺激，以促进婴幼儿动作指示理解和执行能力的发展；鼓励婴幼儿参与角色扮演和情境重现活动，以帮助婴幼儿将动作指示与实际情境相联系，并进行实际应用。

5. 25～36个月

（1）行为观察：照护者观察婴幼儿对更复杂动作指示的理解和回应，包括日常活动指示、模仿动作指示和复合动作指示，注意婴幼儿动作执行的准确性、流畅性和自主性。

（2）行为指导：照护者提供丰富多样的动作指示，涉及日常活动、角色扮演和情境任务等，以进一步发展婴幼儿动作指示理解和执行能力；鼓励婴幼儿独立完成动作指示，为婴幼儿提供适当的支持和反馈，帮助婴幼儿发展自主性和自信心。

四、婴幼儿指代理解行为观察与指导

婴幼儿指代理解行为观察与指导是指对婴幼儿在理解和使用指示代词（如"这个""那个""他""她"等）时的行为进行观察和提供适当的指导和支持。它涉及婴幼儿对指示代词的语义理解和运用，以及婴幼儿在交流中准确指代对象的行为。通过观察与指导婴幼儿的指代理解行为，照护者可以帮助婴幼儿建立准确的指示代词理解和使用能力，增强婴幼儿在交流中表达和理解的准确性，并促进婴幼儿语言能力的发展和交流技能的提升。

（一）婴幼儿指代理解行为概述

指代理解行为在婴幼儿语言和交流中起着重要的作用。它使婴幼儿能够有效地使用指示代词来简化语言表达和指称特定对象或人物，从而增强交流的流畅性和有效性。

1. 婴幼儿指代理解行为的定义

婴幼儿指代理解行为是指婴幼儿理解和使用指示性语言，将词语、短语或手势与特定的对象、人物或事件相对应的行为。它涉及婴幼儿理解和使用指示代词、名词和手势等来指示或引用特定的对象或人。

指代理解行为是婴幼儿语言和认知发展的重要组成部分。婴幼儿逐渐学会将特定的词语或手势与现实中的人物、事件联系起来，并理解这些指示的意义。例如，当婴幼儿听到"这个"或看到照护者指向一个对象时，他们能够理解这个词语或手势所指代的具体对象。随着婴幼儿语言能力和认知能力的增强，他们能够理解更复杂的指代关系，包括使用指示代词来指代人或物体，使用名词来指示具体的对象，使用指示代词来引用特定的事件或位置等。

2. 婴幼儿指代理解行为的种类

（1）直接指代：婴幼儿能够理解和使用指示代词来直接指代特定的对象或人物，他们理解并使用指示代词"这个""那个"来指代身边的对象或人物。

（2）间接指代：婴幼儿能够理解和使用指示代词来间接指代特定的对象或人物，他们使用指示代词"他""她"来指代特定的人，而不直接提及人的名字。

（3）动态指代：婴幼儿能够理解和使用指示代词来指代正在进行的动作或事件，他们使用指示代词"它"来指代正在玩的玩具，或使用指示代词"那个"来指代正在发生的事情。

（4）词组指代：婴幼儿能够使用指示代词与其他词组进行联合指代，他们使用指示代词"这只""那条小狗"来指代特定的小狗。

（5）情景指代：婴幼儿能够根据情景和上下文来理解和使用指示代词，他们根据语境和交流情境来准确理解和使用指示代词。

3. 婴幼儿指代理解行为发展的里程碑

（1）0～6个月：婴幼儿能够注意到他人并与其对视，对他人的声音和面部表情做出反应；他们意识到照护者是与自己有特殊联系的人，可能表现出对其的关注和喜欢。

（2）7～12个月：婴幼儿能够理解和回应一些简单的指示语言，如"给我""拿来"等；能够听懂自己的名字并做出回应，表现出对自我指代的认知。

（3）13～18个月：婴幼儿能够使用一些简单的指示代词，如用"这个""那个"来指代物体；能够区分自己和他人，并使用相应的指示代词来指代自己和他人。

（4）19～24个月：婴幼儿能够使用一些简单的人称代词，如"我""你""他""她"来指代自己和他人；能够使用一些简单的词组来指代特定的物体或人，如"那个小猫""这个大球"等。

（5）25～36个月：婴幼儿能够理解和使用一些复杂的指示代词来指代特定的物体或人；能够理解和使用指示代词来指代正在进行的动作或事件，如"它在跑""那个人在做饭"等。

（二）0～3岁婴幼儿各年龄段指代理解行为观察与指导的要点

1. 0～6个月

（1）行为观察：照护者观察婴幼儿的注意力和反应，包括对声音和面部表情的反应，以了解婴幼儿对他人的指代行为的注意程度。

（2）行为指导：照护者与婴幼儿进行亲密互动，使用自己的声音和面部表情与婴幼儿建立联系，并使用直接指代行为来吸引婴幼儿的注意力。

2. 7～12个月

（1）行为观察：照护者观察婴幼儿对简单指示的理解和回应，包括对于"给我""拿来"等指示的反应。

（2）行为指导：照护者使用简单的指示引导婴幼儿的行为，例如请求婴幼儿"给我"或"拿来"特定的物体，帮助婴幼儿理解和使用指示。

3. 13～18个月

（1）行为观察：照护者观察婴幼儿区分自己和他人的意识，并观察婴幼儿使用人称代词的能力。

知识链接

照护者如何观察婴幼儿区分自己和他人的意识？

照护者使用以下细致的观察方法可以了解婴幼儿区分自己和他人的意识。

（1）镜子反应：照护者使用镜子，观察婴幼儿是否能够认出自己的镜像。婴幼儿在1.5～2岁时就能认识到镜子里的镜像是他们自己。

（2）指认自己和他人：照护者引导婴幼儿指认自己和他人，观察他们是否能够正确地指认自己的名字、照片，以及区分其他家庭成员或照护者的名字。

（3）角色扮演：照护者观察婴幼儿在玩耍中是否会模仿不同角色，如自己、照护者、娃娃等，他们是否会模仿不同角色的行为和情感。

（4）情感表达：照护者观察婴幼儿是否展现出对自己和他人不同情感的表达，他们是否会在面对不同人或情境时表现出不同的情绪，如笑、哭、害羞等。

（5）社交互动：照护者注意观察婴幼儿与不同人之间的互动，他们是否会与亲近人有别的社交行为，如寻求安慰或分享玩具。

（6）身体意识：照护者观察婴幼儿是否能够辨认自己的身体部位，如头、手、脚等。

（7）言语和表达：照护者注意婴幼儿是否能使用言语来描述自己和他人，他们是否会使用一些人称代词，如"我"和"你"，来区分自己和他人。

（8）共鸣和理解：照护者观察婴幼儿是否能够理解他人的情感和需求，以及是否表现出对他人情绪的关注。

（9）自我意识的发展：随着年龄的增长，照护者观察婴幼儿是否会逐渐展现出更深层次的自我意识，如对自己特点、喜好和意愿的认知。

（2）行为指导：照护者在日常交流中强调婴幼儿和他人的区别，使用适当的人称代词指代自己和他人，并鼓励婴幼儿模仿和使用这些代词。

4. 19～24个月

（1）行为观察：照护者观察婴幼儿使用词组指代的能力，包括使用词组指代特定的物体或人。

（2）行为指导：照护者在交流中使用词组指代，并引导婴幼儿使用适当的词组指代，如"那个小猫""这个大球"等。

5. 25～36个月

（1）行为观察：照护者观察婴幼儿对复杂指示代词和动态指代的理解和使用能力。

（2）行为指导：照护者示范使用复杂的指示代词和动态指代，并鼓励婴幼儿使用这些指示代词来指代特定的物体或人，以及正在进行的动作或事件。

名词解释~

复杂的指示代词和动态指代

（1）复杂的指示代词是指那些具有更高要求的，可能涉及多个对象、人物或语境的指示代词。观察婴幼儿对这些复杂指示代词的理解和正确使用能力，可以了解他们是否能够准确地将指示代词与相应的对象或人物联系起来，并理解其所代表的具体意义。

（2）动态指代是指在语言交流中指代特定的动作、事件或位置。观察婴幼儿对动态指代的理解和使用能力，可以了解他们是否能够理解和使用语言来指代特定动作、事件或位置，以及是能够通过语言来展示他们的理解和反应。

课堂讨论

托育机构如何引导婴幼儿正确理解和使用指示代词？

第四节　婴幼儿手势和身体语言行为观察与指导

婴幼儿手势和身体语言行为观察与指导是指对婴幼儿在日常活动中展示的手势和身体语言进行观察与指导的过程。婴幼儿通过手势和身体语言表达自己的需求、情感和意图，而观察和指导旨在帮助婴幼儿更好地理解和运用这些表达方式。

一、婴幼儿眼神交流行为观察与指导

婴幼儿眼神交流行为观察与指导是指对婴幼儿在沟通和表达时的眼神交流行为进行观察和指导的过程。

（一）婴幼儿眼神交流行为概述

眼神交流是通过目光接触和眼神追踪来传递信息、表达情感和建立联系的一种非语言沟通方式。眼神交流在人类社会中扮演着重要的角色。它是非语言沟通的一部分，可以与口头语言一起使用，也可以作为独立的沟通方式使用。眼神交流有助于婴幼儿情感的交流、社交技能的培养和人际关系的建立。

1. 婴幼儿眼神交流行为的定义

婴幼儿眼神交流行为是指婴幼儿通过目光接触和眼神追踪来与他人进行沟通和交流的行为。眼神交流是一种非语言性的沟通方式，通过目光接触和眼神追踪来传达情感、需求、关注和互动的意图。

眼神交流是婴幼儿早期社交互动和交流的重要形式。婴幼儿通过注视和与他人建立眼神接触表达自己的情感和需求，并与他人建立情感联系和产生互动。他们能够通过追踪他人的眼睛参与互动和关注他人的目标或活动。

眼神交流对婴幼儿的社会和认知发展至关重要。它有助于亲密关系的建立、情感的交流和相互理解。眼神交流还可以帮助婴幼儿发展注意力、理解他人的意图和情感，并促进他们的语言和社交能力的发展。

2. 婴幼儿眼神交流行为的种类

（1）注视和目光追踪：婴幼儿注视感兴趣的人或物体，并通过目光追踪它们的移动。这种注视和目光追踪行为表明了婴幼儿的关注和注意。

（2）眼神接触：婴幼儿有意识地与他人进行眼神接触，通过与他人建立眼神接触来传递信息、表达兴趣或建立联系。

（3）眨眼：婴幼儿的眨眼行为可以传达不同的意义，例如眨眼可以表示对某个刺激的反应、疲劳或与他人建立更深的情感联系。

（4）放大眼睛：婴幼儿通过放大眼睛来表达兴奋、好奇或惊讶的情感。

（5）眼神焦点：婴幼儿会将他们的眼神集中在特定的目标上，例如关注特定的玩具或人物。

（6）眼睛变化：婴幼儿的眼睛可以在不同情绪或情境下发生变化，例如眼睛的明亮度、眼睛的方向可以根据婴幼儿的情感状态而变化。

3. 婴幼儿眼神交流行为发展的里程碑

（1）0～6个月：婴幼儿能够注视感兴趣的人或物体，并能够追随目光，他们有意识地与他人进行眼神接触，通过注视对方的眼睛来建立联系。

（2）7～12个月：婴幼儿能够与他人进行目光交换，回应他人的注视，并理解眼神交流的重要性，他们使用眨眼和眼神表情来表达情感，例如兴奋、好奇、疲劳等。

（3）13～18个月：婴幼儿喜欢参与眼神追逐游戏，通过注视和追随他人的目光来互动和建立联系；能够使用眼神引起他人的注意，例如通过注视特定物体来表达需求或兴趣。

（4）19～24个月：婴幼儿使用眼神指示方向，通过注视特定方向来引导他人的行为或关注，他们的眼神交流逐渐变得更加复杂和多样化，可以表达更丰富的情感和意图。

（5）25～36个月：婴幼儿通过眼神交流能够更准确地表达自己的情感和意图，例如通过目光接触和表情来表示喜爱、不满或兴奋；随着语言能力的发展，婴幼儿将眼神交流与口头语言结合使用，以更有效地与他人进行沟通和交流。

（二）0～3岁婴幼儿各年龄段眼神交流行为观察与指导的要点

1. 0～6个月

（1）行为观察：照护者注意婴幼儿的注视和目光追踪行为，观察婴幼儿是否能够注视和追随感兴趣的人或物体，观察婴幼儿的眨眼和眼神表情，留意婴幼儿通过眼神对不同刺激的反应和情感表达。

（2）行为指导：照护者与婴幼儿进行面对面的互动，通过注视和微笑来吸引婴幼儿的目光，并与婴幼儿建立眼神接触，回应婴幼儿的眨眼和眼神表情，例如通过声音和面部表情来表达对婴幼儿情感的理解和回应。

2. 7～12个月

（1）行为观察：照护者观察婴幼儿的目光交流行为，留意婴幼儿是否能够与他人进行目光交流，并回应他人的注视；注意婴幼儿的眼神示意行为，观察婴幼儿是否能够通过注视特定物体或人来引起他人的注意。

（2）行为指导：照护者与婴幼儿进行眼神交流互动，回应婴幼儿的目光交流，并通过注视和表情来传达理解和关注，引导婴幼儿使用眼神引起他人的注意，例如通过注视特定物体或人来表达需求或兴趣。

3. 13～18个月

（1）行为观察：照护者观察婴幼儿的眼神指示方向行为，注意婴幼儿是否能够通过注视特定方向来引导他人的行为或关注；注意婴幼儿的眼神表情，观察婴幼儿在眼神交流中表达的情感和意图。

（2）行为指导：照护者响应婴幼儿的眼神指示方向行为，例如回应婴幼儿的注视并关注婴幼儿所指的方向或物体，鼓励婴幼儿的眼神表情，通过模仿和回应婴幼儿的眼神表情来加强眼神交流的互动效果。

4. 19～36个月

（1）行为观察：照护者注意婴幼儿眼神交流的复杂性增强，观察婴幼儿在不同情境和情感状态下的眼神表情和目光方向变化，观察婴幼儿结合语言进行眼神交流的情况，留意婴幼儿如何将眼神交流与口头语言相结合。

（2）行为指导：照护者继续与婴幼儿进行积极的眼神交流互动，回应婴幼儿的眼神表情和目光方向变化，鼓励婴幼儿将眼神交流与口头语言结合使用，例如通过注视和眼神表情来支持婴幼儿的语言表达和沟通，引导婴幼儿学习通过眼神交流来理解他人的意图和情感，例如通过注视和观察他人的眼神来获取信息和理解他人的感受。

知识链接

婴幼儿眼神交流是否存在关键期?

婴幼儿眼神交流在发展过程中存在关键期，这个阶段通常被称为"共注意"或"共鸣"的阶段。这个关键期发生在婴幼儿的生命早期，通常在婴幼儿出生后的头几个月到1岁之间。在这个阶段，婴幼儿开始通过眼神交流来建立和维持与照护者及周围环境的联系。

尽管关键期在婴幼儿发展过程中的重要性很强，但这并不意味着婴幼儿在关键期后就无法发展有效的眼神交流能力。婴幼儿的发展是一个动态的过程，在适当的环境刺激和支持下，他们可以在关键期之后继续发展眼神交流能力，尽管可能需要更多的时间和努力。为了促进婴幼儿眼神交流能力的发展，照护者应提供温暖、充满爱意和亲密的互动环境。

二、婴幼儿示意性手势行为观察与指导

婴幼儿示意性手势行为观察与指导是指对婴幼儿在沟通和表达需求时使用的示意性手势进行观察和指导的过程。观察婴幼儿的示意性手势行为包括留意婴幼儿的手势动作、手指指向、挥手动作等，以了解婴幼儿想要表达的意思和需求。指导婴幼儿的示意性手势行为涉及向婴幼儿示范和教授一些常见的示意性手势，以帮助婴幼儿表达自己的需求和意图。

（一）婴幼儿示意性手势行为概述

示意性手势有助于婴幼儿与他人进行有效的沟通和交流。它们帮助婴幼儿表达自己的需求和欲望，减少与他人的沟通障碍，增加互动的机会。示意性手势还可以促进婴幼儿的语言发展，帮助他们建立语言和意义之间的联系。

1. 婴幼儿示意性手势行为的定义

婴幼儿示意性手势行为是指婴幼儿使用手部动作或手势来表达意图、需求或引起他人注意的行为。这些手势可以是婴幼儿自己创造的、个性化的手势，也可以是社会化的、被广泛接受的手势。

示意性手势是婴幼儿早期沟通和交流的一种重要方式。由于婴幼儿的语言能力有限，他们通过示意性手势来表达自己的需求、意愿、兴趣或引起他人的注意。这些手势包括伸手要求拿东西、挥手表示再见、指代特定的物体或人物、拍手表示喜悦等。

2. 婴幼儿示意性手势行为的发展阶段

（1）前手势阶段（0～6个月）：婴幼儿通过肢体动作、面部表情和哭声等来表达需求和情感，尚未发展出明确的手势行为。

（2）单一手势阶段（7～9个月）：婴幼儿展示单一手势来表达特定的需求。例如，伸手表示要某个物品、抓取动作表示想要某个玩具。

（3）手势组合阶段（10～12个月）：婴幼儿将多个手势组合在一起，形成更复杂的表达，他们结合手势和眼神或声音更准确地表达自己的需求。

（4）独立手势阶段（13～18个月）：婴幼儿使用独立的手势来表达自己的意图，而不再依赖其他沟通方式，他们会使用多个手势并在适当的时候使用。

（5）调整和发展阶段（19个月以上）：婴幼儿继续发展和调整他们的手势表达方式，他们会增加新的手势，改变旧有的手势，以更好地满足自己不断发展的需求和沟通能力。

3. 婴幼儿示意性手势行为发展的里程碑

（1）0～6个月：婴幼儿能够注视感兴趣的人或物体，能有意识地握持小物品，并将它们放入嘴里。

（2）7～12个月：婴幼儿会伸出手臂，示意他们想要某个物品；会挥动手臂，表示告别或打招呼；会使用手指或手掌指向感兴趣的物体或人；会用手指或手掌模仿抓取动作，表示想要某个物品。

（3）13～18个月：婴幼儿会举起手臂，示意他们想要被抱起或抱紧；能够拍打自己的手掌，表达兴奋、赞美或期待；会左右摇头，表示不满意、不喜欢或拒绝。

（4）19～24个月：婴幼儿会将手臂伸直，表示要求参与活动；会使用手臂或手掌推开物体或人，表示不想要或不喜欢；会伸出手臂示意想要拥抱。

（5）25～36个月：婴幼儿会使用手势指示方向，例如指向门或窗户；会举起手掌，表示停止或等待；会使用手势示意他们想再次做某件事或玩某个游戏。

（二）0～3岁婴幼儿各年龄段示意性手势行为观察与指导的要点

1. 0～6个月

（1）行为观察：照护者注意婴幼儿的注视和目光追踪行为，看婴幼儿是否能够注视和追随感兴趣的人或物体，观察婴幼儿的手掌和手指活动，注意婴幼儿是否能够握持和抓住物品，留意婴幼儿是否尝试用手部动作来与周围的环境互动。

（2）行为指导：照护者对婴幼儿的注视和目光追踪行为给予积极的反馈，通过眼神交流和微笑来建立联系，提供适合婴幼儿握持和抓住的玩具，鼓励婴幼儿进行手部活动和探索，回应婴幼儿尝试与周围环境互动的手部动作，例如回应婴幼儿的伸手示意。

2. 7～12个月

（1）行为观察：照护者注意婴幼儿的伸手和挥手行为，观察婴幼儿是否用手势来表达需求或打招呼；观察婴幼儿的指示性手势，看婴幼儿是否能够用手指或手掌指向感兴趣的物体或人；留意婴幼儿的抓取手势，观察婴幼儿是否使用抓取动作来表示想要某个物品。

（2）行为指导：照护者响应婴幼儿的伸手和挥手行为，例如给予物品或亲切的招呼；鼓励婴幼儿使用指示性手势，例如指向感兴趣的物体或人；同时给予积极的反馈和关注，提供适合婴幼儿抓取的玩具，鼓励婴幼儿使用抓取动作来表达需求。

3. 13～18个月

（1）行为观察：照护者观察婴幼儿的高举手臂行为，注意婴幼儿是否用手势示意要被抱起或抱紧；注意婴幼儿的拍手和摇头行为，观察婴幼儿是否能够用手势来表达兴奋、赞美或不满意；留意婴幼儿的扩展手势和推开手势，看婴幼儿是否能够用手势来表达要求或偏好。

（2）行为指导：照护者回应婴幼儿的高举手臂行为，给予抱起或抱紧的反馈；满足婴幼儿的亲密需求，积极鼓励婴幼儿的拍手和摇头行为，例如通过声音和表情来响应婴幼儿用于表达兴奋、赞美或不满意的手势；引导婴幼儿使用扩展手势和推开手势，例如通过模仿和示范来帮助婴幼儿用手势来表达需求和偏好。

4. 19～24个月

（1）行为观察：照护者观察婴幼儿的指示方向手势，注意婴幼儿是否能够使用手势指示方向或指向物体；留意婴幼儿的静止手势，观察婴幼儿是否用手势表示停止或等待；注意婴幼儿的再来一次手势，看婴幼儿是否用手势表示希望再次进行某个活动。

（2）行为指导：照护者鼓励婴幼儿使用指示方向手势，例如指向门、窗户或其他感兴趣的物体，给予积极的反馈和表扬；响应婴幼儿的静止手势，例如理解并暂停相关活动，让婴幼儿感受到自己被理解；支持婴幼儿的再来一次手势，例如重复之前的活动或游戏，以满足婴幼儿的需求。

5. 25～36个月

（1）行为观察：照护者注意婴幼儿的手势行为，观察婴幼儿是否仍然使用手势来表达需求、意图或情感；观察婴幼儿在沟通中是否倾向于使用特定的手势，以及这些手势的一致性和可理解性；留意婴幼儿是否使用手势来增强或补充婴幼儿的口头表达，例如用手势配合说话或解释事物。

知识链接

照护者如何观察2～3岁婴幼儿在沟通中使用特定手势的一致性和可理解性？

观察2～3岁婴幼儿在沟通中使用特定手势的一致性和可理解性可以帮助照护者了解他们的沟通能力和发展阶段，以下是一些方法和注意事项。

（1）观察一致性：照护者注意婴幼儿在不同情境下是否使用相同的手势。如果婴幼儿在不同时间和环境中都使用相同的手势来传达特定的信息，他们很可能正在发展一种稳定的沟通方式。

（2）注意特定手势：照护者应该注意婴幼儿使用的特定手势。这些手势可以是指向、挥手、拍手、抓取等。照护者确保观察到的手势是重复出现的，而不是偶然出现的。

（3）关注意图：照护者观察婴幼儿使用手势背后的意图。婴幼儿会使用手势来表示需求（例如举手表示要求抱抱）、表达情感（例如摇摇手表示拒绝）、引起注意（例如拍手吸引照护者的目光）等。

（4）注意与语言结合使用：照护者注意婴幼儿是否将手势与言语结合使用。2～3岁婴幼儿开始使用手势来辅助他们的言语表达，例如用手指指着物体并说出相应的词汇。

（5）注意交互性：照护者观察婴幼儿是否使用手势来参与社交互动，他们是否会使用手势来吸引照护者的注意、回应他人的话语或表情。

（6）理解性反应：当婴幼儿使用特定手势时，照护者观察自己的反应。照护者是否能够理解手势的意图并做出适当的回应？

（7）注意变化和进步：照护者注意婴幼儿手势使用的变化和进步，观察他们是否会逐渐使用更多种类的手势，或者在使用特定手势方面变得更加灵活和精准。

（8）注意环境背景：照护者注意婴幼儿手势使用的环境背景，观察他们是否会在不同的情境下使用不同的手势。例如，婴幼儿在餐桌上会用手指指示食物，而在玩耍时会用手势表示游戏的请求。

（2）行为指导：照护者继续支持婴幼儿的手势表达，尽管婴幼儿的语言能力在发展，但手势仍然可以作为沟通和表达的有效工具；鼓励婴幼儿使用适当的手势来配合口头表达，以增强表达的清晰度和效果；引导婴幼儿学习新的手势，例如与动作、歌曲或故事相关的手势，以丰富婴幼儿的表达方式；倾听和回应幼儿的手势表达，给予婴幼儿肯定的反馈和理解，以促进良好的沟通和互动。

三、婴幼儿身体动作行为观察与指导

身体动作行为对于婴幼儿的社交和情感发展至关重要。它们帮助婴幼儿表达情感、引起他人的注意、与他人进行互动，并与他人建立情感联系。通过身体动作的表达，婴幼儿可以在语言能力有限的情况下与他人进行有效的沟通和交流。

（一）婴幼儿身体动作行为概述

身体动作行为是指婴幼儿在运动和身体活动中表现出来的各种动作和姿势。它涵盖了婴幼儿在日常生活中的各种身体运动，包括但不限于爬行、翻滚、坐立、站立、行走、跑跳、抓握、投掷等。婴幼儿通过身体动作行为来探索环境、发展肌肉力量、增强协调性和控制能力，并逐步掌握更复杂的运动技能。

1. 婴幼儿身体动作行为的定义

婴幼儿身体动作行为是指婴幼儿使用身体动作和姿势来表达情感、意图、需求或参与互动的行为。这些动作可以涉及全身或特定的身体部位，用于与他人进行非语言性的沟通和交流。

身体动作行为是婴幼儿早期社交和认知发展的重要组成部分。婴幼儿通过身体动作和姿势来表达他们的情感，如笑、哭、跳跃、摇头、拍手等。婴幼儿还使用身体动作来表达意图和需求，如伸手要求被抱抱、用手指指示特定的对象等。

2. 婴幼儿身体动作行为的种类

（1）翻滚和爬行：婴幼儿在运动发展初期会翻滚和爬行，这是婴幼儿探索周围环境的方式之一。

（2）坐立和站立：随着肌肉力量的增强，婴幼儿逐渐能够坐立和站立，这些动作帮助婴幼儿更好地观察和参与周围的活动。

（3）行走和奔跑：婴幼儿在1岁左右开始行走，并发展出更稳定的步态和奔跑的能力。

（4）抓握和放置：婴幼儿在手部控制能力逐渐发展时，能够进行抓握和放置动作，这有助于婴幼儿探索物体和进行手部活动。

（5）投掷和接住：当婴幼儿的手眼协调能力发展时，婴幼儿能够投掷和接住物体，这是婴幼儿参与运动和游戏的方式之一。

（6）跳跃和跳舞：随着成长，婴幼儿会尝试跳跃和跳舞，展示身体协调性和节奏感。

（7）扭转和弯曲：婴幼儿通过扭转和弯曲身体来使身体呈现不同的姿势，这有助于婴幼儿灵活地移动和参与各种活动。

3. 婴幼儿身体动作行为发展的里程碑

（1）0～6个月：婴幼儿能够抬起头并在俯卧位和仰卧位时保持头部的稳定性；能够从仰卧位或侧卧位转动到俯卧位，并逐渐翻滚。

（2）7～12个月：婴幼儿能够自主坐起并保持平衡，同时能够转身以获取所需物品；能够使用手膝进行四肢爬行，并上下楼梯。

（3）13～18个月：婴幼儿能够自主站立，并迈出独立的步伐；能够使用手指和手掌来抓握和放置不同大小的物品。

（4）19～24个月：婴幼儿能够跑步和奔跑，逐渐增强步态的稳定性和加快速度；能够使用简单的工具，如勺子、笔、刷子等。

（5）25～36个月：婴幼儿能够进行跳跃和踢球动作，会穿脱衣物，如拉拉链、扣纽扣和系鞋带等。

（二）0～3岁婴幼儿各年龄段身体动作行为观察与指导的要点

1. 0～6个月

（1）行为观察：照护者观察婴幼儿的头部控制能力和颈部稳定性，留意婴幼儿是否能够抬头和保持头部的稳定性，注意婴幼儿的翻滚和翻身行为，观察婴幼儿是否开始尝试从仰卧位或侧卧位转动到俯卧位。

（2）行为指导：照护者在安全的环境下，给予婴幼儿足够的时间和空间来增强头部控制能力和颈部稳定性；提供适当的支撑和指导，鼓励婴幼儿尝试翻滚和翻身的动作，促进婴幼儿的身体探索和运动能力的发展。

2. 7～12个月

（1）行为观察：照护者观察婴幼儿的坐立和转身能力，注意婴幼儿是否能够自主坐起并保持平衡，以及能否转身以获取所需物品；注意婴幼儿的爬行能力，观察婴幼儿是否能够使用手膝进行四肢爬行，并尝试上下楼梯。

（2）行为指导：在安全的环境下，照护者给予婴幼儿坐立的机会，并提供适当的支撑，帮助婴幼儿保持平衡；提供足够的爬行空间和机会，鼓励婴幼儿进行爬行和上下楼梯的练习，促进婴幼儿的运动能力和协调性的发展。

3. 13～18个月

（1）行为观察：照护者观察婴幼儿的独立站立和行走能力，留意婴幼儿是否能够自主站立，并试图迈出独立的步伐；注意婴幼儿的抓握和放置能力，观察婴幼儿是否能够使用手指和手掌来抓握和放置不同大小的物品。

（2）行为指导：照护者给予婴幼儿鼓励和支持，帮助婴幼儿独立站立和行走，逐步增强步态的稳定性和增加步伐的长度；提供各种不同大小的物品，鼓励婴幼儿进行抓握和放置的练习，促进婴幼儿手部控制能力和精细动作的发展。

4. 19～24个月

（1）行为观察：照护者观察婴幼儿的跑步和奔跑能力，留意婴幼儿是否能够进行较稳定的跑步和奔跑动作；注意婴幼儿的手部控制能力，观察婴幼儿是否能够进行简单的手指动作，如握笔、画画等。

（2）行为指导：照护者提供足够的空间和机会，鼓励婴幼儿进行跑步和奔跑的练习，帮助婴幼儿增强步态的稳定性和加快速度；提供适当的绘画和手指动作的材料，鼓励婴幼儿进行简单的手部控制和精细动作的练习。

5. 25～36个月

（1）行为观察：照护者观察婴幼儿的平衡和协调能力，注意婴幼儿的跳跃、奔跑和转身动作的稳定性和流畅性；注意婴幼儿的抓握和手指控制能力，观察婴幼儿是否能够进行更复杂的手部动作，如绘画、剪纸等。

（2）行为指导：照护者提供更多挑战性的运动活动，如跳绳、踢球和接球等，以帮助婴幼儿进一步发展平衡和协调能力；提供适当的工具和材料，鼓励婴幼儿进行绘画、剪纸和手工制作等活动，促进婴幼儿手部控制能力和精细动作的发展。

四、婴幼儿面部表情行为观察与指导

婴幼儿面部表情行为观察与指导是指观察和理解婴幼儿面部表情的含义，并通过适当的指导来促进婴幼儿情感表达和社交能力的发展。观察与指导婴幼儿面部表情的目的是帮助婴幼儿发展健康的情绪表达能力和社交技能。通过合适的指导和互动，婴幼儿可以学会识别和表达自己的情感，并与他人建立情感联系和交流。这有助于促进婴幼儿的情绪发展、社交互动和建立情感联系。

（一）婴幼儿面部表情行为概述

面部表情是婴幼儿与外界交流的重要方式之一，它们通过面部肌肉的运动来传达情绪、需求和意图。观察和理解婴幼儿的面部表情可以帮助照护者了解婴幼儿的情感状态、需求和喜好，以更好地满足婴幼儿的需要。

1. 婴幼儿面部表情行为的定义

婴幼儿面部表情行为是指婴幼儿通过面部肌肉的运动和表情来表达情感、意图、需求或参与社交互动的行为。面部表情是一种非语言性的沟通方式，通过婴幼儿脸部的表情来传达情感和信息。

面部表情行为是婴幼儿早期社交和情感发展的重要组成部分。婴幼儿通过面部肌肉的运动和表情来表达他们的情感状态，如微笑、哭泣、皱眉、眨眼等。面部表情还可以用于表达需求和意图，如眼神接触表示期待，微笑表示满足等。

面部表情对于婴幼儿的社交和情感发展起着重要的作用。它们帮助婴幼儿与他人建立情感联系、理解他人的情感并回应，以及引起他人的关注和互动。面部表情也有助于婴幼儿的语言发展，能帮助他们建立语言和情感之间的联系。

2. 婴幼儿面部表情行为的种类

（1）微笑：婴幼儿展示开心和愉悦的表情，通常伴随着嘴角上扬，如图5-1所示。

（2）哭泣：婴幼儿表达不悦、不满或需要关注和抚慰的表情，通常伴随着掉眼泪、皱眉和嘴巴张开，如图5-2所示。

图5-1　微笑的婴幼儿

图5-2　哭泣的婴幼儿

（3）皱眉：婴幼儿感到困惑、不满或不安时，额头和眉毛会皱起来，表情会显得凝重或疑惑，如图5-3所示。

（4）惊讶：婴幼儿在面对突然出现的事物或新奇的刺激时，眼睛睁大，嘴巴张开，呈现出惊讶的表情，如图5-4所示。

图5-3　皱眉的婴幼儿

图5-4　惊讶的婴幼儿

（5）委屈：婴幼儿在遇到挫折、不满或受到惊吓时，脸上会出现委屈的表情，表现为嘴角下垂和眼角下拉，如图5-5所示。

（6）兴奋：婴幼儿感到兴奋和激动时，嘴巴张开，会伴随着手脚的活动和尖叫，如图5-6所示。

图5-5　委屈的婴幼儿

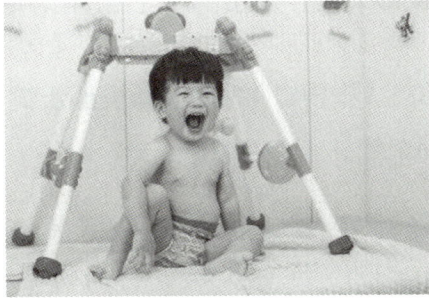

图5-6　兴奋的婴幼儿

（7）赞赏：婴幼儿在对某事感到满意或喜欢时，会露出微笑，眼睛亮起，或者表现出亲昵的面部表情，如图5-7所示。

（8）疑惑：婴幼儿面对不熟悉的事物或者尝试理解新情况时，眉毛会轻微皱起，眼神专注或盯着特定目标，如图5-8所示。

（9）眨眼：婴幼儿在困倦或眼睛受到刺激时，会频繁地眨眼，表现出疲倦或对刺激的反应。

（10）专注：婴幼儿在注意力集中、专心观察或参与活动时，会呈现出专注的面部表情，眼睛会聚焦和凝视，如图5-9所示。

图5-7　表达赞赏的婴幼儿　　　　　图5-8　疑惑的婴幼儿　　　　　图5-9　专注的婴幼儿

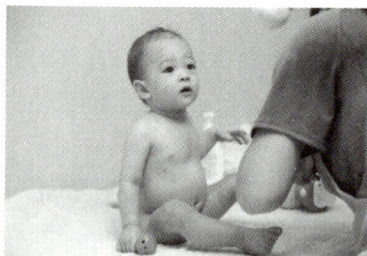

3. 婴幼儿面部表情行为发展的里程碑

（1）0～6个月：婴幼儿面对照护者展现出社会性微笑，这是一种积极的表达情感的方式；哭泣是婴幼儿表达不悦、不满或需要关注和抚慰的主要方式；婴幼儿能够转动头部，追随照护者的目光，并展现出关注和兴趣的表情。

名词解释～

婴幼儿社会性微笑

婴幼儿社会性微笑是指婴幼儿在与成年人或其他婴幼儿互动时，特别是与照护者建立情感联系和亲密关系时，展示出的一种积极的面部表情。这种微笑通常表现为婴幼儿的嘴角上翘，露出微笑的表情，伴随着眼睛的亮闪和面部肌肉的放松。婴幼儿社会性微笑通常是表达愉悦、满足和对亲密关系的积极回应的方式。

（2）7～12个月：婴幼儿能够与他人进行眼神接触和眼神交流，表达关注、兴奋或求助的意图；会对有趣的事物或亲人的表情展示出回应性的笑容，表达喜悦和兴奋；对于新奇的刺激和意外事件会呈现出惊讶的面部表情。

（3）13～18个月：婴幼儿能模仿他人的面部表情，如微笑或皱眉；会通过亲吻和笑脸来表达喜欢和亲近的感情。

（4）19～24个月：婴幼儿能够理解一些基本的面部表情，如微笑、哭泣等，以及这些面部表情所对应的情感意义；能够更加准确地根据外界刺激做出相应的面部表情，如惊讶、害怕或恐惧的表情。

（5）25～36个月：婴幼儿能够主动运用特定的面部表情来表达情感、意图或需求，如生气、开心、不满等；能够更加灵活地调整面部表情，表达更丰富的情感。

（二）0～3岁婴幼儿各年龄段面部表情行为观察与指导的要点

1. 0～6个月

（1）行为观察：照护者注意婴幼儿微笑和哭泣的表情，观察这些表情的出现频率和情境，观察婴幼儿的眼神追随能力，留意婴幼儿与他人进行眼神接触和交流的情况。

（2）行为指导：照护者对婴幼儿的微笑和积极表情做出及时的反应和回应，以建立情感联系；提供安全、温暖和稳定的环境，以满足婴幼儿的基本需求和情感安全感需求。

2. 7～12个月

（1）行为观察：照护者注意婴幼儿的笑容，观察婴幼儿对有趣的事物和亲人表情的回应；观察婴幼儿的惊讶表情，留意婴幼儿面对新奇刺激时的反应。

（2）行为指导：照护者与婴幼儿进行面部表情的互动和模仿，鼓励婴幼儿模仿他人的面部表情；提供丰富多样的刺激和互动，帮助婴幼儿发展情感表达和探索新奇事物的能力。

3. 13～18个月

（1）行为观察：照护者观察婴幼儿的面部表情理解能力，留意婴幼儿是否能够理解基本的面部表情和情感意义，注意婴幼儿的反应性面部表情，观察婴幼儿对外界刺激的面部反应。

（2）行为指导：照护者通过与婴幼儿的面部表情交流，帮助婴幼儿理解不同的情感和意图，提供安全和亲近的环境，以鼓励婴幼儿表达自己的情感和需求。

4. 19～24个月

（1）行为观察：照护者观察婴幼儿主动运用面部表情来表达情感、意图或需求的能力，注意婴幼儿面部表情的变化和灵活性，观察婴幼儿面对不同情境时的面部表情调整。

（2）行为指导：照护者对婴幼儿的面部表情给予积极的反馈和支持，以鼓励婴幼儿积极表达和探索情感表达的方式；提供情感表达和社交技能的示范和指导，帮助婴幼儿掌握适当的面部表情交流方式。

5. 25～36个月

（1）行为观察：观察婴幼儿面部表情与语言表达的协调性，留意婴幼儿在交流中使用面部表情来支持语言表达的情况，注意婴幼儿情感表达的复杂性和多样性，观察婴幼儿对不同情境的面部表情调整和变化。

（2）行为指导：照护者鼓励婴幼儿通过面部表情来支持和丰富语言表达，例如用微笑表示开心或皱眉表示不满；提供适当的情感教育和情绪管理技巧，帮助婴幼儿理解和表达自己的情感，并学会适当地应对和调节情绪。

课堂讨论

托育机构促进婴幼儿面部表情与语言表达协调发展的策略有哪些？

课后练习题

1. 简述婴幼儿语言发展的内容、规律。
2. 简述婴幼儿语言行为观察与指导的意义、原则和方法。
3. 婴幼儿在语音表达行为、语言理解行为及手势和身体语言行为发展中，存在优先级发展吗？
4. 根据本章学到的相关知识，编写一节促进婴幼儿语音表达行为发展的托育课程。
5. 根据本章学到的相关知识，编写一节促进婴幼儿语言理解行为发展的托育课程。
6. 根据本章学到的相关知识，编写一节促进婴幼儿手势和身体语言行为观察与指导的托育课程。

第六章
婴幼儿社会行为观察与指导

本章学习目标

1. **掌握婴幼儿社会发展的定义、内容、阶段。**
2. **掌握婴幼儿社会行为观察与指导的原则、方法。**
3. **掌握婴幼儿与他人建立情感联系行为观察与指导的要点。**
4. **掌握婴幼儿模仿和社会规范学习行为观察与指导的要点。**
5. **掌握婴幼儿游戏行为观察与指导的要点。**
6. **掌握婴幼儿自理行为观察与指导的要点。**

婴幼儿社会行为观察与指导是指观察和指导婴幼儿在社交互动和与他人相处时的行为和技能。这涉及婴幼儿与他人建立联系、理解他人的情感和意图、表达自己的情感、遵守社交规则、分享和合作等方面。

第一节 婴幼儿社会行为观察与指导概述

婴幼儿社会行为观察与指导的目的是促进婴幼儿健康的社交关系和情感发展，帮助婴幼儿建立积极的人际关系，并为婴幼儿的整体发展提供支持和指导。

一、婴幼儿社会发展概述

婴幼儿社会发展对婴幼儿的整体成长和健康发展至关重要。通过积极的社交互动和支持，婴幼儿能够建立健康的社交关系，发展合作能力、情感表达和理解能力，并逐渐形成健康的社会认知和自我认同。

1. 婴幼儿社会发展的定义

婴幼儿社会发展是指婴幼儿在社会环境中逐渐发展出与他人交互、沟通和建立情感联系的能力和行为。它涉及婴幼儿在与他人的互动中逐步建立和维持关系、理解和回应他人的情感表达、发展自己的社交技巧以及适应社会规范的过程。

婴幼儿社会发展是一个渐进的过程，从早期的建立亲密关系、做出面部表情和眼神交流开始，逐渐发展到通过手势、声音、动作和语言来与他人进行互动和沟通。在社会发展的过程中，婴幼儿逐渐学会与他人建立情感联系，表达自己的需求和情感，并理解和回应他人的情感和意图。

2. 婴幼儿社会发展的内容

（1）依恋关系：婴幼儿与照护者之间建立安全依恋关系、建立情感联系和信任，并通过与照护者的互动来满足基本需求。

（2）社交技能：婴幼儿学习并发展社交技能，包括与他人建立情感联系、与他人互动和合作，具体表现为通过眼神接触、面部表情、声音和身体语言与他人交流，以及理解和回应他人的行为和情感。

（3）情感表达与理解：婴幼儿学习表达自己的情感，如喜悦、不安、愤怒和需要；理解和回应他人的情感表达，包括识别他人的表情和声音，并对他人的情感表达做出回应。

（4）合作与分享：婴幼儿理解合作与分享的重要性，并通过与他人一起参与活动，分享玩具和资源，以及共同解决问题来发展合作技能。

（5）社会认知：婴幼儿发展对自己和他人的认知，理解自己的身份和特征，认识到他人的想法、感受和意图，并构建对他人的理解和共情能力。

（6）自我认同：婴幼儿形成自我认知和自我意识，认识到自己是独特的，并在社交互动中建立自己的身份和自尊。

这些内容相互关联，通过积极的社交互动和支持，帮助婴幼儿建立健康的社交关系，发展合作能力、情感表达和理解能力，并使婴幼儿逐渐形成健康的社会认知和自我认同感，为婴幼儿未来的社交、学习和情感发展奠定基础。

3. 婴幼儿社会发展的阶段

（1）基本信任阶段（0～12个月）：婴幼儿与照护者建立安全依恋关系，学习依靠和信任照护者来满足基本需求，如食物、安全和关爱等方面的需求。

（2）自主性与自我表达阶段（13～24个月）：婴幼儿表达自己的意愿和需求，并通过探索环境来发展自主性，学会使用简单的语言和肢体动作来进行自我表达，并展示一些社交技能，如与他人分享和参与简单的合作活动。

（3）合作与亲社会行为阶段（25～36个月）：婴幼儿发展出更复杂的社交能力，与同伴进行更多的互动，如参与合作游戏和进行角色扮演；学会等待、分享玩具和资源，以及理解和回应他人的情感。

二、婴幼儿社会行为观察与指导的原则

1. 尊重个体差异原则

每个婴幼儿都是独特的个体，具有不同的发展节奏和个性特点。照护者应尊重和理解每个婴幼儿的个体差异，不要将婴幼儿与其他婴幼儿进行过度比较，而是根据个体的特点和需要进行婴幼儿社会行为观察与指导。

2. 提供安全环境原则

照护者创建一个安全、温馨和支持性的环境，以鼓励婴幼儿参与社交互动和探索，提供稳定和安全的环境有助于婴幼儿增强信任感，促进婴幼儿积极参与社交互动。

3. 观察了解婴幼儿原则

照护者通过仔细观察婴幼儿的行为和表现，了解婴幼儿的兴趣、需求和能力，观察婴幼儿的社交互动、情感表达和合作行为，以获得对婴幼儿发展水平和需求的更深入了解。

4. 提供示范原则

照护者示范正确的社交行为，如分享、等待自己的轮次等，激发婴幼儿的兴趣和参与欲望，并帮助婴幼儿学习适当的社交行为。

5. 提供积极反馈原则

在观察到婴幼儿积极参与社交互动时，照护者应给予积极的反馈和鼓励，肯定和赞扬婴幼儿的努力和进步，以增强婴幼儿的自信心和积极性。

6. 提供引导和支持原则

照护者引导婴幼儿参与社交互动和合作活动，提供适当支持和指导，逐步引导婴幼儿学习社交技能，如分享、等待自己的轮次和遵守社交规则，以促进婴幼儿的社交能力发展。

7. 尊重婴幼儿边界原则

照护者尊重婴幼儿的个人边界和喜好，给予婴幼儿适当的自主权和选择权，尊重婴幼儿的意愿和需求，同时教导婴幼儿尊重他人的边界和权益。

8. 持续观察和调整原则

社会行为的发展是一个动态的过程。照护者应持续观察和评估婴幼儿的社会行为，并根据婴幼儿的发展水平和需求进行调整和指导。

三、婴幼儿社会行为观察与指导的方法

1. 进行仔细观察

照护者仔细观察婴幼儿的社会行为，包括婴幼儿与他人的互动，互动时的表情、姿态、声音和方式等，如眼神接触、微笑等。

2. 记录观察结果

照护者记录婴幼儿的社会行为，可以使用文字记录、拍照或录视频等方式。记录观察结果有助于照护者回顾和分析婴幼儿的行为模式及其发展变化。

3. 进行社交互动

照护者积极与婴幼儿进行社交互动，与婴幼儿一起玩耍、谈话和游戏。通过与婴幼儿的互动，照护者可以更深入地了解婴幼儿的社交能力和行为，并提供适当的指导和支持。

4. 模仿和示范

照护者模仿婴幼儿的行为和表情，示范正确的社会行为，如分享玩具、等待自己的轮次等。通过模仿和示范，照护者可激发婴幼儿的兴趣和参与欲望，并帮助他们学习适当的社交行为。

5. 给予赞赏和鼓励

当婴幼儿展示积极的社会行为时，照护者给予婴幼儿肯定和鼓励，使用简单的语言、笑脸和肢体动作表达对婴幼儿的支持和赞赏，以增强婴幼儿的自信心和积极性。

6. 提供引导和指导

照护者提供适当的引导和指导，帮助婴幼儿发展社交技能和行为。通过简单明了的指令和示范，照护者教导婴幼儿如何分享、等待自己的轮次和遵守社交规则。

7. 创造社交机会

照护者创造多样化的社交机会，让婴幼儿有机会与其他婴幼儿和成年人进行互动。通过组织社交活动、游戏和集体活动，照护者可为婴幼儿提供与他人互动和合作的机会。

知识链接

照护者如何激发婴幼儿的亲社会行为？

婴幼儿亲社会行为是指婴幼儿表现出的社交互动和情感表达的行为，通常包括与他人建立联系、表现出友善、合作、分享和表达情感的行为。

激发婴幼儿的亲社会行为是培养婴幼儿社交能力和同理心的重要过程。以下方法可以帮助照护者激发婴幼儿的亲社会行为。

（1）建立亲密的关系：照护者与婴幼儿建立亲密的关系，提供稳定的安全感和情感支持。这种亲密关系可通过亲密的身体接触、温柔的声音和适当的面部表情来培养。

（2）给予爱和关怀：照护者给予婴幼儿充分的爱和关怀，回应婴幼儿的需求和情绪表达。这样可以建立起信任和情感联系，培养婴幼儿对他人的依赖和关心。

（3）进行互动和游戏：照护者与婴幼儿进行互动和游戏，例如拥抱和玩耍。互动不仅能促进情感交流和沟通技巧的发展，同时也能培养婴幼儿与他人合作和分享的能力。

（4）激发同理心：照护者在与婴幼儿互动时，教育婴幼儿关注他人的情绪和需求。例如，当

婴幼儿看到其他婴幼儿哭泣时，照护者用温和的语气解释并安慰婴幼儿，鼓励婴幼儿表达同情和关心。

（5）以身作则：照护者要以身作则，示范亲社会行为。通过照护者的行为和态度，婴幼儿可以学习如何与他人友善相处、分享和帮助他人。

（6）创造社交机会：照护者为婴幼儿提供与其他婴幼儿和成年人互动的机会，例如参加托育机构或社区的亲子活动。这样的机会可以促进婴幼儿与他人建立联系和分享经验。

（7）阅读绘本故事：照护者选择一些关于友谊、合作和同理心的绘本故事，与婴幼儿一起阅读。通过阅读绘本故事，婴幼儿可以知道亲社会行为的重要性。

每个婴幼儿的发展进程是独特的，婴幼儿会根据自己的个性和环境因素在不同的时期表现出不同的亲社会行为。照护者给予持续的爱和支持，以及提供正面的互动和教育经验，将帮助婴幼儿建立积极的社交技能和亲社会行为。

课堂讨论

托育机构在进行婴幼儿社会行为观察与指导时的注意事项有哪些？

第二节 婴幼儿与他人建立情感联系行为观察与指导

婴幼儿与他人建立情感联系行为观察与指导是指注意和观察婴幼儿在与他人互动和交往的过程中，建立情感联系和发展人际关系的行为，并通过适当的指导和支持帮助婴幼儿建立积极、健康的情感联系的过程。

通过观察与指导婴幼儿与他人建立情感联系的行为，照护者可以帮助婴幼儿发展健康、安全和积极的情感联系和人际关系，促进婴幼儿的情感和社交适应能力的发展。

一、婴幼儿依恋行为观察与指导

观察与指导婴幼儿依恋行为可以帮助婴幼儿建立安全、稳定和健康的依恋关系。

（一）婴幼儿依恋行为概述

依恋行为对于婴幼儿的发展至关重要。建立安全的依恋关系有助于婴幼儿发展健康的自我认知、情感调节和社会交往能力。通过与照护者的亲密互动，婴幼儿能够建立信任感以及积极的自我形象，并探索周围世界和接受周围世界发起的挑战。

1. 婴幼儿依恋行为的定义

婴幼儿依恋行为是指婴幼儿与照护者之间建立的情感联系和亲密关系。这种联系是婴幼儿依赖和需要照护者的表现，旨在获得安全感、保护和支持。

依恋行为的核心概念是婴幼儿对照护者的依赖，婴幼儿倾向于与照护者建立情感联系。这种依恋关系通常在婴幼儿的早期发展阶段形成，对于婴幼儿的情感和社会发展至关重要。依恋行为的主要特征如下。

（1）寻求亲近：婴幼儿会主动接近照护者，表达对照护者的依赖和渴望得到关注、抚慰和亲密接触的需求。

（2）分离焦虑：当与照护者分离时，婴幼儿表现出焦虑、哭闹、担心或回避其他人等行为，婴幼儿渴望与照护者重新团聚以获得安全感。

（3）安全基地：照护者成为婴幼儿的安全基地，为婴幼儿提供安全感和支持。婴幼儿在面对新环境、陌生人或不确定性时，会求助于照护者以获得安全感和庇护。

（4）探索行为：当感到安全和受到支持时，婴幼儿会勇于探索周围环境，增强好奇心和探索欲望。

2. 婴幼儿依恋行为的种类

依恋行为的分类基于对婴幼儿与照护者的互动行为的观察。婴幼儿的依恋类型受到家庭环境、照护者的反应和婴幼儿特质的影响。

（1）安全依恋行为：安全依恋行为是最健康和稳固的。婴幼儿表现出对照护者的信任、依赖。这类婴幼儿能够探索周围环境，同时知道自己可以获得照护者的支持和保护。

（2）回避依恋行为：回避依恋行为是婴幼儿表现出回避、独立和避免与照护者亲密接触等特征的依恋行为。这类婴幼儿会拒绝或避免与照护者建立亲密联系，表现出独立性，较少寻求照护者的安抚或避免与照护者亲密接触。

（3）焦虑依恋行为：焦虑依恋行为是婴幼儿表现出焦虑、不安和需求强烈的依恋行为。这类婴幼儿对照护者的依赖较强，但同时表现出情绪的不稳定和担心分离的焦虑。

（4）混合依恋行为：这类婴幼儿表现出多种依恋行为的组合，这被称为混合依恋行为。婴幼儿会在不同的情境中或面对不同的人时表现出安全依恋、回避依恋或焦虑依恋。

3. 婴幼儿依恋行为发展的里程碑

（1）0～6个月：婴幼儿通过亲密接触、眼神交流和响应来建立依恋关系，他们逐渐发展出对照护者的偏好，并展示出对照护者的依赖和信任，寻求照护者的安抚。

（2）7～12个月：婴幼儿表现出分离焦虑，他们对与照护者分离感到不安，出现焦虑、哭闹和追随的行为，当照护者返回时，他们会表现出喜悦和安心。这个阶段是婴幼儿安全依恋关系的建立阶段。

（3）13～24个月：婴幼儿的探索欲望和独立性增强，但他们仍然依赖照护者的支持和安全感；他们发展出对照护者的依赖，并通过亲密接触和互动来维持依恋关系。

（4）25～36个月：婴幼儿逐渐表现出更强的独立性，但仍然需要照护者提供的支持和安全感，他们表现出更加明确的情感表达和互动欲望，表达出对照护者的情感依赖和对与照护者亲密接触的渴望。

（二）0～3岁婴幼儿各年龄段依恋行为观察与指导的要点

1. 0～6个月

（1）行为观察：注意婴幼儿与照护者之间的亲密接触、眼神交流和响应，观察婴幼儿对照护者的依赖和信任。

（2）行为指导：照护者提供安全、温暖和关爱的照顾环境，回应婴幼儿的需求和情感表达，与婴幼儿进行亲密接触、眼神交流和安抚，建立亲密的依恋关系。

2. 7～12个月

（1）行为观察：注意婴幼儿对与照护者分离时表现出的焦虑和不安，观察婴幼儿在分离和重聚时的情绪表现和反应。

（2）行为指导：照护者帮助婴幼儿应对分离焦虑，提供安全感和安抚，在分离时给予告别的仪式感，并在重聚时表达喜悦和安抚。

3. 13～24个月

（1）行为观察：注意婴幼儿对照护者的依赖和对亲密接触的表现，观察婴幼儿对照护者的情感反应和依赖行为。

（2）行为指导：照护者鼓励婴幼儿探索，同时提供稳定的支持和安全感，建立亲密的互动关系，满足婴幼儿的情感和安全需求。

4. 25～36个月

（1）行为观察：注意婴幼儿更明确的情感表达和互动行为的增加，观察婴幼儿对照护者的情感依赖和对亲密接触的渴望。

（2）行为指导：照护者鼓励婴幼儿表达情感，提供安全和支持性的依恋环境，满足婴幼儿的情感需求，并与婴幼儿建立亲密的关系。

知识链接

安全依恋关系对婴幼儿的影响

安全依恋关系对婴幼儿的全面发展和幸福感具有积极影响。它为婴幼儿提供情感支持、安全感和信任基础，培养婴幼儿的情感调节能力、社交能力和自我认知能力，为日后婴幼儿建立人际关系和保持心理健康打下坚实基础。

（1）给予安全感：安全依恋关系的建立能给予婴幼儿安全感。婴幼儿知道自己有照护者的支持和保护，他们会满足自己的需求和帮助自己应对压力。这种安全感有助于婴幼儿培养自信心、探索世界和应对挑战。

（2）学会情绪调节和自我控制：通过建立安全依恋关系，婴幼儿学会了与照护者建立情感联系，表达和分享自己的情感，并进行有效的情绪调节。这有助于婴幼儿发展自我控制能力和掌握情绪调节技巧。

（3）建立社交能力和人际关系：安全依恋关系为婴幼儿的社交能力和人际关系的建立奠定了基础。婴幼儿学会了与他人建立情感联系和依附关系，理解他人的情感和需求，并展示合适的社交行为。这有助于婴幼儿发展良好的人际交往和合作能力。

（4）发展自我概念和自我认知：通过安全依恋关系，婴幼儿获得了积极的自我概念和认知发展的基础。婴幼儿学会了正确看待自己和他人的角色，了解自己的需求和能力，并形成自我价值感和自尊心。

（5）提供探索和学习动机：安全依恋关系为婴幼儿建立了探索和学习的基础。当婴幼儿感到安全和被支持时，他们更有勇气去探索新的环境、尝试新的事物，并从中学习和发展新的技能。

（6）促进心理健康和情感适应：安全依恋关系有助于婴幼儿的心理健康和情感适应。婴幼儿有更强的应对能力，能够更好地处理压力、挫折和情绪困扰。

二、婴幼儿情感表达行为观察与指导

婴幼儿情感表达行为观察与指导是指注意和观察婴幼儿在情感表达方面的行为，并通过适当的指导和支持帮助婴幼儿学会有效地表达和处理情感的过程。这包括观察婴幼儿的情绪表达、面部表情、身体语言和声音，并提供适当的指导和进行亲子互动来支持婴幼儿的情感发展和情绪调节能力的培养。

（一）婴幼儿情感表达行为概述

情感表达行为是婴幼儿与他人进行情感交流和沟通的重要途径。通过观察和理解婴幼儿的情感表达行为，照护者能够更好地理解婴幼儿的内在感受、需求和意图，并产生情感共鸣和进行有效的沟通。情感表达行为也反过来影响婴幼儿的情感认知和情绪调节能力，促进婴幼儿的情感发展和心理健康。

1. 婴幼儿情感表达行为的定义

婴幼儿情感表达行为是指婴幼儿通过语言、面部表情、声音、身体动作和姿态等来表达其情感状态和需求的行为。在早期发展阶段，婴幼儿尚不具备语言能力，因此，婴幼儿主要通过非语言的方式来与他人交流和表达自己的情感。

婴幼儿情感表达行为是婴幼儿与他人之间建立情感联系和进行沟通的重要方式。通过观察和理解婴幼儿的情感表达行为，照护者能够更好地满足婴幼儿的需求，建立安全的依恋关系，并促进婴幼儿的发展和增强婴幼儿的幸福感。

2. 婴幼儿情感表达行为的种类

（1）面部表情：面部表情是最直观和常见的情感表达行为，包括微笑、哭泣、皱眉、大笑、惊讶等。面部表情可以传达喜悦、悲伤、愤怒、恐惧等各种情绪。

（2）身体姿势和动作：身体姿势和动作包括拥抱、摇摆、挥手、跳跃等，可以传达亲密、喜悦、兴奋、不安等情感。

（3）眼神交流：眼神交流是一种重要的情感表达行为，通过目光接触、凝视或眼神躲避来传达情感状态，如爱意、好奇、害羞、厌恶等。

（4）声音表达：音调、音量、语速和音质等都可以用来表达情感，如愉悦的笑声、悲伤的哭声、愤怒的咆哮声等。

（5）语言表达：语言表达是一种复杂的情感表达行为，通过词语、语调、语气和语速来传达情感。婴幼儿在语言发展初期会使用简单的声音、音节和词语来表达情感，而随着语言能力的增强，婴幼儿能够更准确地用语言表达情感和情绪。

（6）内外化行为：有些情感会引发一些内在的生理反应和行为表现，如紧张时的出手汗、愤怒时的拳头握紧、悲伤时的哭泣等，这些行为可以反映婴幼儿的情感状态。

3. 婴幼儿情感表达行为发展的里程碑

（1）0～6个月：婴幼儿会展示基本的情感表达行为，如笑、哭等面部表情，他们对照护者的面部表情和声音会有反应，如对笑脸的回应或对柔和声音的放松；能够展示更多的面部表情，如大笑、皱眉、惊讶等；会使用不同的声音和音调来表达不同的情感，如高兴、不满、悲伤等。

（2）7～12个月：婴幼儿能够使用声音、面部表情和身体动作来表达欢乐、兴奋、不满和不安等情感，能够展示对分离和重聚的情感反应，如焦虑、喜悦和安抚，能够通过身体姿势、手势和声音来表达需求和情感，如伸手要求抱抱、挥手道别、用语言或声音表达喜悦或不满。

（3）13～24个月：婴幼儿能够表达更复杂的情感，如喜爱、厌恶、惊讶和困惑等；能够用语言表达更多的情感和需求，并通过面部表情、声音和身体语言来加强情感的表达；能够展示更多的情感共鸣和更强的同理心。

（4）25～36个月：婴幼儿能够表达对他人情感状态的关注，并进行更多的亲子互动和情感交流；能够使用更多的语言表达情感，并通过身体语言、面部表情和声音来增强情感表达；能够展示更复杂的情感认知和情感调节能力。

（二）0～3岁婴幼儿各年龄段情感表达行为观察与指导的要点

1. 0～6个月

（1）行为观察：照护者注意婴幼儿的面部表情、声音反应和身体语言，如微笑、哭泣等，观察婴幼儿对不同情感刺激的反应和与照护者之间的情感联系。

（2）行为指导：照护者回应婴幼儿的情感表达，例如回应微笑和高兴的表情，安抚婴幼儿不安的情绪，与婴幼儿进行亲密的身体接触和眼神交流，以建立情感联系和安全感。

2. 7～12个月

（1）行为观察：照护者注意婴幼儿更复杂的面部表情和声音反应，如欢乐、愤怒、惊讶等，观察婴幼儿对环境变化和分离重聚的情感反应。

（2）行为指导：照护者支持婴幼儿的情感表达，鼓励婴幼儿使用简单的手势、声音和面部表情来表达需求和情感，回应婴幼儿的情感表达，为婴幼儿提供安抚和安全感。

3. 13～24个月

（1）行为观察：婴幼儿开始使用词语和简单句子来表达情感和需求，照护者注意婴幼儿的语言表达和情感表达，观察婴幼儿情感共鸣和对他人情感状态的关注。

（2）行为指导：照护者鼓励婴幼儿使用语言来表达情感，帮助婴幼儿扩展情感词汇，如开心、害怕等，与婴幼儿进行情感交流，回应婴幼儿的情感需求和关注。

4. 25～36个月

（1）行为观察：照护者注意婴幼儿的语言表达、面部表情和身体语言的发展，观察婴幼儿对情感刺激和社交互动的情感反应和情感调节能力的发展。

（2）行为指导：照护者鼓励婴幼儿用语言和非语言的方式表达情感和需求，帮助婴幼儿描述和标识不同的情感状态，为婴幼儿提供模仿和角色扮演的机会，以促进婴幼儿情感表达和情感理解的发展。

知识链接

托育教师如何观察婴幼儿对情感刺激和社交互动的情感反应和情感调节能力的发展?

托育教师可以通过以下方法观察婴幼儿对情感刺激和社交互动的情感反应以及情感调节能力的发展。

（1）面部表情：照护者注意婴幼儿在不同情感刺激下的面部表情变化，如笑、哭、皱眉等，观察他们对愉快、不安或不熟悉情境的不同反应。

（2）情感共鸣：照护者注意婴幼儿是否能够与他人产生情感共鸣，即通过面部表情、声音和身体语言来回应他人的情感表达。

（3）情感调节：照护者观察婴幼儿是否能够在面临情感刺激时进行情感调节。他们可能会通过吸吮手指、拿玩具或寻求安慰来减少负面情感。

（4）社交互动：照护者注意婴幼儿与他人的社交互动，观察他们是否试图引起他人的注意、分享兴奋感、回应他人的笑声等。

（5）分离焦虑：照护者观察婴幼儿是否表现出分离焦虑，即在与主要照护者分离时产生负面情感和行为反应。

（6）情感表达的多样性：照护者注意婴幼儿在不同情感状态下的行为表现，包括表情、声音、肢体动作等，了解他们在不同情感下的行为反应的变化。

（7）情感调节策略：照护者观察婴幼儿是否能够采用有效的情感调节策略。例如，他们是否能够在兴奋或焦虑时寻求照护者的安慰，或者自己寻找方法来安抚自己。

（8）社交玩耍：照护者注意婴幼儿在社交玩耍中的表现，观察他们与其他儿童的互动，以及他们如何分享玩具、参与集体活动等。

（9）情感延续时间：照护者观察婴幼儿情感的延续时间，观察他们是否能够在受到情感刺激后逐渐平复，或者他们的情感是否持续很长时间。

（10）情感反应的频率和强度：照护者观察婴幼儿情感反应的频率和强度，观察他们是否对特定情感刺激做出过度或不足的反应。

三、婴幼儿同理心和共情行为观察与指导

婴幼儿同理心和共情行为观察与指导是指注意和观察婴幼儿对他人情感状态的关注和理解，并通过适当的指导和支持帮助婴幼儿培养同理心和共情的能力的过程。

（一）婴幼儿同理心和共情行为概述

同理心和共情行为对婴幼儿的发展和人际关系建立具有重要意义。它们有助于婴幼儿建立情感理解能力、社交技能和亲社会行为，并促进婴幼儿与他人之间的情感联系和亲密关系的形成。

1. 婴幼儿同理心和共情行为的定义

婴幼儿同理心和共情行为是指婴幼儿在早期发展阶段表现出对他人情感和体验的理解、感受以及对

其情感状态的回应的行为。

同理心是指婴幼儿能够感知和理解他人的情感和需求，并与他人产生情感共鸣的能力。当婴幼儿观察到他人的情感表达，例如哭泣、微笑或者表情变化时，婴幼儿会试图模仿和回应这些情感表达，以表达对他人的关注和理解。共情行为则是同理心的一种表现形式。它指的是婴幼儿通过模仿、反应和回应他人的情感表达，以表示对他人情感的认同和支持。婴幼儿会模仿他人的面部表情、声音、姿势和动作，以及通过触摸、拥抱或其他身体接触的方式来表达自己的情感。

婴幼儿同理心和共情行为的发展与婴幼儿的社会认知和情感发展密切相关。在早期发展阶段，婴幼儿认知和感知他人的情感，并试图与他人建立情感联系。通过观察和模仿他人的情感表达，婴幼儿逐渐理解并学习如何与他人产生情感共鸣和情感联系。

2. 婴幼儿同理心和共情行为的种类

（1）模仿行为：婴幼儿通过观察他人的行为和情感表达，模仿并重现这些行为和表达方式。

（2）模仿面部表情：婴幼儿会模仿他人的面部表情，例如微笑、皱眉等，以回应他人的情感表达。

（3）模仿声音：婴幼儿会模仿他人的声音，包括哭泣声、笑声、语调等，以与他人产生情感共鸣。

（4）触摸和拥抱：婴幼儿会通过触摸、拥抱和身体接触的方式来表达对他人的关注和支持，以回应他人的情感需求。

（5）安抚行为：当婴幼儿看到他人紧张、不安或痛苦时，婴幼儿会试图缓解对方的情感，例如抚摸、轻拍或说出安抚性的语言。

（6）注意兴趣点：婴幼儿会注意到他人的兴趣点，例如注视同一对象或参与同一活动，以建立情感联系和产生共同体验。

（7）回应笑声：婴幼儿会对他人的笑声产生积极的反应，并以自己的笑声回应，表达对他人的快乐和喜悦的共鸣。

3. 婴幼儿同理心和共情行为发展的里程碑

（1）0～6个月：婴幼儿通过观察和模仿他人的面部表情和声音，以回应他人的情感表达，他们会通过模仿面部表情来表达对他人情感产生的共鸣，如模仿他人的微笑或皱眉；会与照护者进行眼神交流，表达关注和依恋等情感。

（2）7～12个月：婴幼儿表现出对他人情感的共鸣，能够模仿他人的面部表情和声音来回应他人的情感；会表现出对他人的友好和关注，如主动递给他人物品或做出安抚行为；能够理解他人的情感需求，例如当他人哭泣时做出关心和安抚的行为。

（3）13～24个月：婴幼儿表现出分享物品和经历的愿望，以及表达对他人的关心和照顾；会对他人的悲伤或难过做出适当的表达，例如拥抱或轻拍他人；能够更好地理解他人的意图和需求，通过模仿来展现自己对他人情感状态的理解。

（4）25～36个月：婴幼儿通过角色扮演来体验他人的情感和体验，并通过言语和行为来表达对他人情感的理解；能够表现出对他人的同情和关心，通过安慰、鼓励等行为来支持他人；能够与他人进行合作和互助，表现出分享和合作的行为，并对他人的情感和需求做出适当的回应。

（二）0～3岁婴幼儿各年龄段同理心和共情行为观察与指导的要点

1. 0～6个月

（1）行为观察：照护者注意婴幼儿对他人的情感表达和面部表情的注意和反应，观察婴幼儿对他人情感的共鸣和模仿行为。

（2）行为指导：照护者回应婴幼儿对他人情感的共鸣和模仿，例如回应婴幼儿的笑声和面部表情，鼓励婴幼儿与自己建立情感联系和亲密关系。

2. 7～12个月

（1）行为观察：照护者注意婴幼儿对他人的关注和表达关怀的行为，如递给他人物品、模仿他人的动作和表情等。

（2）行为指导：照护者鼓励婴幼儿表达关怀和关心，例如在他人哭泣时安抚他人，与他人分享玩具或食物；提供积极的社交环境，以促进婴幼儿与他人的社交互动和建立情感联系。

3. 13～24个月

（1）行为观察：照护者注意婴幼儿与他人分享和合作的行为，以及婴幼儿对他人情感的回应和关注。

（2）行为指导：照护者鼓励婴幼儿参与分享和合作活动，如与他人一起玩耍、分享玩具、互相帮助等；模仿和赞赏婴幼儿的关心和关怀行为。

4. 25～36个月

（1）行为观察：照护者注意婴幼儿通过角色扮演和情感表达来体验和理解他人情感，以及婴幼儿对他人的关心和同情行为。

（2）行为指导：照护者提供角色扮演的机会，鼓励婴幼儿通过言语和行为表达对他人情感的理解和关心，引导婴幼儿在互动中表现出合作和互助的行为。

🔅 **课堂讨论**

托育机构如何引导婴幼儿理解他人的情感？

第三节 婴幼儿模仿和社会规范学习行为观察与指导

婴幼儿模仿和社会规范学习行为观察与指导是指注意和观察婴幼儿在与他人互动和观察环境中，通过模仿和学习社会规范来适应和参与社会交往的行为，并通过适当的指导和支持帮助婴幼儿发展良好的模仿能力和社会规范学习能力的过程。

一、婴幼儿模仿行为观察与指导

婴幼儿模仿行为观察与指导是指注意和观察婴幼儿在与他人互动和观察环境中，指导和支持婴幼儿通过观察和模仿他人的行为来学习和掌握新的技能和行为。指导婴幼儿模仿行为旨在帮助婴幼儿发展模仿能力，并通过适当的指导和支持促进婴幼儿的学习和发展。

（一）婴幼儿模仿行为概述

模仿行为在婴幼儿阶段尤为重要，因为婴幼儿的学习和发展主要依赖于观察和模仿他人。通过模仿，婴幼儿学习语言技能、运动技能、社交行为以及其他重要的生活技能。模仿行为有助于婴幼儿与他人建立联系，发展社交能力和认知。

1. 婴幼儿模仿行为的定义

婴幼儿模仿行为是指婴幼儿观察和学习他人的行为，并试图复制和重现这些行为。模仿行为是婴幼儿早期社会认知和学习发展的重要组成部分。通过模仿，婴幼儿能够学习和掌握各种技能和行为，包括语言、动作、面部表情等。婴幼儿会观察周围人的行为，尤其是照护者的行为，并试图模仿他们的动作和表达方式。

婴幼儿模仿行为通常是一种自发的行为，婴幼儿会模仿他们认为有意义或引起他们兴趣的行为。这种行为不仅能促进婴幼儿学习和适应新环境，还能促进婴幼儿的认知和运动发展。通过观察和模仿他人，婴幼儿能够学习社会规范、交际技巧和文化习俗等。模仿行为还有助于婴幼儿建立情感联系和亲子关系，加强与他人的交流和互动。

2. 婴幼儿模仿行为的种类

（1）动作模仿：婴幼儿通过观察他人的动作并尝试模仿。例如，当婴幼儿看到他人拍手、挥手、跳跃或做出其他动作时，他们会模仿这些动作。

（2）面部表情模仿：婴幼儿对于他人的面部表情非常敏感，会通过模仿他人的表情来表达情感。例如，当婴幼儿看到他人微笑、皱眉或张大嘴巴时，他们会模仿。

（3）声音模仿：婴幼儿会模仿他人的语音、发音、声音和语调。这有助于婴幼儿在语言发展中学习和掌握不同的音节和词汇。

（4）角色扮演模仿：婴幼儿进行角色扮演的模仿。婴幼儿会观察他人的行为和角色，并模仿他人扮演不同的角色，如父母、医生等。

（5）社会情境模仿：婴幼儿会模仿他们观察到的社会情境，包括家庭、学校或其他社交情境。他们模仿他人在特定社会情境下的行为和交流方式。

3. 婴幼儿模仿行为发展的里程碑

（1）0～6个月：婴幼儿能够通过注视他人的面部表情和动作进行模仿，如伸出舌头、张开嘴巴等；能够模仿他人的声音，例如咿呀声、咕噜声等；能够模仿他人的一些简单动作，如抓握、摇动手臂等。

（2）7～12个月：婴幼儿能够模仿他人的手势和动作，例如挥手、拍手等；能够模仿他人的面部表情，如微笑、皱眉等；能够模仿他人使用物品的方式，如拿起电话打电话、喝水等。

（3）13～24个月：婴幼儿能够模仿他人的动作，如走路、跑步、跳跃等；能够模仿他人的语言表达，包括模仿他人使用的词语、句子、语调和声音；能够模仿他人的社交行为和互动方式，如打招呼、握手等。

（4）25～36个月：婴幼儿能够模仿他人进行角色扮演，如扮演家庭成员、动物等；能够通过模仿创造新的游戏和情景，展现想象力和创造力；能够模仿他人使用工具和物品的方式，如使用筷子、穿衣服等。

（二）0～3岁婴幼儿各年龄段模仿行为观察与指导的要点

1. 0～6个月

（1）行为观察：照护者注意婴幼儿对他人面部表情、动作和声音的关注和反应，观察婴幼儿的注视模仿和声音模仿行为。

（2）行为指导：照护者鼓励婴幼儿通过模仿来发展运动技能和语言表达能力，提供简单而清晰的动作和声音示范，鼓励婴幼儿的模仿行为。

2. 7～12个月

（1）行为观察：照护者注意婴幼儿对他人手势和面部表情的关注和反应，观察婴幼儿的手势模仿和面部表情模仿行为。

（2）行为指导：照护者向婴幼儿示范他们能够模仿的简单手势和面部表情，鼓励婴幼儿的模仿行为，并给予积极的反馈。

3. 13～24个月

（1）行为观察：照护者注意婴幼儿对他人运动动作、语言和社交行为的关注和反应，观察婴幼儿的运动模仿、语言模仿和社交互动模仿行为。

（2）行为指导：照护者提供丰富的模仿学习机会，包括运动动作、语言表达和社交互动，给予婴幼儿清晰和简单的指导，鼓励婴幼儿的模仿行为，并提供正面的反馈。

4. 25～36个月

（1）行为观察：照护者注意婴幼儿对他人的角色扮演、创造性模仿和工具使用的关注和反应，观察婴幼儿的角色扮演模仿和创造性模仿行为。

知识链接

2～3岁婴幼儿创造性模仿行为的表现有哪些?

2～3岁的婴幼儿正处于认知和发展的关键阶段，他们开始展现出创造性模仿行为，表现出对周围世界的理解和模仿能力的提升。

（1）角色扮演：婴幼儿模仿日常生活中的角色，如模仿家人、动物等，他们会戴上帽子，拿起玩具电话等，模仿社会角色的行为。

（2）创造性玩耍：婴幼儿开始创造性地玩耍，将不同的玩具进行组合，创造出新的场景和情节。比如，他们会把玩具车当成飞机，用盒子做成房子等。

（3）模仿音效和动作：婴幼儿会模仿周围环境中的声音，如动物叫声、汽车声等；还能模仿一些基本的动作，如跳跃、摇头、拍手等。

（4）艺术创作：婴幼儿开始涂鸦、用蜡笔画画，虽然他们的作品还很简单，但这是他们表达创造力的一种方式。

（5）想象力游戏：婴幼儿会在自己的想象中创造出故事情节、角色和情景，然后通过玩耍、绘画或口头表达表现出来。

（6）模仿成年人的日常活动：婴幼儿会模仿成年人的日常活动，比如假装做饭、整理房间、穿衣服等。

（7）创作歌曲和舞蹈：婴幼儿会编造简单的歌曲歌词，或者跳一些有趣的舞蹈，表现出对音乐和舞蹈的兴趣。

（8）故事编排：婴幼儿会编排一些故事情节，用自己的方式讲述给成年人或其他婴幼儿听。

（2）行为指导：照护者提供丰富的角色扮演和创造性模仿的机会，鼓励婴幼儿展示自己的想象力和创造力，引导婴幼儿使用工具和物品，并给予适当的指导和支持。

二、婴幼儿社交互动行为观察与指导

婴幼儿社交互动行为观察与指导是指关注婴幼儿在与他人交往和互动过程中的行为表现，并提供适当的指导和支持，以帮助婴幼儿建立积极、健康和有效的社交互动能力。

（一）婴幼儿社交互动行为概述

婴幼儿社交互动行为是社交发展的重要组成部分，它在婴幼儿早期的成长过程中扮演着关键的角色。通过与他人的社交互动，婴幼儿学习建立情感联系、理解他人的情感、分享快乐和困难，培养友谊和合作意识。

1. 婴幼儿社交互动行为的定义

婴幼儿社交互动行为是指婴幼儿与他人（通常是成年人和同龄人）在社交情境中进行的各种交流、互动和合作行为。这些行为是婴幼儿在社交环境中表现出来的方式。通过与他人的互动，婴幼儿可以建立情感联系、表达情感、分享经验、学习和发展。这些行为是婴幼儿与他人之间建立联系、表达情感和分享经验的重要途径，有助于促进他们的社交发展和情感联系。

2. 婴幼儿社交互动行为的种类

（1）非言语沟通：婴幼儿使用非言语的方式进行社交互动，例如眼神接触、微笑、点头、摆手等。这些行为表达了婴幼儿的兴趣、亲近感和回应他人的意愿。

（2）身体接触：婴幼儿通过身体接触来表达情感和建立情感联系，包括拥抱、亲吻、握手、抚摸等行为。身体接触可以传递安全感、亲近感和温暖感，有助于建立亲密的关系。

（3）语言交流：婴幼儿使用语言进行社交互动，他们会模仿和使用简单的词语、声音和语调来与他人进行交流，包括叫爸爸妈妈、发出各种声音、模仿他人的语言等。

（4）社交游戏：婴幼儿喜欢参与社交游戏，与他人一起玩耍和互动。社交游戏可以是简单的互动游戏，如拍手、踢腿、互相追逐等；也可以是角色扮演游戏，如模仿家庭成员的动作和行为等。

（5）合作互动：婴幼儿发展合作互动的能力，他们与他人一起完成任务、玩耍和解决问题。这种合作互动有助于培养婴幼儿的社交技能、合作能力和解决问题的能力。

（6）情感表达：婴幼儿通过情感表达来进行社交互动，他们展示喜悦、惊讶、兴奋、沮丧等情感，以及对他人的关心和关注。

3. 婴幼儿社交互动行为发展的里程碑

（1）0～6个月：婴幼儿能够注视他人，并对他人的注视做出反应，如回应微笑或眨眼；会制造社交性的声音，如咿呀声、咕噜声等，以吸引他人的注意。

（2）7～12个月：婴幼儿能够注视和指示自己感兴趣的事物，以与他人共享；能够通过笑声、咿呀声和肢体动作与他人进行社交互动。

（3）13～24个月：婴幼儿能够做出更多的面部表情，如愉快、悲伤、惊讶等，以及用表情回应他人；能够参与简单的社交游戏，如捉迷藏等。

（4）25～36个月：婴幼儿使用简单的词语和短语进行交流，能够与他人进行简单的对话；能够参与角色扮演活动，模拟日常生活中的社交场景，如扮演其他家庭成员、医生、老师等。

（二）0～3岁婴幼儿各年龄段社交互动行为观察与指导的要点

1. 0～6个月

（1）行为观察：照护者注意婴幼儿对他人面部表情和声音的关注和反应，观察婴幼儿的眼神接触、微笑和肢体动作。

（2）行为指导：照护者回应婴幼儿的社交互动，例如回应婴幼儿的微笑和咿呀声，通过面部表情和声音来建立联系，为婴幼儿提供安全感。

2. 7～12个月

（1）行为观察：照护者注意婴幼儿的肢体动作和声音表达，以及婴幼儿与他人的互动和反应，观察婴幼儿的招手、拍手与他人眼神交流等行为。

（2）行为指导：照护者鼓励婴幼儿积极参与社交互动，回应婴幼儿的招手和拍手，与婴幼儿进行眼神交流，提供简单而清晰的指令，如"给我拥抱""和我一起拍手"。

3. 13～24个月

（1）行为观察：照护者注意婴幼儿的语言发展，包括对词语和简单短语的使用，观察婴幼儿的社交游戏、角色扮演和与他人合作的行为。

（2）行为指导：照护者鼓励婴幼儿使用语言进行交流和表达需求，参与婴幼儿的社交游戏和角色扮演，提供支持和积极的反馈。

4. 25～36个月

（1）行为观察：照护者注意婴幼儿的语言表达和社交技能的发展，观察婴幼儿与他人的互动、合作和分享行为。

（2）行为指导：照护者鼓励婴幼儿积极参与社交互动，提供适当的引导和规范，帮助婴幼儿理解和遵守社交规范，如等待自己的轮次、尊重他人的感受等。

三、婴幼儿自我控制行为观察与指导

婴幼儿自我控制行为观察与指导是指关注婴幼儿在自我调节和管理情绪、行为和冲动的过程中的行为表现，并提供适当的指导和支持，以帮助婴幼儿发展自我控制能力和情绪调节能力的过程。

（一）婴幼儿自我控制行为概述

婴幼儿自我控制行为的发展是一个渐进的过程，逐渐从对外部控制依赖转变为内部调节和自主管理，他们逐渐学会延迟满足、抑制冲动、调节情绪，并遵守规则和社会规范。

1. 婴幼儿自我控制行为的定义

婴幼儿自我控制行为是指婴幼儿逐渐掌握控制和管理自己的情感、冲动和行为的能力，包括调节情感、控制冲动、调整自我行为、设定目标、监督自我和遵守社会规则方面的发展。自我控制行为是婴幼儿发展过程中的重要里程碑，它们在婴幼儿的社会化、情绪调节和认知发展中起着关键的作用。

2. 婴幼儿自我控制行为的种类

（1）调节情感：婴幼儿逐渐学会识别、理解和管理自己的情感。他们可能会学会自我安抚，减轻不适的情感，如通过吸吮拇指或抱着安慰物。

（2）控制冲动：随着不断成长，婴幼儿开始学会控制自己的冲动和欲望。而不是立即追求自己的需求。

（3）调整自我行为：婴幼儿逐渐开始理解社会规则和行为准则，并尝试适应不同情境下的行为。他们开始学会在公共场合保持安静，遵守家庭或学校的规定。

（4）设定目标：随着不断成长，婴幼儿开始学会设定目标并制订计划来实现这些目标。他们开始规划玩耍的时间，安排完成家庭任务的顺序。

（5）监督自我：婴幼儿逐渐学会监督自己的行为和决策，并对自己的行为负责。他们开始意识到自己的行为会产生后果，并努力做出符合社会规则的选择。

（6）遵守社交规则：婴幼儿开始学习遵守社交规则和礼仪，如分享玩具、尊重他人的空间和需求等。

3. 婴幼儿自我控制行为发展的里程碑

（1）6～12个月：婴幼儿能够集中注意力，并能将注意力从一个对象转移到另一个对象上；婴幼儿能够控制手部动作，例如抓取和放置玩具。

（2）13～24个月：婴幼儿能够抑制一些冲动性行为，例如在不安全的地方探索；能够短暂等待，例如等待食物或玩具。

（3）25～36个月：婴幼儿能够遵守简单的指令和规则，例如停止某个行为或等待自己的轮次；能够表达情绪并通过一些简单的方式来调节情绪，例如自我安慰。

（二）0～3岁婴幼儿各年龄段自我控制行为观察与指导的要点

1. 0～6个月

（1）行为观察：照护者注意婴幼儿对刺激的反应和注意力的集中程度，观察婴幼儿是否能够控制自己的手部动作和身体姿势。

（2）行为指导：照护者提供稳定和安全的环境，帮助婴幼儿建立安全感和维持情绪稳定，通过愉快的互动和适当的刺激促进婴幼儿的感知能力和运动发展。

2. 7～12个月

（1）行为观察：照护者注意婴幼儿对指令和规则的反应，观察婴幼儿是否能够停止或转移注意力，观察婴幼儿在面临冲突和欲望时的反应和行为调节。

（2）行为指导：照护者给予婴幼儿简单明确的指令，如"停止""不要"，提供安全的环境和适当的玩具，减少冲突，赞赏和鼓励婴幼儿的努力和成功。

3. 13～24个月

（1）行为观察：照护者注意婴幼儿对简单指令和规则的遵守情况，观察婴幼儿在面对挑战和冲突时的自我控制能力，观察婴幼儿在延迟满足方面的表现。

（2）行为指导：照护者给予婴幼儿清晰、简短的指令和规则，提供积极的激励和支持，帮助婴幼儿逐渐发展自我控制能力，通过游戏和角色扮演等活动让婴幼儿体验延迟满足的好处。

知识链接

托育教师给予2～3岁婴幼儿简单明确指令和规则

托育教师在与2～3岁的婴幼儿互动时，需要给予他们简单明确的指令和规则，以帮助他们建立积极的行为习惯和社交技能。以下是适用于2～3岁婴幼儿的指令和规则。

（1）安全规则方面：例如"不要靠近热的东西""不要靠近尖锐的物体""不要在房间里跑"等。

（2）卫生习惯方面：例如"在洗手后才能吃东西""打喷嚏或咳嗽时，用手肘遮住口鼻""学习使用纸巾擦嘴巴和鼻子"等。

（3）与他人相处方面：例如"不要抢别人的玩具""轮流玩耍，和小朋友分享玩具""对其他人要友好，不要打架或咬人"等。

（4）日常活动指令方面：例如"现在是吃饭时间，坐在餐桌前""睡觉时间到了，去床上躺下"等。

（5）整理和清洁方面：例如"玩完后，把玩具放回原处""吃完后，把碗盘放到水槽里"等。

（6）倾听指令方面：例如"注意听老师的话""等一下，老师马上就来"等。

（7）表达情感和需求方面：例如"如果需要帮助，可以说'请帮我'""如果感到生气或伤心，可以告诉老师或其他小朋友"等。

（8）积极行为鼓励方面：例如"很棒！你做得真好！""谢谢你的合作"等。

这些指令和规则应该以简单明了的语言表达，避免使用过于复杂或抽象的表达。同时，托育教师在传达规则和指令时，可以通过示范、肯定和积极激励等方式来帮助婴幼儿理解和遵循，与婴幼儿形成良好的沟通和互动，这有助于他们逐渐掌握正确的行为规范。

4. 25~36个月

（1）行为观察：照护者注意婴幼儿在面临挑战、冲突和诱惑时的自我控制表现，观察婴幼儿在情绪调节方面的能力，以及在社交互动中的自我控制行为。

（2）行为指导：照护者鼓励婴幼儿参与适当的冲突解决活动，教导婴幼儿使用适当的表达方式和解决问题的策略，提供积极的反馈和奖励，鼓励婴幼儿发展积极的自我控制行为。

四、婴幼儿规则遵守行为观察与指导

婴幼儿规则遵守行为观察与指导是指关注婴幼儿在学习和理解社会规则、行为准则和家庭规定方面的表现，并提供相应的观察与指导，以帮助婴幼儿建立良好的行为习惯和社会适应能力的过程。

（一）婴幼儿规则遵守行为概述

规则遵守行为对于婴幼儿和社会都具有重要的意义。它有助于维护社会秩序和稳定，促进合作和互信，以及确保婴幼儿的安全和福祉。规则遵守行为是婴幼儿社会化和人际交往能力发展的重要组成部分。家庭、教育和社会环境中的成年人在培养婴幼儿规则遵守行为中扮演着关键的角色，通过教育、示范和指导，帮助婴幼儿建立和发展遵守规则的行为习惯和价值观。

1. 婴幼儿规则遵守行为的定义

婴幼儿规则遵守行为是指婴幼儿能够在家庭、托育机构或其他环境中理解并遵守所设定的规则、限制或指导，包括成年人的指示、家庭规定、托育机构的规则等。当婴幼儿能够遵守规则时，婴幼儿会在相应的情境中展现出适当的行为，避免不合适或有害的行为。规则遵守行为是婴幼儿发展中的重要内容，它有助于培养婴幼儿的自我控制能力、社会适应能力和责任感。

在婴幼儿阶段，遵守规则通常是在家庭和托育环境中开始的，例如听从照护者的指示，遵守起床时间、睡觉时间等。随着年龄的增长，当婴幼儿参加社交互动时，他们还需要遵守更多的社交规则和行为准则。

2. 婴幼儿规则遵守行为的种类

（1）家庭规则：婴幼儿遵守家庭内制定的规则和准则，例如家庭作息时间、家务分工和家庭成员的相处规则等。

（2）社会规则：婴幼儿遵守社会共同约定的规则和准则，例如道路交通规则、公共场所秩序和礼仪规范等。

（3）学校规则：婴幼儿遵守学校所制定的纪律和行为规范，如校规、班规等。

（4）组织规则：婴幼儿遵守组织、机构或团体所规定的规章制度和行为规范，例如工作场所的职业道德准则、运动队的训练规则等。

（5）游戏规则：婴幼儿在游戏或竞赛中遵守规则和规范，包括遵守游戏规则、尊重对手和公平竞争等。

（6）法律：婴幼儿遵守法律法规和法律制度，包括尊重他人权利、遵守合同、不从事非法活动等。

3. 婴幼儿规则遵守行为发展的里程碑

（1）6～12个月：婴幼儿通过重复性的经验和反馈来理解一些基本规则，例如不应该抓取或触碰危险物品。

（2）13～24个月：婴幼儿能够理解简单的指令和规则，例如停止做某件事或不做某件事的要求，并尝试遵守；婴幼儿通过观察和模仿成年人的行为，尝试遵守一些基本的行为规范，例如使用餐具、穿脱衣物等。

（3）25～36个月：婴幼儿能够遵守家庭中更多的规则和准则，例如使用正确的语言表达、遵守家庭作息时间、尊重他人的隐私等；婴幼儿理解分享和合作的概念，能够在游戏和社交互动中遵守一些基本的合作规则，例如轮流玩耍和分享玩具。

知识链接

2～3岁婴幼儿能够遵守的家庭规则和准则有哪些?

2～3岁婴幼儿正处于探索世界和建立自我认知的阶段，他们逐渐理解规则和准则的概念。在家庭中，照护者要为他们设定一些简单明了的规则和准则，以帮助他们建立积极的行为习惯和社交技能。以下是适用于这个年龄段婴幼儿的家庭规则和准则。

（1）安全第一：例如"不靠近火源、尖锐物品和危险区域""玩具不要放在楼梯上，以防止摔倒"等。

（2）整理玩具：例如"玩完后，把玩具放回原处""不要把玩具扔得到处都是"等。

（3）礼貌和分享：例如"不抢夺玩具，要友好地分享""用温和的声音和言辞与大家交流"等。

（4）餐桌礼仪：例如"吃饭时坐在餐桌前""用餐时保持安静，不要乱丢食物"等。

（5）卫生习惯：例如"洗手后才能吃东西""打喷嚏或咳嗽时，用纸巾或肘部遮住口鼻"等。

（6）睡眠规律：例如"晚上睡觉时间到了，按时上床休息""白天也需要有休息时间，要按时午睡"等。

（7）倾听成年人的话：例如"注意听爸爸妈妈的话""等一下，大人会马上来"等。

（8）探索世界：例如"可以在家里探索，但要爱护家里的物品""不要在墙壁和家具上乱涂乱画"等。

（9）表达情感和需求：例如"如果需要帮助，可以说出来""如果生气或伤心，可以告诉爸爸妈妈"等。

（10）互助关爱：例如"帮助家人，如拿东西、帮忙整理""对爸爸妈妈说谢谢和对不起"等。

设定这些规则和准则的目的是帮助婴幼儿逐步养成正确的行为和社交习惯，同时培养他们的责任感、自律性和社交技能。在制定这些规则和准则时，家长可以选择与婴幼儿一起讨论，让他们理解规则和准则的重要性，并在日常生活中给予积极的反馈和鼓励。

（二）0～3岁婴幼儿各年龄段规则遵守行为观察与指导的要点

1. 0～6个月

（1）行为观察：照护者注意婴幼儿对刺激的反应和注意力的集中程度，观察婴幼儿是否对生活中的一些基本规则和规律产生反应，例如关于作息时间和用餐时间的规则。

（2）行为指导：照护者为婴幼儿提供稳定和安全的环境，以帮助婴幼儿建立安全感和保持情绪稳定；通过建立可预测的日常例行事项，照护者可帮助婴幼儿逐渐理解和遵守一些基本规则。

2. 7～12个月

（1）行为观察：照护者注意婴幼儿对简单指令和规则的理解和反应，以及对一些基本的规则和约束的反应，观察婴幼儿是否能够停止或转移注意力。

（2）行为指导：照护者给予婴幼儿简短明确的指令和规则，例如，使用简单的语言表达不要触碰危险物品或不要乱丢东西，并提供引导和示范，帮助婴幼儿理解和遵守这些规则。

3. 13～24个月

（1）行为观察：照护者注意婴幼儿对家庭规则和日常行为准则的理解和遵守情况，观察婴幼儿在面临挑战和冲突时的自我控制能力，以及对指令和规则的反应。

（2）行为指导：照护者给予婴幼儿清晰、简短的指令和规则，通过重复和示范，帮助婴幼儿理解和记忆这些指令和规则，提供积极的激励和反馈，鼓励婴幼儿努力和取得成功。

4. 25～36个月

（1）行为观察：照护者注意婴幼儿在面临挑战、冲突和诱惑时的规则遵守表现，观察婴幼儿在社交互动中的行为表现，例如分享、尊重他人和合作等方面的行为表现。

（2）行为指导：照护者给予婴幼儿更复杂和具体的指令和规则，通过角色扮演和模仿游戏，帮助婴幼儿理解和内化这些指令和规则，提供积极的反馈和奖励，鼓励婴幼儿发展良好的规则遵守行为。

课堂讨论

如何引导婴幼儿遵守和内化"红灯停，绿灯行"的交通规则？

第四节　婴幼儿游戏行为观察与指导

婴幼儿游戏行为观察与指导是指关注婴幼儿在游戏和玩耍过程中的行为表现，以及提供相应的指导，以促进婴幼儿的发展的过程。

通过观察与指导婴幼儿的游戏行为，照护者可以促进婴幼儿在认知、情感、社交和运动等方面的综合发展。照护者要给予婴幼儿足够的自由空间和时间来探索和玩耍，鼓励婴幼儿的努力和创意，以及提供适当的反馈和鼓励，以促进婴幼儿游戏行为的发展。

一、婴幼儿操作性游戏行为观察与指导

婴幼儿操作性游戏行为观察与指导是指关注婴幼儿在进行操作性游戏时的行为表现，以及提供相应的指导，以促进婴幼儿的认知和运动发展的过程。

（一）婴幼儿操作性游戏行为概述

操作性游戏行为对婴幼儿的认知、感知和运动发展起着重要的促进作用。操作性游戏有助于激发婴幼儿的好奇心和探索欲望，促进婴幼儿对周围环境的主动探索和认知发展。同时，通过操作性游戏，婴幼儿也体验到自己具有对环境产生影响的能力，从而增强自信心和积极性。

1. 婴幼儿操作性游戏行为的定义

婴幼儿操作性游戏行为是指婴幼儿通过与周围的物体、玩具或环境进行互动，探索、操作或改变它们的行为。这种游戏行为是婴幼儿自然而然的行为，是婴幼儿认识和了解世界的重要方式之一。

在操作性游戏中，婴幼儿会通过用手抓握、触摸、拍打、摇动、拆卸、组合、推拉、堆叠、倒转等方式与物体进行互动。通过这些操作，婴幼儿能够获得感官输入，并发现物体的特性、形状、质地和功能。这有助于婴幼儿增强感知运动协调性，发展手眼协调能力，以及增强注意力和解决问题的能力。

2. 婴幼儿操作性游戏行为的种类

（1）抓握和探索：婴幼儿使用手部动作，例如抓握、拍打、摸索、探索等，来了解物体的形状、质地和重量，他们会用手指、手掌或整个手臂来抓住、移动或探索物体。

（2）推动和推拉：婴幼儿会将物体推动或拉动，探索它们的运动和反应。例如，婴幼儿会推动玩具车、拉动绳子或推动块状物体。

（3）堆叠和组合：婴幼儿喜欢将物体堆叠在一起或组合起来，探索它们之间的关系，他们会将积木堆叠成塔、将拼图拼合在一起或将有磁性的物体连接起来。

（4）开启和关闭：婴幼儿会对物体的开启和关闭感兴趣，例如打开盒子、盖上容器的盖子或开关玩具。

（5）倒置和倾斜：婴幼儿会倒置物体，以探索它们的底部或隐藏部分；会倾斜物体，以观察它们的倾斜度和倾斜状态下的运动效果。

（6）探索媒介和工具：婴幼儿会使用媒介和工具来操作物体，例如使用工具在泥土或沙箱中挖掘、使用勺子搅拌容器中的液体等。

（7）分类和归类：婴幼儿会将物体根据共同特征或属性进行分类和归类，例如按颜色、形状或大小进行分类和归类。

3. 婴幼儿操作性游戏行为发展的里程碑

（1）6～12个月：婴幼儿使用手部动作和感官来主动探索和触摸物体，例如抓握、揉捏、摸索等，他们将不同形状的玩具拼插在一起或者堆叠起来。

（2）13～24个月：婴幼儿能够更好地理解物体的特性，例如形状、大小、重量等，通过使用手部动作来触摸、拿取和放置物体；能够推动玩具车、拉动绳子、推开门等，具备一定的推拉和移动物体的能力。

（3）25～36个月：婴幼儿能够更加熟练地进行拼插和堆叠动作，玩耍更复杂的玩具和材料；能够进行一些创造性的操作性游戏，例如建造简易火车轨道、搭建塔楼等。

（二）0～3岁婴幼儿各年龄段操作性游戏行为观察与指导的要点

1. 0～6个月

（1）行为观察：照护者注意婴幼儿对刺激的反应和手部动作的发展，观察婴幼儿对不同材质和形状的物体的触摸和握持行为。

（2）行为指导：照护者提供安全、符合婴幼儿发展水平的触觉和探索玩具，例如柔软的布质玩具或可咬嚼的安全玩具。

2. 7～12个月

（1）行为观察：照护者注意婴幼儿对玩具的探索方式和手部动作的发展，观察婴幼儿对拼插、放置和堆叠的兴趣和能力。

（2）行为指导：照护者提供适合婴幼儿手部动作的玩具和材料，例如大块的拼图和积木，鼓励婴幼儿尝试不同的拼插和堆叠方式，给予积极的反馈和鼓励。

3. 13～24个月

（1）行为观察：照护者注意婴幼儿对玩具的探索和操作的发展，观察婴幼儿在操作性游戏中的手部动作和手眼协调能力的进步。

（2）行为指导：照护者提供多样化的拼插、堆叠和装卸玩具，让婴幼儿可以尝试不同的操作方式和动作，鼓励婴幼儿尝试解决问题和应对挑战，提供适当的指导和支持。

4. 25～36个月

（1）行为观察：照护者注意婴幼儿在操作性游戏中的创造性和想象力的发展，观察婴幼儿使用玩具和材料进行模仿和创造的行为。

知识链接

2～3岁婴幼儿在操作性游戏中的创造性和想象力的表现

2～3岁婴幼儿在操作性游戏中开始展现出创造性和想象力。这个阶段的婴幼儿正处于认知和语言能力的迅速发展阶段，他们逐渐能够将自己的想法和想象力应用于游戏中。

（1）角色扮演：婴幼儿模仿日常生活中的角色，如家庭成员、动物等，他们会赋予玩具和自己的角色特定的行为和对话，表现出丰富的想象力。

（2）创造性玩耍：在搭积木、玩玩具模型、积沙子等游戏过程中，婴幼儿会创造出各种不同的结构和场景，展现出他们自己的构思能力和创造力。

（3）虚拟游戏：婴幼儿将一些日常对象或玩具变幻为其他事物。例如，他们把一块木头当成电话，将一个玩具盒子做成汽车。

（4）编造故事：在游戏中，婴幼儿会编造简单的故事情节，通过角色、情节和对话来表达自己的想法和创意。

（5）组合和改造：婴幼儿会尝试将不同的玩具或物体进行组合，创造出新的物品或场景，他们会用积木做成"飞行器"，或者用椅子和毛毯做出"帐篷"。

（6）音乐和舞蹈：在音乐和舞蹈方面，婴幼儿会用声音、动作和节奏来表达自己的情感和想象力，他们会编造简单的歌曲、歌词，或者跳一些有趣的舞蹈。

（7）自我创作：婴幼儿会自己画画、涂鸦，用蜡笔、彩色铅笔或水彩表达他们的创意和想象。

（8）身份转换：在游戏中，婴幼儿会试图扮演不同的角色，从而体验不同的情感和表达不同的观点，这有助于培养他们的同理心和社交技能。

2～3岁婴幼儿正处于对世界充满好奇和乐于探索的阶段，他们的创造性和想象力在操作性游戏中得到充分展现，这有助于他们发展多样化的认知和情感能力。照护者应鼓励和支持他们的创意表达，为他们提供丰富多彩的游戏材料和环境。

（2）行为指导：照护者提供多种创造性的玩具和材料，例如涂鸦工具、拼贴材料和建构玩具，鼓励婴幼儿进行自由创作和探索，提供适当的引导和鼓励，帮助婴幼儿表达和展示自己的想法和创意。

二、婴幼儿角色扮演游戏行为观察与指导

婴幼儿角色扮演游戏行为观察与指导是指监测和评估婴幼儿在角色扮演游戏中的行为，并提供适当的指导与支持，以促进婴幼儿的发展和学习的过程。婴幼儿角色扮演行为观察与指导的目的是帮助婴幼儿发展想象力、社交技能、情感表达和认知能力。

（一）婴幼儿角色扮演游戏行为概述

婴幼儿角色扮演游戏行为对婴幼儿的发展非常重要。通过扮演不同角色，婴幼儿可以表达自己的想象力、创造力和情感，发展社交技能和语言能力，以及理解和模仿社会角色和行为。这种行为还可以帮助婴幼儿建立自我认同和身份意识，并促进婴幼儿的认知和感知发展。

1. 婴幼儿角色扮演游戏行为的定义

婴幼儿角色扮演游戏行为是指婴幼儿通过模仿和模拟各种角色和情境，扮演不同的角色并进行想象性的互动游戏。在这种游戏行为中，婴幼儿通常会使用自己的身体、语言和情绪表达来表现所扮演角色

的特征和行为。

在婴幼儿的角色扮演游戏中，婴幼儿模仿其他家庭成员、动物、职业人员、角色动画片或故事中的角色等。婴幼儿通过模拟日常生活中的情境，如做饭、照顾小孩、开车等来扮演不同的角色。这种游戏行为通常是婴幼儿自发的，有助于婴幼儿探索社会角色和情境，并发展创造力、语言表达能力和社交能力。

2. 婴幼儿角色扮演游戏行为的种类

（1）家庭角色扮演：婴幼儿会扮演其他家庭角色，例如父母、兄弟姐妹，他们通过模拟日常生活中的活动和情境，如做饭、照顾小孩、打电话等来扮演不同的家庭角色。

（2）职业角色扮演：婴幼儿会模仿不同的职业人员，如医生、警察、消防员、教师等，他们会使用相关的道具或服装来扮演角色，并通过模拟相应的行为和情境来体验这些职业。

（3）动物扮演：婴幼儿会模仿不同的动物，如猫、狗、鸟、狮子等，他们会通过模拟动物的声音、动作和行为来扮演这些动物。

（4）动画片角色扮演：婴幼儿会模仿他们喜爱的动画片中的角色或卡通人物，如超级英雄、迪士尼公主、卡通小动物等，他们会通过模仿这些角色的动作、对话和情绪表达来进行角色扮演。

（5）儿童故事角色扮演：婴幼儿会通过模仿儿童故事中的角色，如小熊维尼、小红帽、三只小猪等来进行角色扮演，他们会重述故事情节、模仿角色的行为和对话。

3. 婴幼儿角色扮演游戏行为发展的里程碑

（1）模仿行为（0～6个月）：婴幼儿模仿周围人物的基本动作和表情，例如笑、摇头、拍手等，他们会观察并模仿其他家庭成员的动作和声音。

（2）简单角色扮演（7～12个月）：婴幼儿展示更具体的角色扮演行为，他们会使用玩具或身边的物品来代表特定的角色，如用勺子假装喂养玩具娃娃，或者戴上玩具帽子扮演警察等。

（3）角色扮演的创造性表达（13～24个月）：婴幼儿展现更多创造性的角色扮演行为，他们会通过自己的想象力创造角色和情节，例如扮演超级英雄、王后或者恐龙，并且使用更多道具来增强游戏的真实感。

知识链接

1～3岁婴幼儿在角色扮演中有哪些创造性表达？

1～3岁婴幼儿在角色扮演中会有很多创造性表达，虽然他们的想象力和语言能力还在发展阶段，但他们会通过行为、声音和情感表达来模仿和创造不同的角色。

（1）模仿其他家庭成员：婴幼儿会模仿其他家庭成员，如模仿父母做饭、喂婴幼儿、整理房间等行为，他们会用玩具做类似的动作，表现出对家庭生活的模仿和理解。

（2）动物扮演：婴幼儿会模仿动物的声音和动作，如叫喊、跳跃、爬行等，他们通过这些方式扮演不同的动物，例如鸭子、狗、猫等。

（3）超级英雄和角色扮演：婴幼儿会用披风、玩具剑或其他道具扮演超级英雄或其他虚构角色，通过自己的动作和声音表现出他们的创造性。

（4）家庭情景重现：婴幼儿会在玩具环境中重现日常家庭情景，比如让玩具人物吃饭、上学、洗澡等，以此表达他们对日常生活的理解和模仿。

（5）角色对话：尽管语言能力有限，但婴幼儿会模仿成年人的对话，用咿咿呀呀的声音与自己的玩具进行"交流"，表现出他们对社交互动的兴趣。

（6）自我创作角色：婴幼儿会创造自己独特的角色，赋予玩具或自己不同的身份和情感，通过这些角色来表达自己的情感和想法。

（7）虚拟环境扮演：婴幼儿会在想象中创造虚拟的环境，比如假装在森林中、太空中或海底探险，通过身体动作和声音表现出这些情境。

（8）物品转化：婴幼儿会赋予一些普通的物品特定的角色和功能，如将一块布当作毯子，一根木棍当作魔法棒，表现出他们的创造性。

这个年龄段的婴幼儿在角色扮演中表现出的创造性和想象力是他们认知和社交发展的重要组成部分。照护者应鼓励他们进行角色扮演，提供适当的玩具和环境，以促进他们的创意性表达和想象力发展。

（4）角色互动和合作（25～36个月）：婴幼儿展现更多的社交互动和角色合作，他们会与其他婴幼儿一起玩耍，扮演不同的角色，模仿对方的动作和语言，共同创造角色扮演的情境和故事。

（二）0～3岁婴幼儿各年龄段角色扮演游戏行为观察与指导的要点

1. 0～3个月

（1）行为观察：照护者观察婴幼儿对周围环境和人物的关注，注意其是否出现对面部表情和声音的模仿行为。

（2）行为指导：通过面部表情、声音和互动，照护者与婴幼儿建立联系，鼓励婴幼儿进行动作和声音模仿。

2. 4～6个月

（1）行为观察：照护者观察婴幼儿对身体动作的兴趣，如摇动、拍打等，注意婴幼儿是否模仿其他家庭成员的动作和表情。

（2）行为指导：照护者提供安全的玩具和道具，鼓励婴幼儿触摸、探索和模仿周围的动作，与婴幼儿进行互动游戏，如抓手游戏、面部表情模仿等。

3. 7～12个月

（1）行为观察：照护者观察婴幼儿对日常生活中的角色的兴趣，注意其是否使用玩具或日常物品模仿这些角色行为。

（2）行为指导：照护者提供与角色相关的玩具和道具，如玩具娃娃、玩具餐具等，鼓励婴幼儿模仿角色的相关行为。

4. 13～18个月

（1）行为观察：照护者观察婴幼儿在角色扮演中使用的玩具和道具，以及婴幼儿如何模仿其他家庭成员的动作和行为。

（2）行为指导：照护者鼓励婴幼儿扮演日常生活中的角色，如父母、医生、老师等，提供适当的玩具和道具，如玩具厨房等，以支持婴幼儿的角色扮演游戏。

5. 19～24个月

（1）行为观察：照护者观察婴幼儿在角色扮演中的创造性表达和角色互动，注意其是否使用语言、动作和表情来表达所扮演角色的特征。

（2）行为指导：照护者引导婴幼儿扩展婴幼儿的角色扮演游戏，鼓励婴幼儿创造情节和角色之间的互动，提供更多的角色扮演道具和玩具，以促进婴幼儿的创造力和角色扮演技能发展。

6. 25～30个月

（1）行为观察：照护者观察婴幼儿在角色扮演中的创造性表达和角色选择，注意其是否开始创造角色和情节，并使用语言和动作来表达所扮演角色的特征。

（2）行为指导：照护者提供更多角色扮演游戏机会，鼓励婴幼儿使用想象力和创造力来发展角色和情节，引导婴幼儿使用语言表达和解释角色扮演的想法和情节。

7. 31～36个月

（1）行为观察：照护者观察婴幼儿在角色扮演中的合作和社交互动，注意其是否与其他婴幼儿一起玩耍，扮演不同的角色，模仿对方的动作和语言，共同创造角色扮演的情境和故事。

（2）行为指导：照护者提供机会让婴幼儿与其他婴幼儿一起参与角色扮演游戏，促进合作和社交互动，引导婴幼儿共同创造情节，模仿对方的动作和语言，鼓励婴幼儿间的分享和互助。

三、婴幼儿想象力和创造力游戏行为观察与指导

婴幼儿想象力和创造力游戏行为观察与指导是指对婴幼儿在游戏和探索中展示的想象和创造力进行观察，并提供适当的指导和支持，以促进婴幼儿发展的过程。

（一）婴幼儿想象力和创造力游戏行为概述

婴幼儿想象力和创造力游戏行为对婴幼儿的认知、语言、情感和社交发展都起着重要的作用。这有助于培养婴幼儿的创造性思维、问题解决能力、表达能力和合作能力。通过想象和创造力游戏，婴幼儿能够发展自己的思维能力，探索不同的观点和情感，以及增强自信心和自主性。

1. 婴幼儿想象力和创造力游戏行为的定义

婴幼儿想象力和创造力游戏行为是指婴幼儿通过自身的想象力和创造力，创建和探索各种虚构的情境、故事情节和角色。这种游戏行为涉及婴幼儿对想象力和创造力的运用，旨在创造新的想法、概念和解决问题的方法。

在想象力和创造力游戏中，婴幼儿会虚构各种场景、角色和情节，使用非真实的对象和道具，以及进行非常规的行为和交互。婴幼儿会将普通的物体变成不同的东西，如将块状玩具当作电话，或用床单和椅子搭建城堡。

2. 婴幼儿想象力和创造力游戏行为的种类

（1）角色扮演游戏：婴幼儿会通过模仿不同的角色，如其他家庭成员、动物等，扮演不同的角色并进行想象性的互动游戏；会模拟日常生活中的情境和活动，将自己想象成不同的人或事物。

（2）创造故事和情节：婴幼儿用自己的想象力创造和发展故事情节，他们会使用玩具、图画或口头表达来讲述自己编造的故事，包括角色、情节和冲突等。

（3）建造和搭建：婴幼儿会使用积木、拼图、床单、纸箱等材料进行建造和搭建活动，他们利用自己的想象力创建各种结构、建筑和场景。

（4）艺术创作：婴幼儿进行绘画、手工制作、雕塑等艺术活动，会使用颜色、形状、材料等表达自己的想法和创造力。

知识链接

托育教师如何指导婴幼儿使用颜色、形状、材料等表达自己的想法和创造力？

托育教师在指导婴幼儿使用颜色、形状、材料等表达自己的想法和创造力时，可以采取以下方法，以鼓励婴幼儿的创意表达和艺术发展。

（1）提供多样性的材料：托育教师准备各种不同类型的艺术和手工材料，如彩纸、蜡笔、彩色铅笔、水彩、黏土、玩具等，这样可以让婴幼儿有更多的选择来表达自己的创意。

（2）激发兴趣：托育教师观察婴幼儿的兴趣，提供他们感兴趣的材料和主题。例如，如果他们喜欢动物，可以提供动物主题的绘画或手工活动。

（3）示范和启发：托育教师通过示范展示如何使用不同的颜色、形状和材料来创造不同的作品，也可以用简单的故事或图片来启发婴幼儿的想象力。

（4）提出开放性的问题和引导：托育教师提出开放性的问题，鼓励婴幼儿思考如何使用颜色、形状和材料来表达自己的想法。例如"你觉得哪种颜色适合这幅画呢？""你觉得可以用这些材料做什么？"等。

（5）肯定和鼓励：当婴幼儿展示他们的创作时，托育教师要给予积极的肯定和鼓励，不论作品的质量如何，重点在于鼓励他们表达自己的想法和感受。

（6）提供自由空间：托育教师要为婴幼儿提供自由表达的空间，不要限制他们的想象力。即使他们的作品不符合托育教师的标准，也是他们自己的独特表达。

（7）组织创意活动：托育教师定期组织一些创意活动，如绘画、手工制作、剪纸等，让婴幼儿参与其中，这样有助于培养他们的艺术兴趣和创造力。

（8）展示和分享：托育教师组织小型的展示或分享会，让婴幼儿有机会展示他们的作品，同时也可以倾听他们的想法和创意。

通过以上方法，托育教师可以帮助婴幼儿逐步发展艺术创意和创造力，同时鼓励他们自信地表达自己的想法和情感，这不仅有助于他们的情感和认知发展，也能为他们日后的学习和创造性思维打下基础。

（5）传统游戏规则的重新创造：婴幼儿会重新创造传统游戏规则，加入自己的想象和创意，他们会赋予游戏新的规则、角色或变化，以创造新的游戏体验。

（6）幻想游戏：婴幼儿会通过想象自己处于不同的情境或环境中，例如在太空、海底、森林等，进行幻想游戏，他们会模拟相关的行为、声音和情感，创造自己的幻想世界。

3. 婴幼儿想象力和创造力游戏行为发展的里程碑

（1）0～6个月：婴幼儿对视觉和听觉刺激产生兴趣，例如注视鲜艳的颜色、触摸不同材质的物体、聆听不同的声音等；对他人的面部表情和声音模仿做出反应，例如笑、咯咯叫、舔嘴唇等；对摇摆、摇动和晃动的物体表现出兴趣，例如摇铃、摆动的玩具等。

（2）7～12个月：婴幼儿做出模仿行为，例如模仿简单的手势、声音和动作；使用手指指向物体、人或感兴趣的事物；对探索性游戏表现出兴趣，例如装拆物品、堆叠杯子、放入和取出物体等。

（3）13～24个月：婴幼儿进行角色扮演游戏，如喂养玩具娃娃、玩玩具厨房等；使用物品进行假想游戏，例如将块状物品当作电话使用、给玩具喂食等；创造简单的故事情节，例如通过玩具和手势来表达情节。

（4）25～36个月：婴幼儿角色扮演的复杂性增强，例如扮演多个角色、模仿不同的动物等；会发挥想象力，例如通过创造性的角色和场景来编造故事；会进行建构和拼装游戏，例如使用积木、拼图等创造不同的结构和形状。

（二）0～3岁婴幼儿各年龄段想象力和创造力游戏行为观察与指导的要点

1. 0～6个月

（1）行为观察：照护者观察婴幼儿对不同感官刺激的反应，如颜色、声音、触觉等。

（2）行为指导：照护者提供各种刺激，如鲜艳的玩具、不同的音乐和摇动的物体，以促进婴幼儿的感官探索，鼓励婴幼儿模仿简单的动作和声音，例如笑、咯咯叫等。

2. 7～12个月

（1）行为观察：照护者观察婴幼儿的手眼协调能力，如抓取和摆弄物体。

（2）行为指导：照护者提供符合婴幼儿年龄的玩具，如堆叠杯子、拼图等，以鼓励婴幼儿探索和创造，鼓励婴幼儿进行模仿游戏，并给予其积极的反馈。

3. 13～36个月

（1）行为观察：照护者观察婴幼儿的角色扮演游戏，如模仿成年人的活动和情境，扮演多个角色和模仿不同动物。

（2）行为指导：照护者提供角色扮演玩具，如玩具厨房、玩具医院等，以激发婴幼儿的创造力；提供创造性的玩具和材料，如积木、拼图等，以促进建构和拼装的能力，鼓励婴幼儿进行想象力发挥，例如通过玩具和手势来编造简单的故事情节。

四、婴幼儿符号性游戏行为观察与指导

婴幼儿符号性游戏行为是指婴幼儿使用符号、象征性的方式来代表和表示对象、情境或角色的行

为。在这种游戏中，婴幼儿使用非实际的物体、声音或动作来表达或代表其他事物或情况。

（一）婴幼儿符号性游戏行为概述

符号性游戏行为对婴幼儿的发展具有重要意义，有助于培养婴幼儿的语言表达能力、创造性思维、社交技能和认知能力。通过符号性游戏，婴幼儿能够发展自己的想象力、观察力和问题解决能力，促进语言发展和情感表达。

1. 婴幼儿符号性游戏行为的定义

婴幼儿符号性游戏行为是指婴幼儿使用符号、象征性的方式来表示和代表其他对象、角色或情境的行为。这种游戏行为涉及婴幼儿将一个事物或行为与另一个事物或行为进行联系和表达的能力。

在符号性游戏中，婴幼儿会使用身体动作、声音、语言、道具或图像等来代表特定的对象、角色或情境。例如，婴幼儿会将玩具木块当作电话，通过模拟成年人打电话的动作和语言，表达与他人交流的意图。婴幼儿通过使用非真实的对象和道具扮演角色、模拟日常生活中的活动和情境，来表示和代表不同的事物或情境。

2. 婴幼儿符号性游戏行为的种类

（1）扮演角色：婴幼儿会通过扮演不同的角色，如其他家庭成员、动物等，来进行符号性游戏，他们使用自己的动作、语言和表情来模拟所扮演角色的行为和特征。

（2）建立情境：婴幼儿会使用玩具、道具或其他对象来建立一个特定的情境，然后通过模拟相关的行为和动作，来表达婴幼儿的想法和意图。例如，婴幼儿使用厨具玩具和食物，模仿其他家庭成员做饭的情境。

（3）模仿家庭生活情境和活动：婴幼儿会模仿家庭生活情境和活动，如做家务、喂婴幼儿、购物等，通过模拟相关的行为和角色来进行符号性游戏。

（4）使用玩具等代表对象：婴幼儿会使用玩具或其他物体来代表其他对象或事物。例如，婴幼儿会将一张纸当作盘子，将一个毛绒玩具当自己的朋友。

（5）用绘画表达：婴幼儿会用绘画来表达自己的想象和情感，他们会画出自己想象中的场景、角色和故事情节。

（6）建造和创作：婴幼儿会使用积木、拼图、绘画材料等进行建造和创作活动，他们通过想象创造出各种形状、结构和模型。

3. 婴幼儿符号性游戏行为发展的里程碑

（1）6～12个月：婴幼儿使用非实际物体进行模仿游戏，如用手假装打电话、拿着玩具勺子假装喂食等，他们通过声音模仿动物叫声或其他日常生活中的声音，如狗叫声、汽车发动声等。

（2）13～24个月：婴幼儿进行角色扮演游戏，通过模仿其他家庭成员的行为和角色来表达自己，如模仿爸爸开车、妈妈做饭等，他们使用非实际物体代表其他事物，如把纸盒当作电话、用玩具块模拟建筑等。

（3）25～36个月：婴幼儿会扮演多个角色，如其他家庭成员、动物等，并模仿其特征和行为；会创造虚拟情境，如建立"玩具城市"、设想幻想的场景等，充分利用想象力和创造力来探索和表达；会使用符号和象征性的表达方式来代表对象、情境或角色，如使用图画、手势、声音等。

（二）0～3岁婴幼儿各年龄段符号性游戏行为观察与指导的要点

1. 7～12个月

（1）行为观察：照护者观察婴幼儿对非实际物体的兴趣，如利用玩具电话、勺子等进行模仿游戏。

（2）行为指导：照护者鼓励婴幼儿模仿动物声音，如狗叫声等；提供简单的符号性玩具和道具，如玩具手机、玩具车等，以促进婴幼儿的模仿行为和游戏行为。

2. 13～24个月

（1）行为观察：照护者观察婴幼儿进行角色扮演游戏，注意其模仿人或动物的行为和声音。

（2）行为指导：照护者鼓励婴幼儿使用非实际物体代表其他事物，如将玩具块当作飞机或车辆等；提供丰富的角色扮演玩具和道具，如玩具厨房、医生角色扮演等，以激发婴幼儿的创造力和角色扮演能力。

3. 25～36个月

（1）行为观察：照护者观察婴幼儿进行更复杂的角色扮演游戏，注意其扮演多个角色并模仿其特征和行为。

（2）行为指导：照护者鼓励婴幼儿创造虚拟情境，如建立"玩具城市"或设想幻想的场景；提供符号性游戏的材料和道具，如绘画纸、彩色笔、音乐玩具等，以促进婴幼儿的符号性表达和创造力。

名词解释~

婴幼儿的符号性表达

婴幼儿的符号性表达是指他们使用符号、标志、动作、声音、肢体语言等方式来表达自己的想法、情感、需求和意图的方式。这种表达方式是一种非语言性的沟通方式。婴幼儿在语言发展尚不完全成熟的阶段，利用符号表达来与他人进行交流和互动。

符号性表达强调婴幼儿使用各种手势、面部表情、身体动作等非语言的方式来传达信息。这些表达可能是直接的，如婴幼儿通过指向某个物体来表示他们想要的东西；也可能是间接的，如婴幼儿通过各种声音、眼神和肢体动作来表达情感，如快乐、不满或困惑。

符号性表达在婴幼儿的成长中具有重要意义，因为他们的语言能力在早期发展阶段尚未完全形成。这种表达方式可以帮助照护者更好地理解婴幼儿的需求和情感，从而更好地满足他们的需要，促进与他们的情感互动。

随着成长，婴幼儿会发展出更为复杂和成熟的符号性表达，包括通过语言、绘画、涂鸦、模仿游戏等进行表达。这些表达方式有助于婴幼儿的认知和情感发展，也为他们在日后的社交、学习和创造性思维方面奠定了基础。

五、婴幼儿社交游戏行为观察与指导

婴幼儿社交游戏行为是指婴幼儿与他人之间在玩耍和互动中展示的社交技能和行为。这些游戏行为包括与他人建立联系、互相合作、分享玩具、表达情感和参与集体活动等。

（一）婴幼儿社交游戏行为概述

社交游戏行为对婴幼儿的社交和情感发展具有重要意义，有助于婴幼儿建立亲密关系、发展友谊和理解他人的情感和意图。通过社交游戏，婴幼儿能够学习分享、合作、倾听和回应他人的需求，同时也能发展自己的沟通技巧和社交技能。

1. 婴幼儿社交游戏行为的定义

婴幼儿社交游戏行为是指婴幼儿在与他人互动的过程中，展现出的与他人交流、合作和建立亲密关系的行为。这种游戏行为涉及婴幼儿与他人之间的情感交流、身体接触、语言表达和社交技能的发展。

在社交游戏中，婴幼儿会与照护者、同伴或其他人进行各种互动，包括眼神交流、微笑、肢体接触、共享玩具、共同游戏等。婴幼儿社交游戏行为通常是自发的，表现出其对他人的兴趣和需求，并带有互动和交流的目的。

2. 婴幼儿社交游戏行为的种类

（1）眼神交流：婴幼儿通过注视、凝视和眼神交换来与他人建立联系和交流，他们会与他人保持眼神接触，表达兴趣、好奇或对话的意愿。

（2）面部表情：婴幼儿通过面部表情与他人建立情感联系，他们会对他人展示友善、喜悦或满足的表情，以表达亲密和愉快的情绪。

（3）身体接触：婴幼儿会通过拥抱、亲吻、握手等身体接触来表达情感和建立亲密关系，这种身体接触可以传达关爱、安慰和支持。

（4）玩耍和分享玩具：婴幼儿与他人一起玩耍和分享玩具，以建立社交联系和合作，他们会主动给予玩具、接受玩具、协作完成任务或互相模仿。

（5）声音交流：婴幼儿使用声音和语言表达来与他人交流，他们会通过发出咿呀声、叫喊、模仿语音和简单的词汇来表达意愿、需求和情感。

（6）角色扮演游戏：婴幼儿通过扮演角色和模拟情境与他人互动和合作，他们会模仿日常生活中的活动和角色，如做家务、给婴幼儿喂食等，以建立社交联系和合作关系。

（7）非言语的互动：婴幼儿使用非言语的方式来与他人交流，如做手势、点头、挥手等，这些非言语的互动可以传达兴趣、接受或拒绝的意愿，以及建立亲密和合作的关系。

3. 婴幼儿社交游戏行为发展的里程碑

（1）6～12个月：婴幼儿能够与他人建立眼神接触，通过注视和眼神交流来建立联系，能够通过面部表情，如微笑，来表达友好和兴奋的情感。

（2）13～24个月：婴幼儿与同伴一起玩耍，虽然没有直接互动，但能够观察和模仿对方的行为；他们尝试与他人合作完成简单的任务，如一起堆积木，以及分享玩具或食物。

（3）25～36个月：婴幼儿能够更积极地与他人互动，参与彼此之间的游戏，如追逐游戏、捉迷藏等；他们模仿和扮演不同的角色，并与其他婴幼儿进行角色扮演游戏，如玩过家家、医生游戏等；他们能够表达自己的情感，并开始理解和回应他人的情感，如安慰、关心他人等。

（二）0～3岁婴幼儿各年龄段社交游戏行为观察与指导的要点

1. 6～12个月

（1）行为观察：照护者观察婴幼儿的目光接触和面部表情，例如是否能与他人进行眼神交流、微笑等。

（2）行为指导：照护者鼓励婴幼儿与他人进行亲密互动，如拥抱、握手等，提供安全、亲密的环境，以促进婴幼儿与他人建立联系和互动。

2. 13～24个月

（1）行为观察：照护者观察婴幼儿与其他婴幼儿的互动，如平行玩耍、观察和模仿对方的行为。

（2）行为指导：照护者鼓励婴幼儿进行简单的合作活动，如一起堆积木、共同进行游戏等，引导婴幼儿分享玩具和食物，鼓励婴幼儿关心和帮助他人。

3. 25～36个月

（1）行为观察：照护者观察婴幼儿是否积极参与互动游戏，如追逐游戏、捉迷藏等，以及与其他婴幼儿一起玩耍。

（2）行为指导：照护者鼓励婴幼儿参与角色扮演和合作游戏，如扮演其他家庭成员、医生等，并与其他婴幼儿一起进行角色扮演游戏，培养婴幼儿的情感表达和理解能力，鼓励婴幼儿表达自己的情感，理解和回应他人的情感。

知识链接

"婴幼儿游戏行为" 与 "婴幼儿游戏" 之间的关系

婴幼儿游戏行为是指婴幼儿在玩耍和互动中展现出的各种行为，包括操作性游戏行为、角色扮演游戏行为、符号性游戏行为等。婴幼儿游戏是指婴幼儿在玩耍和互动过程中所参与的活动和体验。游戏行为是婴幼儿在游戏中所展现的具体行为，是他们与环境、物体和他人的互动和表现方式。这些行为反映了婴幼儿的发展阶段、兴趣和能力。

游戏是婴幼儿主动探索、学习和发展的方式。通过游戏，他们可以获得新的经验、发展各方面的能力，并建立与他人的互动和关系。

婴幼儿游戏行为与婴幼儿游戏之间存在密切的联系。游戏行为是婴幼儿在游戏中所展现的行为方式，而游戏是婴幼儿通过游戏行为来参与的活动。游戏行为是游戏的表现形式，而游戏是游戏行为的背景和环境。

通过游戏行为，婴幼儿参与到游戏中，与环境、物体和他人互动，并通过游戏获得学习和发展的机会。游戏为婴幼儿提供了探索、创造和表达自己的机会，促进了他们认知、情感、语言和社交技能的发展。

💡 课堂讨论

托育机构在进行婴幼儿游戏行为观察与指导时的注意事项有哪些？

第五节 婴幼儿自理行为观察与指导

婴幼儿自理行为观察与指导是指照护者对婴幼儿在日常生活中进行自理行为的表现进行关注、观察和指导，以帮助他们逐步学会独立完成各种自理活动，增强婴幼儿自理能力和自主性的过程。婴幼儿自理行为包括自己吃饭、穿脱衣服、洗脸洗手、如厕等。自理行为的学习对于婴幼儿的自主性和自信心有着积极的影响，照护者适当的观察与指导能够为婴幼儿的自理能力提供有益的支持。

一、婴幼儿进餐行为观察与指导

婴幼儿进餐行为观察与指导是指照护者对婴幼儿的进餐行为进行关注、观察和指导，以帮助他们建立健康的饮食习惯和发展良好的进餐技能的过程。这是婴幼儿日常生活中非常重要的自理行为。

（一）婴幼儿进餐行为概述

婴幼儿进餐行为的发展是一个渐进的过程，照护者的关注、指导和鼓励对于培养婴幼儿良好的进食习惯和健康饮食行为非常重要。通过观察和指导，照护者帮助婴幼儿养成健康的进餐习惯，确保他们获得充足和均衡的营养，促进他们的身心健康和成长。

1. 婴幼儿进餐行为的定义

婴幼儿进餐行为是指婴幼儿在饮食过程中的行为和表现，包括婴幼儿吃饭的动作、姿态、饮食习惯以及进食的技能等方面。进餐行为是婴幼儿日常生活中非常重要的一部分，它对于营养摄取、生长发育以及饮食习惯的养成都有着重要的影响。

2. 婴幼儿进餐行为的种类

（1）吸吮行为：新出生婴幼儿通过吸吮母乳或喝配方奶来获取营养，吸吮是他们最早掌握的进食方式之一。

（2）咀嚼行为：随着成长，婴幼儿学会咀嚼固体食物，这是口腔肌肉协调发展的重要阶段。

（3）抓握食物：婴幼儿喜欢用手抓取食物并进行探索，这是他们发展手指灵活性和手眼协调能力的部分表现。

（4）接受新食物：婴幼儿在食用辅食时，会面临接受新食物的挑战，对新口味和质地可能有不同的反应。

（5）饮食节律：随着成长，婴幼儿建立起一定的饮食节律，形成较为规律的进食习惯。

（6）喂食互动：婴幼儿在还未完全实现自主进食之前，与照护者的喂食互动是重要的进餐行为。

（7）喜好和厌恶：婴幼儿对食物表现出明显的喜好或厌恶，这与个体的口味偏好有关。

（8）辅助喂食：在婴幼儿学会自主进食之前，照护者需要通过辅助喂食的方式来满足婴幼儿的营养需求。

（9）自主进食：随着手眼协调能力的提升，婴幼儿学会自己持勺、用手拿食物进食。

（10）餐桌礼仪和习惯：随着成长，照护者引导婴幼儿养成良好的餐桌礼仪和习惯。

知识链接

照护者应帮助婴幼儿掌握哪些良好的餐桌礼仪？

照护者要帮助他们掌握良好的餐桌礼仪，这将有助于他们的社交发展和健康成长。

（1）坐姿和餐桌举止：照护者教导婴幼儿正确的坐姿，坐在椅子上，不乱动或爬来爬去，让他们明白在餐桌上需要保持安静和专注。

（2）洗手习惯：照护者鼓励婴幼儿在进餐前和进餐后养成洗手的习惯，以保持卫生。

（3）使用餐具：照护者教导婴幼儿如何正确使用餐具，例如用勺子吃饭、用杯子喝水等，随着他们的成长，再逐渐引导他们使用更多的餐具。

（4）咀嚼和吞咽：照护者鼓励婴幼儿咀嚼食物，不要急于吞咽，这不仅有助于消化，还能避免窒息的危险。

（5）与人交流：照护者在餐桌上鼓励婴幼儿学会与人交流，如询问是否可以取用某种食物，说"谢谢"和"请"，以及适当地参与谈话。

（6）尊重食物：照护者培养婴幼儿尊重食物的意识，教导他们不浪费食物，适量取用，懂得珍惜。

（7）不挑食：照护者鼓励婴幼儿尝试各种不同的食物，不挑食，培养多样化的饮食习惯。

（8）等待轮次：照护者教导婴幼儿等待自己的轮次，不插队或抢夺食物。

（9）自己清理：照护者鼓励适龄的婴幼儿在用餐结束后，自己清理自己的餐具和碗盘，增强自理能力。

（10）限制电子设备：餐桌是家庭互动和交流的好机会，照护者鼓励婴幼儿在用餐时不使用电子设备，避免分散注意力。

（11）定时用餐：照护者培养婴幼儿规律用餐，这有助于婴幼儿建立健康的饮食习惯。

（12）守规矩：照护者教导婴幼儿遵守用餐的规则，如不随意离开餐桌、不在餐桌上玩耍等。

照护者的耐心和示范在教导过程中起着至关重要的作用，照护者的态度和行为将直接影响婴幼儿的学习和模仿行为。通过持续的指导和正面激励，照护者帮助婴幼儿逐渐掌握良好的餐桌礼仪。

3. 婴幼儿进餐行为发展的里程碑

（1）0～6个月：婴幼儿通过吸吮来进食，喝母乳或配方奶，他们需要多次进食，以满足快速成长的需求。

（2）7～12个月：照护者逐渐引入辅食，如米粉、果泥等，培养婴幼儿对不同口味食物的接受能力，他们开始尝试自己用手持勺子进食。

（3）13～18个月：婴幼儿的咀嚼能力逐渐提升，尝试咀嚼固体食物，如面条等；他们建立起相对规律的饮食节律，包括固定的早餐、午餐、晚餐和点心时间。

（4）19～24个月：婴幼儿的自主进食能力有显著提升，能够比较熟练地用手持勺子或用手抓食物进食；照护者引导婴幼儿掌握良好的餐桌礼仪，如等待用餐时坐好，用餐时不乱抛食物等。

（5）25～36个月：婴幼儿会更加熟练地使用餐具，如勺子、叉子等，他们会用杯子自己喝水，不再依赖奶瓶。

（二）0～3岁婴幼儿各年龄段进餐行为观察与指导的要点

1. 0～6个月

（1）行为观察：照护者观察婴幼儿吸吮母乳或配方奶的姿势是否正确，吸吮动作是否有力，观察他们的进食频率和量是否能够满足成长需求。

（2）行为指导：照护者保证婴幼儿吃奶的姿势正确，避免拍嗝过程中造成不适，根据婴幼儿的哭声和吮吸表现来判断他们是否饿或饱。

2. 7～12个月

（1）行为观察：照护者观察婴幼儿对辅食的接受程度，注意他们是否有吞咽困难，是否自主尝试用手持勺子或抓食物。

（2）行为指导：照护者逐渐引入多样化的辅食，关注婴幼儿对不同食物的反应，鼓励他们自主尝试用手持勺子和抓取食物，照护者可以辅助喂食。

3. 13～18个月

（1）行为观察：照护者观察婴幼儿的咀嚼能力，注意他们是否能咀嚼固体食物，是否开始有意识地使用餐具。

（2）行为指导：照护者提供易咀嚼的软食和小块食物，鼓励婴幼儿尝试用餐具，如勺子和叉子。

4. 19～24个月

（1）行为观察：照护者观察婴幼儿自主进食的能力，注意他们是否能独立完成饮水和用餐，是否尝试自己饮水。

（2）行为指导：照护者鼓励婴幼儿独立自主地用餐，给予适量的帮助和指导，提供易于抓握的杯子，让他们尝试自己饮水。

5. 25～36个月

（1）行为观察：照护者观察婴幼儿在进餐过程中是否能够养成良好的餐桌礼仪，观察他们对不同食物的喜好和厌恶。

（2）行为指导：照护者引导婴幼儿养成良好的餐桌礼仪，如等待用餐时坐好、用餐时不乱抛食物，尊重他们的食物喜好，逐渐引导他们尝试新食物。

二、婴幼儿如厕行为观察与指导

婴幼儿如厕行为观察与指导是指照护者对婴幼儿进行关注、观察和指导，以帮助他们逐步学会控制大小便，并培养正确的如厕习惯的过程。这是婴幼儿日常生活中非常重要的自理行为培养过程。通过观察与指导，照护者可以帮助婴幼儿逐渐掌握正确的如厕技能，建立自主排泄的能力，培养良好的如厕习惯，从而促进他们健康成长和发展。

（一）婴幼儿如厕行为概述

婴幼儿如厕行为观察和指导旨在帮助他们逐渐养成自己如厕的习惯，建立自主排泄的能力，如厕行为是他们日常生活中的重要自理行为。照护者的耐心引导和示范对于婴幼儿正确掌握如厕技能至关重要。

1. 婴幼儿如厕行为的定义

婴幼儿如厕行为是指婴幼儿在满足排泄生理需求时的行为和动作。婴幼儿如厕行为主要涉及小便和大便两个方面，包括如厕时的姿势、操作和习惯等。

对于小便行为，婴幼儿会在尿尿时表现出需要小便的信号，然后寻找合适的地方或使用尿布排尿。随着成长，婴幼儿逐渐学会使用儿童坐便器，并养成定时如厕的习惯。

对于大便行为，婴幼儿在刚出生时会在尿布中排便。随着成长，他们学会控制排便的时机，照护者会观察到婴幼儿表现出的排便信号，如蹲下、腾出一些空间等。当他们学会使用儿童坐便器进行大便时，照护者也需要予以鼓励。

2. 婴幼儿如厕行为的种类

（1）尿布使用：婴幼儿会在尿布中排尿，照护者需要定期更换干净的尿布。

（2）尿布训练：随着成长，照护者对婴幼儿进行尿布训练，让他们逐渐适应使用尿布，建立排尿的一定规律。

（3）坐便器使用：随着成长，照护者引导婴幼儿使用儿童坐便器大小便。

（4）定时如厕：鼓励婴幼儿养成定时如厕的习惯，例如在饭后、睡醒、出门前等时间段。

（5）自主如厕：随着成长，婴幼儿学会自主如厕，不再需要照护者的提醒和指导。

（6）使用便盆：在一些情况下，照护者会使用便盆帮助婴幼儿更轻松地进行大小便。

（7）大小便训练：为了培养婴幼儿控制大小便的能力，照护者会对其进行大小便训练，逐步延长其排便时间间隔。

知识链接

照护者对婴幼儿进行大小便训练的方法和步骤

婴幼儿大小便训练是一个渐进的过程，照护者需要有耐心。以下是一些方法和步骤，可以帮助照护者对婴幼儿进行大小便训练。

（1）选择合适的时机：大小便训练的时机因每个婴幼儿而异，通常在2~3岁开始。每个婴幼儿的发展速度不同，不必过早地强迫婴幼儿进行训练。

（2）观察婴幼儿的信号：照护者学会观察婴幼儿的大小便信号，例如脸色变化、皱眉、蹲下等，这有助于照护者在合适的时机引导他们使用卫生间。

（3）选择适合的卫生用具：照护者准备好适合婴幼儿使用的坐便器等卫生用具，让婴幼儿在使用时感到舒适。

（4）建立固定的时间表：照护者设定固定的时间让婴幼儿大小便，以使其形成习惯。

（5）使用积极的鼓励：当婴幼儿成功大小便时，照护者给予他们积极的鼓励和赞扬，这将激发他们的兴趣和积极性。

（6）不要施加压力：照护者避免施加过多的压力和责备，如果有意外发生，要耐心对待，不要让婴幼儿感到尴尬或紧张。

（7）鼓励婴幼儿参与：照护者鼓励婴幼儿在卫生间用具的选择上参与决策，增强他们的主动性。

（8）裤子训练：当婴幼儿开始显示出对大小便的意识时，照护者开始尝试裤子训练，选择适合的时机，让婴幼儿穿着容易穿脱的裤子，并及时提醒他们大小便。

（9）使用奖励系统：照护者使用奖励系统鼓励婴幼儿大小便，例如给予小礼物或特殊的待遇作为激励。

（10）建立正面的卫生习惯：照护者教导婴幼儿正确的卫生习惯，例如大小便后洗手，保持干净。

每个婴幼儿的大小便训练进程都是不同的，有些婴幼儿可能会在短时间内完成，而另一些婴幼儿可能需要更长的时间。最重要的是，照护者要有耐心，要理解和鼓励婴幼儿，逐步引导婴幼儿养成独立大小便的习惯。

（8）发出排便信号：照护者观察婴幼儿的排便信号，如蹲下、跳动、腾出空间等，以便及时引导和满足他们的排便需求。

3. 婴幼儿如厕行为发展的里程碑

（1）6~12个月：婴幼儿有排便的生理意识，他们会在排便时做出明显的表情或发出信号；有些婴幼儿会对湿尿布感到不舒服，做出不适应湿尿布的反应。

（2）13~18个月：婴幼儿会用声音、表情或指示物品来报告排便的情况；照护者引导婴幼儿使用儿童坐便器，让他们逐渐适应使用如厕设施。

（3）19~24个月：婴幼儿能够意识到即将排便，并发出相应的行为信号，如蹲下或跑到特定地点；

能够养成定时如厕的习惯，尤其是在饭后或睡醒后。

（4）25～36个月：随着成长，婴幼儿学会控制排便的时机，能够及时克制住，等待如厕；会自主如厕，不再依赖照护者的提醒和帮助。

（二）0～3岁婴幼儿各年龄段如厕行为观察与指导的要点

1. 0～6个月

（1）行为观察：照护者观察婴幼儿是否有排便的明显表现，例如皱眉、踢腿、用力等，注意尿布是否湿或脏。

（2）行为指导：照护者经常检查尿布，及时更换湿或脏的尿布，保持尿布干爽，避免婴幼儿患尿布湿疹。

2. 7～12个月

（1）行为观察：照护者观察婴幼儿是否意识到排便的感觉，有无明显的排便的信号。

（2）行为指导：照护者对婴幼儿进行尿布训练，在固定的时间或情境下引导婴幼儿如厕，如饭后、睡醒后等；对于有明显排便信号的婴幼儿，照护者逐渐引导他们使用儿童坐便器。

3. 13～18个月

（1）行为观察：照护者观察婴幼儿是否逐渐养成定时如厕的习惯，是否能够表达如厕的需求。

（2）行为指导：照护者鼓励婴幼儿定时如厕，尤其是在饭后或睡醒后；对于有如厕需求的婴幼儿，要及时回应他们的需求，引导他们使用坐便器。

4. 19～24个月

（1）行为观察：照护者观察婴幼儿是否学会自主如厕，是否能够控制大小便。

（2）行为指导：照护者鼓励婴幼儿自主如厕，不再依赖尿布或照护者的提醒；同时，照护者要有足够的耐心，尊重婴幼儿的如厕进展，避免施加过度的压力。

5. 25～36个月

（1）行为观察：照护者观察婴幼儿是否逐渐独立完成如厕，是否能够控制大小便。

（2）行为指导：许多婴幼儿会逐渐独立完成如厕，照护者可以继续鼓励和支持他们，培养其良好的如厕习惯和自理能力。

三、婴幼儿睡眠行为观察与指导

婴幼儿睡眠行为观察与指导是指照护者对婴幼儿的睡眠行为进行关注、观察与指导，以帮助他们养成健康的睡眠习惯，确保他们获得足够的质量良好的睡眠。睡眠行为是婴幼儿日常生活中非常重要的自理行为。通过观察与指导，照护者帮助婴幼儿建立良好的睡眠习惯，确保他们获得充足的睡眠，有助于促进婴幼儿的身心健康和健康成长。睡眠对于婴幼儿的发育和学习至关重要，适当的睡眠观察与指导能够为婴幼儿的睡眠行为和质量提供有益的支持。

（一）婴幼儿睡眠行为概述

婴幼儿睡眠行为观察与指导是一个渐进的过程，照护者的关注、指导和营造良好的睡眠环境对于帮助婴幼儿建立良好的睡眠习惯和获得充足的睡眠是非常重要的。适当的睡眠规划和建立规律的睡眠节奏有助于促进婴幼儿的健康成长和发育。

1. 婴幼儿睡眠行为的定义

婴幼儿睡眠行为是指婴幼儿在日常生活中的睡眠模式和表现，包括婴幼儿入睡的时间、睡眠的质量、睡觉的持续时间、夜间醒来的次数、白天小睡的情况以及与睡眠相关的习惯和行为。

2. 婴幼儿睡眠行为的种类

（1）入睡行为：婴幼儿的入睡行为包括他们入睡的方式，如通过吮吸奶嘴、被哄睡、在摇篮中入睡等。有些婴幼儿较容易自主入睡，而有些则需要照护者的帮助。

（2）睡眠时间：婴幼儿的睡眠时间是指他们每天睡眠的总时长，通常根据年龄不同而有所变化。例如，新出生婴幼儿通常需要较多的睡眠时间，而随着成长，他们的睡眠时间会逐渐减少。

（3）睡眠姿势：婴幼儿在睡觉时会呈现不同的睡眠姿势，如侧卧、仰卧、俯卧等。照护者需要确保在安全的睡眠环境下，帮婴幼儿选择合适的睡眠姿势。

（4）夜间醒来的频率：婴幼儿通常在夜间会醒来多次，这是正常的睡眠模式。有些婴幼儿需要喂奶、换尿布或被安抚。照护者需要学会适当应对，帮助他们重新入睡。

（5）白天睡眠：婴幼儿通常在白天也需要进行多次睡眠，照护者需要根据婴幼儿的睡眠需求安排合理的白天睡眠。

（6）睡眠质量：婴幼儿的睡眠质量与他们的健康和情绪状态密切相关。良好的睡眠质量有助于婴幼儿的身心健康，使他们在醒来后更加活跃和愉快。

（7）睡眠习惯：婴幼儿会养成一些睡眠习惯，如握着玩具入睡、喜欢在特定位置入睡等。照护者需要逐渐培养婴幼儿良好的睡眠习惯，以帮助婴幼儿建立规律的睡眠节奏。

3. 婴幼儿睡眠行为发展的里程碑

（1）0～3个月：婴幼儿通常在一天的大部分时间里都会处于睡眠状态，每天需要睡眠16～20小时，他们通常在夜间会多次醒来，需要照护者喂奶和换尿布。

（2）4～6个月：婴幼儿在夜间的睡眠时间逐渐延长，表现出一定的夜间睡眠规律，他们逐渐减少白天的睡眠次数，每天有3～4次的白天小睡。

（3）7～9个月：婴幼儿学会自主入睡，不再完全依赖哄睡或吃奶入睡，他们夜间醒来的次数会减少，有较长的睡眠时间。

（4）10～12个月：婴幼儿的夜间睡眠会更加稳定，有更规律的夜间睡眠时间；白天睡眠逐渐缩减为2～3次，每次持续时间相对较长。

（5）13～24个月：婴幼儿建立起相对稳定的睡眠模式，有固定的入睡时间和起床时间；能够独立入睡，不再需要照护者过多的陪伴。

（6）25～36个月：婴幼儿的睡眠时间逐渐减少，每天需要睡眠10～14小时。

（二）0～3岁婴幼儿各年龄段睡眠行为观察与指导的要点

1. 0～6个月

（1）行为观察：照护者观察婴幼儿的睡眠时间和睡眠频率，注意他们是否有规律的睡眠模式，观察婴幼儿的睡姿和安全睡眠环境。

（2）行为指导：婴幼儿的睡眠时间通常较长，照护者要为他们提供安全、舒适的睡眠环境，帮他们睡前建立简单的睡前习惯，如洗澡、摇篮摇晃、轻柔安抚，这样有助于婴幼儿更快入睡。

2. 7～12个月

（1）行为观察：照护者观察婴幼儿是否有较为规律的夜间睡眠和白天睡眠，注意他们夜间醒来的频率。

（2）行为指导：照护者帮助婴幼儿建立固定睡眠时间表，让他们养成规律的睡眠习惯，同时逐渐减少夜间的哄睡和醒来后的依赖，鼓励他们独立入睡。

3. 13～18个月

（1）行为观察：照护者观察婴幼儿是否仍需要白天睡眠，注意他们的白天睡眠时间和夜间醒来情况。

（2）行为指导：有些婴幼儿逐渐放弃白天睡眠，照护者根据他们的表现来决定是否让他们继续白天睡眠，继续帮助婴幼儿建立固定的睡眠时间表和让他们做固定的睡前准备活动，让他们有安全感，更容易入睡。

4. 19～24个月

（1）行为观察：照护者观察婴幼儿是否能独立入睡，是否有夜间睡眠问题，如多梦、夜惊等。

（2）行为指导：照护者继续鼓励婴幼儿独立入睡，避免婴幼儿在入睡时过度依赖哄睡；如果出现夜间睡眠问题，照护者要耐心安抚和响应，逐渐建立婴幼儿的安全感。

5. 25～36个月

（1）行为观察：照护者观察婴幼儿是否能够稳定地睡整夜。

（2）行为指导：大部分婴幼儿能够睡整夜了，照护者继续使用固定的睡眠时间表，鼓励他们自主上床睡觉。

四、婴幼儿盥洗行为观察与指导

婴幼儿盥洗行为观察与指导是指照护者对婴幼儿在日常生活中进行盥洗行为的表现进行观察与指导，以帮助他们建立良好的个人卫生习惯，正确进行清洁和个人卫生保健的过程。婴幼儿盥洗行为包括洗脸、洗手、洗澡、刷牙等。通过观察与指导，照护者可帮助婴幼儿建立良好的个人卫生习惯，保持身体的清洁和健康，从而促进他们的健康成长和发育。盥洗行为是婴幼儿日常生活中必不可少的自理行为，适当的观察与指导能够为婴幼儿的个人卫生提供有益的支持。

（一）婴幼儿盥洗行为概述

婴幼儿盥洗行为的执行需要照护者的引导和帮助。随着成长，婴幼儿逐渐能够独立完成一些盥洗行为。通过教导和引导，照护者能帮助婴幼儿建立良好的个人卫生习惯，保持身体的清洁和健康，从而促进他们健康成长和发育。

1. 婴幼儿盥洗行为的定义

婴幼儿盥洗行为是指在日常生活中，婴幼儿进行清洁和个人卫生保健的活动。这些活动包括洗脸、洗手、洗澡、刷牙等。婴幼儿盥洗行为观察与指导对于维护他们的健康和卫生非常重要，同时也有助于培养他们良好的卫生习惯。

2. 婴幼儿盥洗行为的种类

（1）洗脸：照护者在婴幼儿醒来后、进食后或面部有污垢时，帮助他们洗脸，用清水或湿毛巾轻轻擦拭他们的面部，保持面部的清洁。

（2）洗手：当婴幼儿接触到污垢、食物或外出回家后，照护者需要帮助他们洗手。洗手是预防疾病传播的重要卫生习惯。

（3）洗澡：照护者定期为婴幼儿洗澡，以保持他们全身的清洁和卫生。洗澡不仅有助于清除污垢和汗液，还可以保证皮肤的健康。

（4）刷牙：对于较大的婴幼儿，照护者可教导他们刷牙。照护者应给婴幼儿用合适的牙刷和牙膏，引导他们每天定期刷牙，保持口腔卫生。

（5）整理头发：照护者应适时为婴幼儿梳理头发，保持他们头发的整洁和干净。

（6）整理指甲：照护者定期为婴幼儿修剪指甲，避免指甲过长刮伤皮肤。

（7）清洁耳朵：照护者定期用湿棉签或湿毛巾轻轻擦拭婴幼儿的外耳道，但避免将棉签插入耳道。

3. 婴幼儿盥洗行为发展的里程碑

（1）0～6个月：婴幼儿通常由照护者负责盥洗，主要的盥洗行为包括洗脸、洗手、洗澡、清洁口腔和眼睛等。洗脸是保持面部清洁的重要一步，洗手可帮助预防疾病传播。

（2）7～12个月：婴幼儿学会坐立和爬行，照护者引导他们学习更多的盥洗行为；婴幼儿学会自己握着湿毛巾擦拭脸部和手部。

（3）13～24个月：婴幼儿掌握一些基本的自理盥洗技能，如用湿毛巾擦拭脸部和手部、帮助洗手等；照护者引导婴幼儿学习洗澡，但尽量使用婴幼儿专用的洗澡产品。

（4）25～36个月：婴幼儿的自理能力和协调能力有了明显的进步，他们学会自己洗脸、洗手，甚至自己刷牙；照护者鼓励和指导婴幼儿学习更多的自理盥洗技能，培养良好的卫生习惯。

知识链接

照护者在指导婴幼儿在盥洗时正确用水的注意事项

照护者指导婴幼儿在盥洗时正确用水很重要，以下是一些注意事项，可以确保婴幼儿的安全和舒适。

（1）水温控制：照护者应使用温水，确保水温适中，不烫伤婴幼儿的皮肤。

（2）不离开婴幼儿：照护者绝对不能离开婴幼儿，让婴幼儿一个人在水中。婴幼儿在水中时照护者需要持续监督，以防止溺水事故的发生。

（3）防止进入眼睛：照护者注意避免水或洗发水、沐浴露进入婴幼儿的眼睛，如果它们不小心进入眼睛，立即用清水冲洗干净。

（4）尽量短时间：盥洗时间不宜过长，以防止婴幼儿过于疲惫或在水中停留时间过长。

（二）0～3岁婴幼儿各年龄段盥洗行为观察与指导的要点

1. 0～6个月

（1）行为观察：照护者负责为婴幼儿洗脸、洗手和清洁口腔、眼睛等，观察婴幼儿的面部和手部是否干净、是否有污垢。

（2）行为指导：照护者给婴幼儿提供安全、舒适的盥洗环境，使用适合婴幼儿的盥洗用品，轻柔地帮助婴幼儿洗脸、洗手等。

2. 7～12个月

（1）行为观察：婴幼儿逐渐有了坐立和爬行的能力，会自己握着湿毛巾擦拭脸部和手部。

（2）行为指导：照护者引导婴幼儿做出洗脸、洗手等盥洗行为，逐渐培养婴幼儿的自理意识，但仍需提供适当帮助。

3. 13～24个月

（1）行为观察：婴幼儿逐渐掌握了一些基本的自理盥洗技能，如用湿毛巾擦拭脸部和手部、帮助洗手等。

（2）行为指导：照护者鼓励婴幼儿学习洗澡，但要提供婴幼儿专用的洗澡产品，逐步培养婴幼儿自己洗澡的兴趣和能力。

4. 25～36个月

（1）行为观察：婴幼儿的自理能力和协调能力有了明显的进步，照护者观察婴幼儿自己洗脸、洗手，甚至自己刷牙的行为。

（2）行为指导：照护者鼓励和指导婴幼儿学习更多的自理盥洗技能，确保婴幼儿掌握正确的盥洗方法。

⚲ 课堂讨论

照护者过度的"无微不至"和"包办代替"对婴幼儿自理行为发展的消极影响有哪些？

⏰ 课后练习题

1. 简述婴幼儿社会发展的定义、内容、阶段。

2. 简述婴幼儿社会行为观察与指导的原则、方法。

3. 在婴幼儿社会行为中，与他人建立情感联系行为、模仿和社会规范学习行为、游戏行为及自理行为之间有怎样的联系？

4. 根据本章学到的相关知识，编写一节促进婴幼儿在托育机构发展与他人建立情感联系行为的课程。

5. 根据本章学到的相关知识，编写一节促进婴幼儿在托育机构发展模仿和社会规范学习行为的课程。

6. 根据本章学到的相关知识，编写一节促进婴幼儿在托育机构发展游戏行为的课程。

7. 根据本章学到的相关知识，编写一节促进婴幼儿在托育机构发展自理行为的课程。

第七章
婴幼儿思维行为观察与指导

本章学习目标

1. 掌握婴幼儿思维发展的定义、内容、阶段。
2. 掌握婴幼儿思维行为观察与指导的原则、方法。
3. 掌握婴幼儿感知和认知行为观察与指导的要点。
4. 掌握婴幼儿记忆和回忆行为观察与指导的要点。
5. 掌握婴幼儿原因和结果行为观察与指导的要点。

　　婴幼儿思维行为观察与指导是指对婴幼儿认知和智力发展过程进行的系统性观察和针对性引导。这个过程旨在了解婴幼儿的认知能力、思维方式及其对周围环境的理解，并通过适当的指导和激励来促进他们的认知和智力发展。

第一节　婴幼儿思维行为观察与指导概述

　　婴幼儿思维行为观察与指导是一种综合性的教育方法，通过了解和关注婴幼儿的认知发展，帮助他们建立积极、健康的认知基础，并为未来的学习和发展奠定坚实的基础。婴幼儿思维行为观察与指导的目的是帮助婴幼儿获得健康的认知和思维发展，促进他们学习能力和问题解决能力的发展。

一、婴幼儿思维发展概述

　　0～3岁是婴幼儿认知发展的关键阶段，他们通过感知、观察和经验积累，逐渐形成对世界的理解和思考能力。婴幼儿思维发展是一个复杂和多维度的过程，涉及感知、运动、语言、社交和情感等方面的发展。0～3岁婴幼儿的思维发展为其以后更高级的认知和智力能力的建立奠定了基础。

1. 婴幼儿思维发展的定义

　　婴幼儿思维发展是指0～3岁婴幼儿的智力和认知能力逐渐成熟和演变的过程。在这个阶段，婴幼儿的大脑正在快速发展，他们开始从感知和运动阶段逐渐转向更高级的认知和思维能力的发展。

　　在婴幼儿思维发展阶段，他们通过感官（视觉、听觉、触觉等）来认知和理解周围的世界。随着成长，婴幼儿展示对物体常数（物体属性不会因位置或角度改变）和对象永恒性（物体在视线之外仍然存在）的认知。同时，婴幼儿展示出对语言和符号的理解和使用，开始学习简单词汇并使用语言表达。

　　在这个阶段，婴幼儿展现出意向性行为，即可以影响他人和环境的行为。他们逐渐理解他人的意图和情感，从而能够更好地与他人互动和合作。他们进行扮演游戏，展现出对虚构和想象的理解。

2. 婴幼儿思维发展的内容

　　（1）感知和认知：婴幼儿通过感官来感知周围的环境和物体，感官包括视觉、听觉、触觉等。他们辨别不同的感觉刺激，建立对物体和事件的认知。

（2）注意力和集中力：婴幼儿发展出集中注意力的能力，他们能够集中注意力在特定的任务或物体上，并忽略其他干扰。

（3）记忆和回忆：婴幼儿建立起记忆和回忆的能力，能够在一段时间内保持对经历和学习的记忆，并回忆起过去的经验。

（4）想象和创造力：婴幼儿具备想象力和创造力，能够在心智中构建图像、情境和故事，通过想象力进行游戏和角色扮演。

名词解释~

心智

心智是指一个人的认知和思维能力，包括思考、记忆、理解、推理、判断、解决问题等方面的能力。心智涉及个体对自身、他人和环境的感知、理解和反应。它不仅包括基本的智力层面，也涵盖情感、社会认知和情感智力等内容。

（5）探索和好奇心：婴幼儿表现出对周围环境的探索欲望和好奇心，通过观察、触摸、尝试和移动来探索新事物和新领域。

（6）问题解决和推理：婴幼儿发展问题解决和推理的能力，能够寻找解决问题的方法和策略，进行简单的推理和逻辑思考。

（7）空间和数量意识：婴幼儿发展对空间和数量的感知和理解能力，他们能够区分大小、形状和位置，并开始理解简单的数量概念。

（8）社会认知和情绪理解：婴幼儿认识到自己与他人之间的关系，能够理解他人的情绪和行为，并对情绪有初步的反应。

3. 婴幼儿思维发展的阶段

（1）感知和探索阶段（0～6个月）：婴幼儿通过感官来感知和探索周围的世界，他们对视觉、听觉、触觉和嗅觉刺激做出反应，并通过观察、触摸和口腔探索来了解物体和环境。

（2）感知–运动协调阶段（7～24个月）：婴幼儿发展出更复杂的感知–运动协调能力，他们能够更好地控制自己的身体动作，学会坐、爬、站立和行走；他们探索物体和环境，通过尝试来了解物体的属性和功能。

（3）意象表征阶段（25～36个月）：婴幼儿发展出对物体和事件的内部意象表征，他们能够在心中想象物体和情境，并进行模拟和角色扮演的游戏；他们开始出现符号性行为，如用玩具代表真实物体或角色。

（4）语言和沟通发展（0～36个月）：在婴幼儿的思维发展过程中，语言和沟通的发展起着重要作用，他们发展出语言理解和表达的能力，使用词语、短语和简单的句子来表达自己的需求和想法。

二、婴幼儿思维行为观察与指导的原则

1. 尊重个体差异原则

每个婴幼儿的思维发展都是独特的，存在个体差异。观察与指导婴幼儿思维行为时，照护者要充分了解并尊重他们的个体差异，不将其与其他婴幼儿进行过度比较。

2. 提供适应发展水平原则

婴幼儿思维发展是一个渐进的过程。观察与指导时，照护者要根据婴幼儿的年龄、发展阶段和能力水平，提供适合的刺激和活动，不过分超越其发展水平。

3. 给予亲密互动和示范原则

与婴幼儿进行亲密互动是促进其思维发展的重要方法之一。通过亲密的互动，照护者可以提供示范

和引导，帮助婴幼儿学习和理解新的概念和技能。

4. 提供适当刺激和体验原则

婴幼儿思维发展需要丰富的刺激和多样化的体验。照护者提供符合婴幼儿年龄的玩具、游戏和活动，激发他们的好奇心和探索欲望，并促进他们的思维发展。

5. 培养自主学习原则

婴幼儿思维发展受到主动探索和自主学习的推动。在观察与指导婴幼儿的思维行为时，照护者应鼓励他们主动尝试和解决问题，提供适当的支持和引导，培养他们的自主学习能力。

6. 创造积极学习环境原则

照护者为婴幼儿创造积极的学习环境是十分重要的，因此照护者应提供安全、温馨和支持性的环境，给予婴幼儿积极的反馈和鼓励，以增强他们的自信心和学习动力。

7. 关注兴趣和好奇心原则

兴趣和好奇心是激发婴幼儿主动学习和探索的动力。观察婴幼儿思维行为时，照护者还要关注他们的兴趣和好奇心，根据他们的兴趣提供相关的刺激和学习机会。

8. 给予耐心和持久性原则

婴幼儿思维发展需要时间，需要持久的努力。在观察与指导婴幼儿思维行为时，照护者要保持耐心，给予婴幼儿足够的时间和机会，让他们能够通过重复和实践来巩固和发展他们的思维能力。

三、婴幼儿思维行为观察与指导的方法

1. 自然观察法

照护者通过在婴幼儿平常的活动中进行自然观察，如观察他们与玩具的互动、探索新物体的方式等，观察他们的兴趣、好奇心和思维过程，了解他们的思考方式和解决问题的能力。

2. 亲密互动和对话

照护者与婴幼儿进行亲密的互动，通过对话、问答和引导来观察与指导他们的思维行为，鼓励他们表达自己的想法和观点，提供适当的反馈和鼓励。

3. 游戏和角色扮演

照护者通过游戏和角色扮演的方式观察与指导婴幼儿思维行为，参与婴幼儿的游戏，模仿他们的动作和表情，引导他们进行角色扮演和促进他们想象力的发展。

4. 提供适当的刺激和材料

照护者提供符合婴幼儿年龄的玩具、游戏和材料，以激发婴幼儿的思维发展动力和探索欲望，观察他们在与不同材料和玩具的互动中思考和解决问题的方式。

5. 利用绘本和故事

照护者通过阅读绘本、讲故事的方式来观察与指导婴幼儿思维行为，让婴幼儿投入故事中的情节和角色，鼓励他们提出问题、做出推理和表达自己的想法。

6. 环境调整和创设

照护者根据观察到的婴幼儿思维行为，调整和创设适宜的学习环境，提供适当的挑战和刺激，以促进他们的思维和问题解决能力的发展。

7. 记录和回顾

照护者及时记录所观察到的婴幼儿思维行为，包括他们的兴趣、发展进展和困难，定期回顾记录，了解他们的成长和需要，为后续的指导提供参考。

— 课堂讨论 —

托育机构进行婴幼儿思维行为观察与指导时的注意事项有哪些？

婴幼儿感知和认知行为观察与指导是指对婴幼儿在感知和认知发展方面进行观察与指导的过程。婴幼儿感知和认知行为观察与指导的目的是促进婴幼儿的感知和认知发展，培养他们的观察力、思维能力和问题解决能力。通过观察与指导，婴幼儿逐步建立起对世界的认知框架，并发展出探索、观察和学习的能力。

一、婴幼儿感知行为观察与指导

婴幼儿感知行为观察与指导强调对婴幼儿感知发展的关注和重视。通过观察与指导，照护者帮助婴幼儿建立感知系统，增强他们对外界环境的感知和认知能力，促进他们对世界的理解和探索。

（一）婴幼儿感知行为概述

婴幼儿的感知行为是他们认知和学习的基础，通过感知，他们认识和理解周围的世界，建立起对外界刺激的概念和联系。感知行为的发展对于婴幼儿的智力、语言和社交能力的发展具有重要影响。

1. 婴幼儿感知行为的定义

婴幼儿感知行为是指婴幼儿通过感官（如视觉、听觉、触觉、味觉和嗅觉）接收和处理外界刺激的行为。感知行为涉及婴幼儿对周围环境的感知、感觉的敏感性和对刺激的反应。在早期阶段，感知行为是婴幼儿认识和探索环境的主要方式，也是认知发展的重要基础。这些感知行为对于婴幼儿的认知发展至关重要。随着婴幼儿的成长，感知行为将与其他认知能力（如运动、语言、社交等）相互作用，共同推动婴幼儿全面发展。

2. 婴幼儿感知行为的种类

（1）视觉感知行为：婴幼儿通过视觉系统感知和处理来自视觉环境的刺激，包括对颜色、形状、大小、运动和深度的感知。

（2）听觉感知行为：婴幼儿通过听觉系统感知和处理声音的刺激，包括对声音方向、音调、音量和语音的感知。

（3）触觉感知行为：婴幼儿通过触觉系统感知和处理触摸刺激，包括对温度、纹理、压力、触感和身体位置的感知。

（4）味觉感知行为：婴幼儿通过味觉系统感知和处理食物的刺激，包括对甜、酸、苦、咸和鲜味的感知。

（5）嗅觉感知行为：婴幼儿通过嗅觉系统感知和处理气味的刺激，包括对花香、食物香味和环境气味的感知。

（6）运动感知行为：婴幼儿感知身体的运动和位置，包括对平衡、空间定位和运动协调性的感知。

（7）空间感知行为：婴幼儿通过感知空间环境来理解物体之间的关系，包括对距离、方向、位置和空间结构的感知。

（8）时间感知行为：婴幼儿通过感知时间的流逝和事件的顺序来理解时间的概念，包括对日常活动的时间顺序和节奏的感知。

3. 婴幼儿感知行为发展的里程碑

（1）视觉感知行为

① 0～3个月：婴幼儿注视人脸，并对高对比度的图像产生好奇心。

② 4～6个月：婴幼儿追随移动的物体。

③ 7～12个月：婴幼儿识别熟悉的面孔和物体，并展示对新事物的好奇心。

④ 13～24个月：婴幼儿使用眼睛和手协调地观察和探索物体。

⑤ 25～36个月：婴幼儿识别和命名常见物体，并注意到细节和颜色。

（2）听觉感知行为

① 0～3个月：婴幼儿对声音有反应，能够辨别高低音。

②4～6个月：婴幼儿对音调和节奏产生兴趣，对人的声音有特殊的认知。

③7～12个月：婴幼儿转向声音的来源，理解一些简单的语言指令。

④13～24个月：婴幼儿模仿简单的声音和音节，并对音乐感兴趣。

⑤25～36个月：婴幼儿理解使用简单语言，能够听懂更复杂指令和故事。

（3）触觉感知行为

①0～3个月：婴幼儿对触摸有反应，喜欢温暖和柔软的触感。

②4～6个月：婴幼儿有更多的身体接触反应，喜欢触摸和抓握物体。

③7～12个月：婴幼儿通过触摸和探索来认识物体的形状、质地和温度。

④13～24个月：婴幼儿使用手指来指示和触摸感兴趣的物体。

⑤25～36个月：婴幼儿发展手指精细动作，如叠积木、握笔等。

（4）味觉和嗅觉感知行为

①0～6个月：婴幼儿分辨不同的味道，对甜味有好感。

②7～12个月：婴幼儿尝试不同的食物味道，并表现出喜好和厌恶。

③13～24个月：婴幼儿咀嚼和咽下各种食物，并对食物的气味产生兴趣。

④25～36个月：婴幼儿发展出更复杂的味觉和嗅觉辨别能力，区分食物的口感和气味。

（5）运动感知行为

①0～6个月：婴幼儿开始对声音、触摸和视觉刺激做出反应。通过视觉追踪，他们能够跟随移动的对象。婴幼儿开始学会抬头、转头和挥动四肢。他们开始探索自己的手和脚。

②7～12个月：婴幼儿可以坐起来并支撑自己，开始学会爬行、翻滚和尝试站立，能够用手抓住小物体，开始对周围的环境更加感兴趣，如触摸和探索物品。

③13～24个月：婴幼儿能够自己站立和行走，开始尝试奔跑和跳跃，能够使用简单的工具，如勺子和杯子，开始模仿成年人的动作和动作序列，如模仿搬运和叠盖物品。

④25～36个月：婴幼儿进一步发展身体的协调性，可以进行更精细的动作，如画画和搭积木，能够掌握基本的运动技能，如投球和抓球。婴幼儿开始学会使用运动玩具，如三轮车或滑板车，开始参与一些基本的体育活动，如跳绳和踢足球。

（6）空间感知行为

①0～6个月：婴幼儿开始对环境的空间特征产生感知，如距离和方向。他们能够分辨不同的声音来源，并转动头部以查看声音的来源。婴幼儿对亲近和远离的物体产生基本的兴趣。

②7～12个月：婴幼儿开始学会估计物体的大小和距离，虽然还不是非常准确。他们开始对手眼协调产生兴趣，尝试抓取和探索物品。婴幼儿能够在不同的物体之间建立空间关系，如将一个玩具放在另一个玩具上面。

③13～24个月：婴幼儿能够更精确地估计物体的大小和距离，开始对立体物体和空间关系有更好的理解，如堆积和嵌套物品，开始表现出空间导向的兴趣，如尝试解锁物品或放置物品到特定的位置。

④25～36个月：婴幼儿可以使用简单的指示性语言来描述空间位置，如上面、下面、里面、外面等，开始表现出对拼图、积木和构建模型等空间相关的游戏和玩具的兴趣，开始发展基本的地图阅读技能，如识别房间的不同部分和物品的位置。

（7）时间感知行为

①0～6个月：婴幼儿开始对日夜之间的时间差异产生感知。他们建立了基本的生物钟，开始区分白天和夜晚。婴幼儿对日常的生活节奏和规律产生感知，如喂养和睡眠时间。

②7～12个月：婴幼儿开始对日常活动和事件的时间顺序产生感知，如吃饭、洗澡、睡觉等。他们开始表现出对钟表、计时器和其他时间测量工具的兴趣。婴幼儿可能会对一些日常事件产生期望，如在特定时间玩耍。

③13～24个月：婴幼儿能够识别一些简单的时间概念，如早上、晚上、今天和明天。他们开始理解某些日常活动的持续时间，如午睡的时间，开始展示对季节性变化的兴趣，如春夏秋冬的不同特点。

④25～36个月：婴幼儿能够用简单的语言表达时间概念，如昨天、今天和明天，开始对一天中不同时间段的活动和事件建立更复杂的认识，如上午、下午和晚上。

（二）0～3岁婴幼儿各年龄段感知行为观察与指导的要点

1. 0～6个月

（1）行为观察：照护者观察婴幼儿对声音、光线和触觉刺激的反应，包括眼睛的注视、头部的转向及其他的身体动作反应等。

（2）行为指导：照护者提供丰富的感官刺激，如明亮的颜色、多样的声音、柔软的触感，对婴幼儿进行眼神交流、轻声歌唱、亲密的拥抱和触摸，以促进他们的感知发展。

2. 7～12个月

（1）行为观察：照护者观察婴幼儿对周围环境的探索和兴趣，注意他们的手眼协调能力、物体的抓握和放置动作，以及对声音的追踪和关注。

（2）行为指导：照护者提供丰富的触摸和手眼协调的活动，如玩具的抓握，物体的探索、摇晃和敲打，等等，与婴幼儿一起玩耍、互动，并提供适度的挑战和刺激，以促进他们的感知和运动发展。

3. 13～24个月

（1）行为观察：照护者观察婴幼儿对物体的类别、形状和功能的理解，对语音和语言的关注和反应，以及对简单指令和故事的理解能力。

知识链接

照护者如何提升婴幼儿对物体功能的理解？

提升婴幼儿对物体功能的理解是促进他们认知发展的重要一步。通过引导、互动和创造丰富的经验，照护者采取以下方法可以帮助婴幼儿更好地理解物体的功能和特性。

（1）探索和互动：照护者鼓励婴幼儿通过观察、触摸、探索各种物体，来了解它们的形状、大小、颜色、质地和其他特性。

（2）提问引导：照护者提问可以激发婴幼儿思考。例如，"这个玩具是用来做什么的？""你认为这个东西能干什么？"等。

（3）示范演示：照护者展示物体的功能和用途。例如，展示如何用勺子吃饭、如何用毛巾擦手等。

（4）身体示范：照护者通过自己的行为示范物体的功能。例如，照护者展示如何打开书、如何使用遥控器等。

（5）角色扮演：照护者与婴幼儿一起进行角色扮演，模拟不同的日常活动，以帮助他们理解物体在不同情境中的功能。

（6）探索多样性：照护者为婴幼儿提供各种类型的物体，以帮助他们认识物体不同的功能和用途。

（7）图画和图书：照护者使用绘本、图画等方式向婴幼儿展示不同物体的用途，帮助他们通过图像理解物体功能。

（8）引发好奇心：照护者创建新的情境和活动，激发婴幼儿的好奇心，让他们自己去尝试探索物体的功能。

（9）赞扬和积极反馈：当婴幼儿展示出理解和运用物体功能的能力时，照护者应给予积极的反馈和鼓励。

（10）自由游戏：照护者为婴幼儿提供自由游戏的机会，让他们自己决定如何使用物体，从而培养他们的创造力和逻辑思维。

（2）行为指导：照护者提供多样的体验，如认知游戏、益智玩具、配对和分类活动，与婴幼儿进行交流和对话，鼓励他们探索和表达，以促进他们的感知和语言发展。

4. 25~36个月

（1）行为观察：照护者观察婴幼儿对复杂的感官刺激的反应，对细节和颜色的注意，对故事情节和角色的理解，以及对时间和空间的感知能力。

（2）行为指导：照护者提供具有挑战性的丰富的感知和认知活动，如拼图和角色扮演，与婴幼儿分享和讨论他们的感受和观察，鼓励他们展现想象力和创造力，以促进他们的感知和认知发展。

二、婴幼儿空间知觉行为观察与指导

婴幼儿空间知觉行为观察与指导是指对婴幼儿在空间知觉发展方面进行观察与指导的过程。这涉及婴幼儿对空间关系、位置、方向和距离等方面的感知和理解能力。婴幼儿空间知觉行为观察与指导的目的是促进婴幼儿在空间感知和理解方面的发展，帮助他们建立关于空间关系、位置和方向的概念和技能。通过观察与指导，婴幼儿逐步发展出空间导航、运动技能和物体操作的能力，增强空间意识和日常生活能力。

（一）婴幼儿空间知觉行为概述

通过观察和提供适当的指导，照护者能促进婴幼儿空间知觉能力的发展，并帮助他们更好地理解和适应周围的空间环境。

1. 婴幼儿空间知觉行为的定义

婴幼儿空间知觉行为是指婴幼儿对周围环境中的物体和空间关系进行感知和理解的行为。它涉及婴幼儿对空间的感知、定位和导航能力，以及对物体之间位置、方向、距离和大小关系的理解。空间知觉行为的发展对于婴幼儿的运动技能、空间导航能力、物体操作能力和日常生活适应性的增强具有重要意义。

2. 婴幼儿空间知觉行为的种类

（1）位置感知行为：婴幼儿能够感知和理解自己和物体在空间中的位置关系，如识别和指示物体在身边、在上面或在下面等。

（2）方向感知行为：婴幼儿能够感知和理解物体或人的方向关系，如前后、左右、上下等。

（3）空间距离感知行为：婴幼儿能够感知和估计物体之间的距离关系，如远近、近距离和远距离等。

（4）空间方位感知行为：婴幼儿能够感知和理解物体的位置和方位关系，如在房间的哪个角落、在桌子的左边或右边等。

（5）空间结构理解行为：婴幼儿能够感知和理解环境中的空间结构和布局，如识别不同房间的功能和位置、理解不同房间之间的连接关系等。

（6）运动轨迹感知行为：婴幼儿能够感知和理解物体或自己的运动轨迹，如从一个地方到另一个地方的路径和方向。

（7）地方记忆行为：婴幼儿能够记住和识别特定地方的位置和特征，如识别自己的床、玩具的存放位置等。

3. 婴幼儿空间知觉行为发展的里程碑

（1）0~6个月：婴幼儿能够将目光聚焦在亮度高、高对比度的物体上，能够注意人脸等复杂的视觉刺激；能够区分自己的身体和外部物体，并展示对自己周围空间的注意力。

（2）7~12个月：婴幼儿能够使用手指指向或注视物体，并对物体的位置产生兴趣；能够辨别物体的左右和上下方向，理解基本的方位概念。

（3）13~18个月：婴幼儿展示对物体相对位置关系的理解，如在盒子里和在桌子上等；能够自主移动并探索环境，对房间布局和家具位置有一定的记忆。

（4）19~24个月：婴幼儿展示对物体之间的距离关系的理解，能够估计远近距离；能够记住和识别一些特定地方的位置和特征，例如自己的床或玩具的存放位置。

（5）25~36个月：婴幼儿展示更复杂的空间导航技能，能够在家中或熟悉的环境中自主移动和定位；能够理解房间的布局、不同房间之间的连接关系，并展示对空间结构的关注。

（二）0～3岁婴幼儿各年龄段空间知觉行为观察与指导的要点

1. 0～6个月

（1）行为观察：照护者观察婴幼儿对视觉刺激的定向和注视，以及对自身和外部物体的注意。

（2）行为指导：照护者提供明亮、高对比度的视觉刺激，如黑白图案、彩色玩具等，让婴幼儿注视和追随物体的移动，与他们进行眼神交流和亲密互动。

2. 7～12个月

（1）行为观察：照护者观察婴幼儿对物体的定位和方向的兴趣，以及对物体的相对位置关系的理解。

（2）行为指导：照护者提供具有明显方向性的玩具和材料，鼓励婴幼儿使用手指指向物体，与他们一起探索不同的方向和位置，进行简单的方位游戏。

3. 13～18个月

（1）行为观察：照护者观察婴幼儿对物体空间关系的理解，以及对环境中的位置和导航的兴趣。

（2）行为指导：照护者提供具有不同空间关系的玩具和材料，如套嵌玩具、堆叠杯等，让婴幼儿探索不同物体之间的位置关系，提供安全的环境，鼓励他们自主移动和导航。

4. 19～24个月

（1）行为观察：照护者观察婴幼儿对空间距离的感知和理解，以及对特定地方的记忆和识别能力。

（2）行为指导：照护者提供不同距离和空间大小的游戏和活动，让婴幼儿估计和比较物体之间的距离，鼓励他们记住和识别特定地方的位置和特征。

5. 25～36个月

（1）行为观察：照护者观察婴幼儿对复杂空间的导航能力，以及对空间结构和方位的理解。

知识链接

照护者如何提升婴幼儿空间导航能力？

婴幼儿空间导航能力是指他们对于周围环境和空间位置的认知和理解能力。这种能力对于婴幼儿的日常生活和发展至关重要，因为它与运动、探索、学习和自理等方面有关。以下方法可以帮助照护者提升婴幼儿空间导航能力。

（1）提供安全的探索环境：照护者给婴幼儿提供安全的、适合探索的环境，鼓励他们自由地在房间内活动，这将帮助他们逐渐理解和记忆不同物体的位置和空间关系。

（2）命名物体和位置：当婴幼儿玩耍时，照护者用简单的词汇为物体和位置命名。例如，当婴幼儿抓住玩具时，照护者说："你抓住了小熊！"这有助于他们建立语言和空间的联系。

（3）空间游戏：照护者与婴幼儿进行简单的空间游戏，如藏匿物体，然后引导婴幼儿去找，这可以培养他们的观察力、记忆力和空间定向能力。

（4）方向指引：在日常活动中，照护者向婴幼儿提供一些简单的方向指引，如"桌子在前面"或"门在右边"，这有助于他们理解不同方向的关系。

（5）使用位置词汇：照护者使用位置词汇，如"上面""下面""里面""外面"等，来描述物体的相对位置，帮助婴幼儿理解空间关系。

（6）模仿活动：照护者与婴幼儿一起进行模仿活动，如在家中建造简单的积木结构，然后鼓励他们复制该构建，从而锻炼其空间想象能力和模仿能力。

（7）使用图画：照护者使用地图、平面图等方式向婴幼儿展示不同位置和空间关系，以帮助他们理解不同区域的排列和连接关系。

（8）户外活动：照护者带婴幼儿外出参观不同的地方，如公园、商场等，让他们体验不同的空间环境，扩展他们的空间认知。

（9）谈论旅程：当外出时，照护者和婴幼儿一起谈论行程和路线，提醒他们不同地点的位置和方向。

（2）行为指导：照护者提供有挑战性和多样性的空间导航任务，如迷宫游戏、布置房间等，让婴幼儿自主探索和定位，鼓励他们观察和理解空间结构，引导他们描述和讨论不同物体和房间之间的关系。

三、婴幼儿数量和数量概念行为观察与指导

婴幼儿数量和数量概念行为观察与指导是指通过仔细观察和记录婴幼儿在日常生活中与数量相关的行为和表现，以及他们对数量概念的认知和理解，帮助婴幼儿建立数学意识和数学基础的一种方法。婴幼儿数量和数量概念行为观察与指导的目的是促进婴幼儿的数学认知和数学思维能力的发展。通过观察与指导，照护者帮助婴幼儿建立对数量的敏感性和兴趣，为其未来的数学学习奠定良好的基础。

（一）婴幼儿数量和数量概念行为概述

婴幼儿数量和数量概念行为的发展对于他们的数学认知、问题解决能力和日常生活适应都具有重要意义。通过发展数量和数量概念的行为，婴幼儿能够更好地理解和应用数学概念，如计数、排序和量化。

1. 婴幼儿数量和数量概念行为的定义

婴幼儿数量和数量概念行为是指婴幼儿在数量感知和理解方面的行为。它涉及婴幼儿对物体数量、数量关系和数量概念的感知、区分和理解能力。婴幼儿数量和数量概念行为在他们的认知发展中起着重要的作用，对于其数学思维和日常生活中的数量理解具有重要意义。

通过数量和数量概念行为的发展，婴幼儿能够逐渐理解和应用数量概念，例如计数、比较、排序和简单的加减运算。这对于他们在日常生活中解决问题、理解数学概念和发展数学思维具有重要意义。

2. 婴幼儿数量和数量概念行为的种类

（1）数量感知行为：婴幼儿能够感知和区分物体的数量，注意到集合中物体的多少。

名词解释~

集合

在婴幼儿的数量概念中，集合的定义可以解释为：一组物体、对象或元素的组合，这些物体具有某种共同特征或属性。在婴幼儿的认知阶段，集合的概念帮助他们理解物品之间的相似性和归类关系。

集合是由一些具有共同特征的东西组成的。这个共同特征可以是形状、颜色、大小或其他一些属性。例如，一堆红色积木可以被视为一个集合，因为它们都是红色的。

通过引入集合的概念，婴幼儿开始认识到物体可以根据共同特征被分为不同的组。这有助于他们建立最初的数量概念，并为将来更深入的数量理解奠定基础。

（2）数量区分行为：婴幼儿能够区分不同数量物体之间的差异，如辨别两个物体和三个物体之间的不同。

（3）数量比较行为：婴幼儿能够比较两个集合中物体的多少，判断哪一个集合中的物体更多或更少。

（4）数量关系行为：婴幼儿能够理解和表达物体之间的数量关系，例如更多、更少、相等等。

（5）数量表达行为：婴幼儿能够使用手指、声音或其他方法来表示数量，例如指出几个物体或模仿数数的动作。

（6）数量概念行为：婴幼儿能够形成一些基本的数量概念，例如数数的概念、——对应的概念、加法和减法的概念等。

3. 婴幼儿数量和数量概念行为发展的里程碑

（1）0~6个月：婴幼儿能够注意到物体的存在和运动，对高对比度的物体更具兴趣；能够感知简单集合中的物体数量，但还不能区分具体的数量。

（2）7~12个月：婴幼儿能够区分较小的数量差异，如两个物体和三个物体之间的差异；能够使用手指指向物体或重复声音来表示数量。

（3）13~18个月：婴幼儿能够比较两个集合中物体的多少，展示对数量关系的理解；形成数数的概念，能够模仿数数的动作，但通常还没有掌握明确的数字序列。

（4）19~24个月：婴幼儿能够理解并表达物体之间的数量关系，如更多、更少和相等等；能够展示简单的加法和减法概念，例如加一个物体或减一个物体。

（5）25~36个月：婴幼儿能够数数，掌握基本的数数技能，可以数到3、5或更大的数字；能够应用数量概念进行简单的排序、分类和匹配活动。

（二）0~3岁婴幼儿各年龄段数量和数量概念行为观察与指导的要点

1. 0~6个月

（1）行为观察：照护者观察婴幼儿对物体的视觉感知和注意力，以及对集合中物体数量的感知。

（2）行为指导：照护者提供具有高对比度的视觉刺激，如黑白图案、彩色玩具等，让婴幼儿注视和追随物体的移动，与他们进行眼神交流和亲密互动。

2. 7~12个月

（1）行为观察：照护者观察婴幼儿对不同数量物体的区分能力，以及对数量关系的感知。

（2）行为指导：照护者提供具有不同数量的物体，让婴幼儿比较物体的多少，鼓励他们使用手指指向物体，模仿数数的动作。

3. 13~18个月

（1）行为观察：照护者观察婴幼儿对数量比较和数量关系的理解，以及关于简单的数量概念的表现。

（2）行为指导：照护者提供数量比较活动，如将物体分成两组并比较多少，鼓励婴幼儿使用简单的数量词汇，如"更多"和"更少"。

4. 19~24个月

（1）行为观察：照护者观察婴幼儿数数的能力，以及对数量关系的理解和应用。

（2）行为指导：照护者鼓励婴幼儿数数，提供具有明确数量的集合，如数图书、数玩具等，引导他们进行简单的加法和减法操作。

5. 25~36个月

（1）行为观察：照护者观察婴幼儿数数的准确性和数量应用的能力，以及数量概念的进一步发展。

（2）行为指导：照护者提供更复杂的数量应用任务，如排序、分类和匹配活动，鼓励婴幼儿进行数量比较和解决简单的数学问题。

四、婴幼儿时间感知行为观察与指导

婴幼儿时间感知行为观察与指导是指对婴幼儿在时间感知和时间概念发展方面进行观察与指导的过程。它涉及婴幼儿对时间流逝、事件顺序和时间间隔的感知、区分和理解能力。观察与指导婴幼儿的时间感知行为有助于促进他们在日常生活和学习中对时间的认识和理解能力的发展。

（一）婴幼儿时间感知行为概述

婴幼儿时间感知行为在他们的认知和发展中起着重要作用，会影响他们在日常生活中的时间管理、时间安排和学习计划。时间感知能力的发展是一个渐进的过程。随着婴幼儿的成长和经验积累，他们的时间感知能力将逐步提升。

1. 婴幼儿时间感知行为的定义

婴幼儿时间感知行为是指婴幼儿对时间流逝和时间间隔的感知和理解能力。它涉及婴幼儿对事件持续时间的感知、对时间的先后顺序的理解，以及对时间间隔的辨别。时间感知能力是认识时间和时间概念的重要基础，也是婴幼儿日常生活和学习中的关键能力。时间感知行为在婴幼儿阶段还处于早期发展阶段，婴幼儿的理解仍然相对简单和模糊。随着成长，他们的时间感知能力会逐渐提升，直到进一步发展成为更复杂和准确的时间概念。

2. 婴幼儿时间感知行为的种类

（1）持续时间：婴幼儿能够感知事件的持续时间，对事件的时间长短有一定的感知能力。例如，他们能够感知玩耍、吃饭或睡觉的时间长短。

（2）时间先后顺序：婴幼儿能够理解事件发生的先后顺序，他们能够区分哪个事件先发生，哪个事件后发生，如先吃饭再洗澡。

（3）时间间隔：婴幼儿能够辨别不同时间间隔，如他们能够感知一个事件和另一个事件之间的时间差异；他们可以感知两个活动之间的休息时间。

（4）日常时间规律：婴幼儿注意和适应日常生活中的时间规律，例如他们会意识到每天在固定的时间吃饭、睡觉或进行其他活动。

（5）时间表征：婴幼儿使用一些基本的时间概念和表征，他们会使用一些简单的时间词汇，如"现在""之后""一会儿"等。

（6）时间经验和预测：婴幼儿会根据过去的经验和观察对未来事件进行预测，如知道晚上会睡觉、白天会吃饭等。

（7）时间期待和反应：婴幼儿在特定时间或事件发生时表现出期待和反应，如在吃饭时间时会表现出饥饿感。

3. 婴幼儿时间感知行为发展的里程碑

（1）0～6个月：婴幼儿能够感知日常生活中的活动顺序，如进食、睡眠和醒着的顺序。

（2）7～12个月：婴幼儿能够区分一些简单的时间序列，如先吃饭再洗澡，注意到活动的持续时间。

（3）13～18个月：婴幼儿能够辨别简单的时间间隔，如短暂的等待时间，意识到日常活动的时间规律，如吃饭和睡觉的时间。

（4）19～24个月：婴幼儿能够使用一些时间词汇，如"现在""之后"，可以预测和期待特定事件的发生，如外出游玩或看书的时间。

（5）25～36个月：婴幼儿能够使用更多的时间词汇，如"昨天""明天"，能够回忆和描述过去和未来的事件。

（二）0～3岁婴幼儿各年龄段时间感知行为观察与指导的要点

1. 0～6个月

（1）行为观察：照护者观察婴幼儿对日常生活中的时间规律的感知和适应，如进食、睡眠和醒着的顺序。

（2）行为指导：照护者建立稳定的日常生活节奏，提供有规律的作息时间，帮助婴幼儿建立时间感知的基础。

2. 7～12个月

（1）行为观察：照护者观察婴幼儿对事件先后顺序的理解和持续时间的感知。

（2）行为指导：照护者使用一些简单的时间词汇，如"现在""之后"，在日常活动中强调事件的顺序，如先吃饭再洗澡。

3. 13～18个月

（1）行为观察：照护者观察婴幼儿对时间间隔的感知和对日常时间规律的理解。

（2）行为指导：照护者使用一些时间词汇，如"等一等"，帮助婴幼儿辨别简单的时间间隔，如短暂的等待时间，强调日常活动的时间规律，如吃饭和睡觉的时间。

4. 19～24个月

（1）行为观察：照护者观察婴幼儿对时间概念的表达和理解，以及对未来事件的预测能力。

（2）行为指导：照护者使用更多时间词汇，如"昨天""明天"，让婴幼儿回忆和描述过去和未来的事件，提前告知即将发生的事件，让婴幼儿有时间预测和期待。

5. 25～36个月

（1）行为观察：照护者观察婴幼儿对更复杂时间概念的理解和对时间的表征能力。

（2）行为指导：照护者使用更多的时间词汇，如"一会儿""几天后"，帮助婴幼儿描述时间间隔和未来的事件，鼓励婴幼儿参与日常活动的时间安排，如参与计划和选择玩耍时间。

课堂讨论

托育机构如何指导婴幼儿发展时间感知行为？

第三节 婴幼儿记忆和回忆行为观察与指导

婴幼儿记忆和回忆行为观察与指导的目的旨在促进婴幼儿认知和学习能力的提升。通过婴幼儿记忆和回忆行为的观察与指导，照护者可以更好地了解婴幼儿的认知发展，帮助他们建立对世界的认知和理解，同时也促进他们学习和记忆能力的提升。

一、婴幼儿感官记忆和回忆行为观察与指导

婴幼儿感官记忆和回忆行为观察与指导是指对0～3岁的婴幼儿在感官记忆和回忆方面的发展进行仔细观察，并根据观察结果提供适当的指导和支持的过程。

（一）婴幼儿感官记忆和回忆行为概述

婴幼儿感官记忆和回忆行为是他们认知发展的重要组成部分。通过感官记忆，婴幼儿对外界的感官刺激做出及时的反应，并认识到周围环境的特征；而通过回忆行为，婴幼儿逐渐建立对过去经历的认知，并在日常生活中做出有针对性的行为。

1. 婴幼儿感官记忆和回忆行为的定义

婴幼儿感官记忆和回忆行为是指0～3岁婴幼儿在感知和认知方面的发展中，对感官输入的暂时保存和处理，以及对先前经历过的事件或信息的回忆和复现的行为。

感官记忆是婴幼儿对感官刺激的短期记忆能力。婴幼儿能暂时记住一些感官输入的信息，并在短暂的时间内对其做出反应。例如，当婴幼儿听到有趣的声音、看到鲜艳的颜色或触摸到柔软的材质时，他们可以在短时间内对这些感官刺激产生反应。

回忆行为是指婴幼儿对先前经历过的事件或信息进行回忆和复现的行为。婴幼儿的回忆相对简单，通常是通过感官记忆来回忆过去的经历。例如，婴幼儿会回忆起之前玩过的玩具或者回忆起某个熟悉的声音。

在婴幼儿感官记忆和回忆行为发展过程中，他们的认知能力逐渐增强，对感官输入的处理和回忆能力也会逐步增强，可为后续的学习和认知发展打下基础。

2. 婴幼儿感官记忆和回忆行为的种类

（1）视觉记忆和回忆：婴幼儿通过眼睛接收来自外部环境的视觉信息，并将这些信息存储在大脑中。例如，婴幼儿会记住看到的某个玩具的外观和颜色，并在以后再次看到时回忆起之前的经历。

（2）听觉记忆和回忆：婴幼儿通过耳朵接收来自周围环境的声音和声音模式，并将这些声音信息存储在大脑中。例如，婴幼儿会记住某首歌曲的旋律或是某个特定的声音。

（3）触觉记忆和回忆：婴幼儿通过皮肤接收来自外部环境的触觉信息，并将这些信息存储在大脑中。例如，婴幼儿会记住某个物体的质地和温度。

（4）味觉和嗅觉记忆和回忆：婴幼儿通过口腔和鼻子接收来自食物和气味的信息，并将这些信息存储在大脑中。例如，婴幼儿会记住某种食物的味道或是某个特定的气味。

（5）综合感官记忆和回忆：婴幼儿在感官的多种输入信息之间进行综合和联想，形成更为复杂的记忆和回忆。例如，婴幼儿会将看到的某个物体的形状和颜色与摸到的质地相联系，形成一个综合的记忆。

3. 婴幼儿感官记忆和回忆行为发展的里程碑

（1）0～6个月：婴幼儿对照护者的声音、面部特征和气味建立记忆，能够分辨他们与陌生人的差异，他们对简单的音乐和声音模式开始产生兴趣，并能够在短时间内记住这些声音。

（2）7～12个月：婴幼儿对一些常见的物体和玩具具有持久性记忆，能够在再次看到或触摸时，表现出较强的兴趣和熟悉感，他们模仿简单的语音和声音，能够回忆并重复之前听到的一些音节。

（3）13～24个月：婴幼儿能够回忆一些简单的事件和活动，例如之前的游戏和玩耍经历；在阅读绘本的过程中，婴幼儿能够记住一些熟悉的图书内容，模仿其中的故事情节和角色。

（4）25～36个月：婴幼儿的感官记忆和回忆能力逐渐增强，他们能够保持更长时间的记忆，并能够在之后回忆和表达之前的经历；能够回忆一些更复杂的事件和经历，如之前的外出活动、参观经历等。

（二）0～3岁婴幼儿各年龄段感官记忆和回忆行为观察与指导的要点

1. 0～6个月

（1）行为观察：照护者观察婴幼儿对照护者的声音、面部特征和气味的反应，是否表现出熟悉和有安全感；观察婴幼儿是否对声音和简单音乐产生兴趣，并能够注意和回应；观察婴幼儿对一些常见物体和玩具是否有短暂的持久性记忆，能否在经过一段时间后认出它们。

（2）行为指导：照护者建立亲密的亲子关系，给予婴幼儿安全感，提供多样化的声音、颜色、形状等感官刺激，促进感官记忆的发展。

2. 7～12个月

（1）行为观察：照护者观察婴幼儿对不同玩具和物体的兴趣，其能否回忆和识别熟悉的物品；观察婴幼儿是否模仿一些简单的声音和音节，展示出音乐和声音记忆的发展；观察婴幼儿对一些简单事件和活动是否有一定的回忆能力。

（2）行为指导：照护者为婴幼儿提供各类玩具和刺激，促进他们感官和记忆能力的发展；多与婴幼儿进行面对面的互动，鼓励他们模仿声音和动作，增强记忆和回忆能力。

3. 13～24个月

（1）行为观察：照护者观察婴幼儿在阅读绘本时是否能记住一些熟悉的故事情节和角色，观察婴幼儿是否能回忆一些更复杂的事件和经历。

（2）行为指导：照护者多与婴幼儿阅读绘本，帮助他们建立对故事情节和角色的记忆，多进行有趣的游戏和活动，为婴幼儿创造积极愉悦的回忆。

4. 25～36个月

（1）行为观察：照护者观察婴幼儿的记忆保持时间是否有所增加，观察婴幼儿对更复杂事件和体验的回忆能力的发展。

（2）行为指导：在婴幼儿回忆过程中，照护者给予一些引导和提示，帮助他们联想和回忆，提供各种丰富多样的体验和活动，帮助他们建立更多的回忆和记忆经验。

二、婴幼儿运动记忆和回忆行为观察与指导

婴幼儿运动记忆和回忆行为观察与指导是指对0～3岁婴幼儿在运动方面的记忆和回忆能力进行观察，并根据观察结果提供相应的指导和支持。这个过程有助于促进婴幼儿的运动发展，培养他们的动作记忆和回忆能力，以及积累对运动经验的积极记忆。

（一）婴幼儿运动记忆和回忆行为概述

婴幼儿运动记忆和回忆行为是其运动发展的重要组成部分。随着年龄的增长和大脑的发展，婴幼儿

运动记忆和回忆能力逐渐增强，他们能够记住更复杂的运动技能，并在不同的情境中灵活地应用和展示这些技能。通过提供适当的运动体验和支持，照护者帮助婴幼儿积极学习和练习运动技能，促进其运动记忆和回忆行为的发展。

1. 婴幼儿运动记忆和回忆行为的定义

婴幼儿运动记忆和回忆行为是指婴幼儿在运动和动作方面的发展中，对运动过程的暂时保存和处理，以及对先前经历过的运动或动作的回忆和复现的行为。

运动记忆是婴幼儿对运动和动作的短期记忆能力。婴幼儿可以暂时记住一些运动和动作的过程和模式，并在短暂的时间内对其做出反应。例如，当婴幼儿学会了使用摇铃玩具或爬行，他们可以在短时间内对这些运动和动作进行再现。

回忆行为是指婴幼儿对先前经历过的运动或动作进行回忆和复现的行为。婴幼儿回忆能力相对简单，通常是通过运动记忆来回忆过去经历的运动或动作。例如，婴幼儿会回忆起之前学会的爬行或走路的经历，然后再次进行这些动作。

婴幼儿运动记忆和回忆行为是他们运动和认知发展的重要组成部分。通过运动记忆，婴幼儿可以对自己的运动和动作过程进行调节和改进，逐渐掌握和改善各种运动技能；而通过回忆行为，婴幼儿可以逐渐建立对过去运动经历的认知，并在日常生活中运用这些经验。

在婴幼儿运动记忆和回忆行为的发展过程中，婴幼儿的认知能力和运动技能逐渐增强，对运动过程的处理和回忆能力也会逐步提升，可为他们日后的运动发展和认知发展打下基础。这个过程通常伴随着婴幼儿的不断尝试、探索和学习，从而逐渐形成运动记忆和回忆的能力。

2. 婴幼儿运动记忆和回忆行为的种类

（1）基础运动技能的记忆和回忆：婴幼儿学习并掌握基础的运动技能，如翻身、爬行、坐立、站立和行走等。他们通过反复练习和学习，逐渐建立对这些基础运动技能的记忆，并能够在之后回忆和展示这些动作。

（2）动作顺序的记忆和回忆：在运动发展的过程中，婴幼儿学会了一系列动作的顺序和组合。例如，学习如何从坐姿到站立，或者从站立到行走。他们会记住这些动作的顺序，并能够在之后回忆和按照正确的顺序执行。

（3）运动游戏和活动的记忆和回忆：婴幼儿在参与运动游戏和活动时，会记住这些游戏和活动的规则和动作要领，并在之后回忆和积极参与其中。

（4）动作模仿的记忆和回忆：婴幼儿能够通过观察他人的动作，学会模仿这些动作，并在之后回忆和重复这些动作。

（5）复杂动作的记忆和回忆：随着成长，婴幼儿学会了更复杂的运动技能和动作，如跑步、跳跃、爬梯等。他们会记住这些复杂动作，并能够在适当的情境下回忆和展示这些技能。

3. 婴幼儿运动记忆和回忆行为发展的里程碑

（1）0～6个月：婴幼儿对一些基本运动产生反应，如在躺着的时候翻身、用手撑起上半身等。

（2）7～12个月：婴幼儿学会基本的运动技能，如翻身、爬行、坐立、站立和行走等。

（3）13～24个月：婴幼儿学会了一些运动动作的顺序和组合，如学会从坐姿到站立，或者从站立到行走。

（4）25～36个月：婴幼儿学会了更复杂的运动技能和动作，如跑步、跳跃、爬梯等，他们能够积极参与运动游戏和活动，并能够记住游戏的规则和动作要领。

（二）0～3岁婴幼儿各年龄段运动记忆和回忆行为观察与指导的要点

1. 0～6个月

（1）行为观察：照护者观察婴幼儿对基本动作，如翻身、伸手抓物、踢腿等的反应；观察婴幼儿在探索运动技能的过程中，注意其是否有逐渐学习和改进的迹象。

（2）行为指导：照护者确保婴幼儿在运动时身处安全环境，有足够空间进行探索和运动，给予婴幼儿自由运动的机会，让他们自主探索身体的能力和边界。

2. 7～12个月

（1）行为观察：照护者观察婴幼儿是否掌握了基本运动技能，如爬行、坐立、站立和行走；观察婴幼儿是否能记住和按顺序执行一系列运动动作。

（2）行为指导：照护者给予婴幼儿丰富多样的运动体验，鼓励他们在运动中探索和学习，给予他们积极的支持和鼓励。

3. 13～24个月

（1）行为观察：照护者观察婴幼儿是否学会了更复杂的运动技能，如跑步、跳跃等，并能够回忆起和展示这些动作；观察婴幼儿是否积极参与各类运动游戏和活动，记住游戏规则和动作要领。

（2）行为指导：照护者为婴幼儿提供丰富多样的运动游戏和活动，帮助他们学习更复杂的运动技能，鼓励他们参与与其他同龄儿童一起运动，促进他们的社交和合作能力发展。

4. 25～36个月

（1）行为观察：照护者观察婴幼儿是否能回忆和重复之前学过的运动技能和动作，观察婴幼儿是否对之前的运动经验表现出积极的回忆和喜爱。

（2）行为指导：照护者对婴幼儿的运动努力和进步给予积极的反馈和肯定，增强他们的自信心和动力，提供适度挑战，帮助他们继续发展和提高运动技能。

三、婴幼儿事件记忆和回忆行为观察与指导

婴幼儿事件记忆和回忆行为观察与指导是指对婴幼儿的记忆能力和回忆行为进行观察与指导的过程。这涉及关注和研究婴幼儿在成长过程中对过去事件的记忆能力以及他们在回想、重现和表达过去经历时的行为。观察婴幼儿事件记忆和回忆行为的目的在于深入了解他们认知发展的过程，并发现他们在认知和情感方面的变化。

（一）婴幼儿事件记忆和回忆行为概述

在婴幼儿事件记忆和回忆行为发展过程中，婴幼儿的认知能力逐渐增强，对事件的处理和回忆能力也会逐步提升，这可为他们日后的学习和认知发展打下基础。

1. 婴幼儿事件记忆和回忆行为的定义

婴幼儿事件记忆和回忆行为是指婴幼儿在认知和记忆方面的发展中，对特定事件或经历的暂时保存和处理，以及对先前经历过的事件的回忆和复现的行为。

事件记忆是婴幼儿对特定事件或经历的短期记忆能力。婴幼儿可以暂时记住发生过的某个事件，例如一次游戏、一次社交互动，以及事件中的相关信息。

回忆行为则指的是婴幼儿对先前经历过的特定事件的回忆和复现的行为。婴幼儿的回忆行为相对简单，通常是通过事件记忆来回忆过去的经历。例如，婴幼儿会回忆起之前玩过的游戏内容，然后再次进行这些活动。

婴幼儿事件记忆和回忆行为是他们认知发展的重要组成部分。通过事件记忆，婴幼儿可以对特定事件的发生过程和细节进行暂时存储，并在短暂的时间内对其做出反应；而通过回忆行为，婴幼儿可以逐渐建立对过去事件经历的认知，并在日常生活中根据这些经验做出相应的行为。

2. 婴幼儿事件记忆和回忆行为的种类

（1）短期事件记忆：指婴幼儿对近期发生的事件或刺激的记忆能力，这种记忆通常只能维持几分钟或几个小时，并且容易受到其他刺激的干扰。

（2）长期事件记忆：指婴幼儿对过去较长时间内发生的事件的记忆能力，这种记忆的存储时间更长，可以维持数天、数周甚至更长的时间，而且相对较为稳定。

知识链接

照护者如何指导婴幼儿长期事件记忆能力的发展？

对于婴幼儿来说，长期事件记忆的建立是重要的，因为它有助于他们构建关于世界的认知模

型。照护者可以使用以下方法来指导婴幼儿长期事件记忆能力的发展。

（1）创造意义和情境：照护者与婴幼儿一起创造有趣和有意义的情境，帮助他们经历和参与不同事件，这将有助于他们将事件纳入他们的长期记忆中。

（2）重复和强调：照护者多次重复和强调同一事件，可以帮助婴幼儿巩固记忆。例如，重复阅读同一本绘本，或者在游戏中多次重复同一个情境。

（3）使用多个感官：照护者帮助婴幼儿利用多个感官来体验事件，如听觉、视觉、触觉和味觉，这样可以在婴幼儿的脑中建立更多的联系，有助于记忆的存储和回忆。

（4）建立故事：照护者将事件组织成一个简单的故事，有头有尾，这有助于婴幼儿将各个部分连接起来，形成完整的记忆。

（5）参与互动活动：照护者与婴幼儿一起进行互动活动，如游戏、角色扮演、手工艺等，这些活动会激发他们的好奇心和增强记忆能力。

（6）提供引导性问题：照护者在事件发生后，提出一些引导性问题，帮助婴幼儿回忆和分享他们的经历，这可以促进记忆的回顾和加强。

（7）创造联系：照护者将新事件与婴幼儿已有的知识和经验联系起来，这有助于他们将新的记忆整合到现有的记忆网络中。

（8）积极反馈：当婴幼儿回忆和分享他们的经历时，照护者给予积极的反馈和鼓励，这将激发他们的兴趣和动力。

（9）培养兴趣：照护者鼓励婴幼儿参与他们感兴趣的活动，因为兴趣可以增加记忆的深度和增强记忆的持久性。

（3）意义记忆：意义记忆是婴幼儿对与他们有情感和意义联系的事件的记忆，这些事件通常与他们的家庭成员、亲近的照顾者或其他重要的人有关，对于他们的情感发展和社会认知至关重要。

（4）过程性记忆：过程性记忆是指婴幼儿对于熟练技能和动作的记忆，这种记忆与日常生活中的运动技能、手眼协调等有关，比如学会走路、使用餐具等。

（5）前瞻性记忆：前瞻性记忆是婴幼儿对未来事件的记忆能力，即他们能够在未来的某个时间点或情境下回想和执行特定的行为或任务。

（6）自传体记忆：自传体记忆是婴幼儿对自己生活中重要事件和经历的记忆，这些记忆构成了他们自我认知和自我理解的基础。

（7）语言回忆：随着婴幼儿语言能力的发展，他们能够通过语言表达对过去事件的回忆，使用词汇和语言技巧来描述和分享他们的经历。

3. 婴幼儿事件记忆和回忆行为发展的里程碑

（1）0～6个月：婴幼儿的事件记忆能力处于初步阶段，他们对一些简单的事件有短暂的记忆，但这种记忆通常不持久。

（2）7～9个月：婴幼儿展现出更持久的事件记忆能力，他们会对一些重复出现的事件或熟悉的面孔记忆得更久。

（3）10～12个月：婴幼儿的事件记忆能力显著增强，他们能够回忆起过去的经历，对一些事件的记忆可以持续数天甚至更长时间。

（4）13～24个月：婴幼儿的回忆行为显现出更复杂的特征，他们可以通过言语或行为表达对过去经历的回忆，并试图重现过去的情境。

（5）25～36个月：婴幼儿的事件记忆和回忆行为逐渐变得更加完善，他们可以描述过去的事件，并展现出前瞻性记忆，即对未来事件的规划和记忆。

（二）0～3岁婴幼儿各年龄段事件记忆和回忆行为观察与指导的要点

1. 0～6个月

（1）行为观察：照护者注意婴幼儿对环境刺激的反应，尤其是对熟悉的人脸、声音和玩具的反应。

（2）行为指导：照护者提供安全、温暖和亲密的环境，与婴幼儿建立良好的亲子关系，通过简单的互动和重复性的经验，帮助他们建立初步的事件记忆。

2. 7～12个月

（1）行为观察：照护者观察婴幼儿对熟悉面孔和玩具的记忆，以及他们对新鲜事物的好奇心和探索欲。

（2）行为指导：照护者提供多样化的刺激和体验，鼓励他们进行探索和互动，通过重复性的游戏和活动帮助他们巩固记忆。

3. 13～24个月

（1）行为观察：照护者观察婴幼儿表现出更持久的事件记忆行为，注意他们能够回忆一些简单的日常经历。

（2）行为指导：照护者建立日常生活中的规律和节奏，为婴幼儿提供一些稳定和可预测的经历，鼓励他们通过语言和行为表达过去的经历。

4. 25～36个月

（1）行为观察：照护者观察婴幼儿展现出更复杂的回忆行为，是否能够用语言描述一些过去事件，并展现出前瞻性记忆。

（2）行为指导：照护者与婴幼儿进行更多的对话和互动，鼓励他们分享过去的经历和计划未来的事情，提供支持和肯定，促进他们的语言和记忆发展。

四、婴幼儿情感记忆和回忆行为观察与指导

婴幼儿情感记忆和回忆行为观察与指导是指对婴幼儿在情感记忆和回忆行为方面进行关注和研究，并通过有效的方法和指导，帮助他们发展健康的情感认知和情感表达能力的过程。观察与指导婴幼儿情感记忆和回忆行为的目的在于帮助他们建立积极、健康的情感认知和情感表达方式。

（一）婴幼儿情感记忆和回忆行为概述

婴幼儿情感记忆和回忆行为对于他们的情感发展和社会认知至关重要。这种记忆和婴幼儿与照护者人际关系的互动有关。他们对过去积极、消极或充满情感的事件的记忆，能够影响他们对自己和他人的情感认知、情绪调节和情感表达。

1. 婴幼儿情感记忆和回忆行为的定义

婴幼儿情感记忆和回忆行为是指婴幼儿对于与情感体验相关的过去事件的记忆和回忆能力。这种记忆涉及婴幼儿对于过去与强烈情感相关的经历、亲密关系、情感联结和情绪体验的回忆和表达。

婴幼儿情感记忆和回忆行为的发展在早期表现为简单的情感联系和积极或消极的情感反应。随着认知和语言能力的发展，婴幼儿能够逐渐用语言表达和分享过去的情感经历。这有助于婴幼儿建立与他人之间的情感联系和情感共鸣，为他们的社交和情感发展打下基础。

2. 婴幼儿情感记忆和回忆行为的种类

（1）早期情感联系：婴幼儿在出生后建立与照护者的情感联系。这种情感联系和他们与照护者的亲密互动和情感体验密切相关。他们能够对熟悉的面孔和声音做出积极的情感反应，并表现出对照护者的依赖和喜好。

（2）积极情感记忆：婴幼儿会对与积极情感体验相关的事件形成记忆，可能包括受到爱抚、陪伴、安抚和温暖的时刻，以及与亲人之间的快乐互动瞬间。这些积极情感记忆有助于婴幼儿建立情感安全感和幸福感。

（3）消极情感记忆：婴幼儿会对与消极情感体验相关的事件形成记忆，可能包括受到忽视、拒绝、恐惧或疼痛的经历。这些消极情感记忆会导致婴幼儿在面对类似情境时产生不安和恐惧情绪。

（4）情感回忆与表达：随着语言能力和认知的发展，婴幼儿能够用语言表达和分享自己的情感经历，他们可以用言语和非言语的方式描述过去积极或消极的情感经历，与照护者分享他们的情感体验。

（5）社会情感记忆：随着与外界社会环境的接触增多，婴幼儿会建立与同伴的情感联系，他们会形

成对这些人的情感记忆，并通过情感表达和互动来加强这种情感联系。

（6）自我情感认知：随着认知和自我意识的发展，婴幼儿认知自己的情感状态，并对自己的情感体验形成记忆，他们能够区分不同的情感，如快乐、悲伤、愤怒等，并学习如何处理和表达这些情感。

3. 婴幼儿情感记忆和回忆行为发展的里程碑

（1）0~6个月：婴幼儿建立早期情感联系，对照护者产生积极的情感反应，表现出依赖和喜好。

（2）7~12个月：婴幼儿表现出对过去积极情感体验相关事件的记忆，对熟悉的人和玩具表现出积极的情感记忆。

（3）13~24个月：婴幼儿情感记忆和回忆行为逐渐复杂化，他们能够回忆更丰富的与情感体验相关的事件，并表现出对家人和亲近人的情感联系。

（4）25~36个月：婴幼儿情感记忆和回忆行为进一步发展，他们能够回忆起更复杂的与情感体验相关的事件，表现出自我情感认知和情感表达能力。

（二）0~3岁婴幼儿各年龄段情感记忆和回忆行为观察与指导的要点

1. 0~6个月

（1）行为观察：照护者注意婴幼儿与照护者之间的情感联系，其对熟悉的面孔和声音的积极反应。

（2）行为指导：照护者提供安全、温暖和稳定的环境，与婴幼儿建立亲密的情感联系，通过陪伴和互动帮助他们形成早期情感记忆。

2. 7~12个月

（1）行为观察：照护者观察婴幼儿对熟悉人和熟悉玩具的积极情感记忆，以及对陌生人和新鲜事物的情感反应。

（2）行为指导：照护者提供多样化的刺激和体验，帮助婴幼儿扩展情感记忆范围，鼓励他们通过表情和行为表达情感。

3. 13~24个月

（1）行为观察：照护者观察婴幼儿对过去产生积极或消极情感体验的事件的回忆和表达，以及对家人和亲近人的情感联系。

（2）行为指导：照护者鼓励婴幼儿用简单的语言表达情感，提供积极的情感引导，帮助他们学会分享情感和理解他人的情感。

4. 25~36个月

（1）行为观察：照护者观察婴幼儿对更复杂情感体验相关事件的回忆和表达，以及对社交情感体验的参与和认知。

（2）行为指导：照护者鼓励婴幼儿积极参与情感回忆和分享，帮助他们理解和应对情感体验，提供支持和引导。

课堂讨论

如何引导婴幼儿发展积极的情感记忆和回忆，减少消极的情感记忆和回忆？

第四节 婴幼儿原因和结果行为观察与指导

婴幼儿原因和结果行为观察与指导是指对婴幼儿在认知发展中理解和应用因果关系的能力进行观察，并通过有效的方法和指导帮助他们建立对事件原因和结果的认知与理解的过程。观察与指导婴幼儿原因和结果行为意味着为婴幼儿提供有意义的学习体验，帮助他们发展因果关系理解能力，鼓励他们通过自己的感官和动作去探索因果关系，促进他们对事件原因和结果的认知和理解能力的发展。

一、婴幼儿因果关系理解行为观察与指导

婴幼儿因果关系理解行为观察与指导是指对婴幼儿在认知发展中对事件之间的因果关系理解进行观察，并通过适当的指导和教育方法来帮助他们逐步发展和提升对因果关系的认知能力的过程。婴幼儿因果关系理解行为观察与指导有助于培养婴幼儿的因果推理能力，帮助他们更好地理解和预测事件和行为之间的关系，为他们日后的学习和认知发展打下基础。同时，照护者在指导过程中要充分尊重婴幼儿的个体差异，提供适合他们认知水平和兴趣的因果关系学习体验。

（一）婴幼儿因果关系理解行为概述

婴幼儿因果关系理解行为的发展对于他们的认知和智力发展至关重要。这种能力使他们能够更好地理解周围世界中的因果联系，为他们的学习和问题解决能力奠定基础，并促进他们在日常生活中做出更有意义和有效的行为选择。

1. 婴幼儿因果关系理解行为的定义

婴幼儿因果关系理解行为是指婴幼儿在认知发展过程中，理解和认知事件之间的因果关系。这种认知能力使婴幼儿能够认识到某些事件或行为是由其他事件引起的，并能够预测和理解因果关系的结果。

婴幼儿因果关系理解行为的发展是一个逐渐成熟的过程。在早期，婴幼儿通过感觉和运动经验来理解简单的因果关系，例如学会抓住物体会导致物体移动。随着认知和语言能力的发展，他们能理解更复杂的因果关系，例如了解特定动作的结果或某些事件的触发条件。

2. 婴幼儿因果关系理解行为的种类

（1）物理因果关系理解：婴幼儿理解一些简单的物理因果关系。例如，他们会学会抓住物体导致物体移动，或者推动玩具车会使其移动。

（2）反应–反应因果关系理解：婴幼儿能够认识到一些动作或事件会引起其他动作或事件的反应。例如，他们学会按下按钮会导致玩具发出声音。

（3）原因–结果因果关系理解：婴幼儿能够理解一些事件之间的原因和结果关系。例如，他们学会如果打翻杯子，水会洒出来。

（4）隐含因果关系理解：婴幼儿理解一些隐含的因果关系，即事件之间的关联不是直接显现的。例如，他们学会如果在床上玩耍，可能会摔倒并受伤。

（5）多因素因果关系理解：婴幼儿能够理解复杂的多因素因果关系。例如，他们学会如果在冬天出门没有穿外套，可能会感到寒冷。

3. 婴幼儿因果关系理解行为发展的里程碑

（1）0～6个月：婴幼儿对物理因果关系表现出更多兴趣，他们理解简单的物理因果关系。例如，婴幼儿意识到抓住物体会导致物体移动。

（2）7～12个月：婴幼儿展示出对原因和结果之间联系的初步认知。例如，他们学会通过按按钮或拉绳子来触发玩具的声音或动作。

（3）13～24个月：婴幼儿能够理解更复杂的原因和结果关系。例如，他们学会如果打翻杯子，水会洒出来；或者如果拿起电话，电话会响。

（4）25～36个月：婴幼儿展现出对多因素因果关系的理解，并能够在语言和行为中表达更复杂的因果关系。例如，他们会说"如果在冬天出门不穿外套，就会感到寒冷"。

（二）0～3岁婴幼儿各年龄段因果关系理解行为观察与指导的要点

1. 0～6个月

（1）行为观察：照护者注意婴幼儿对物体和环境的基本反应，例如抓握、触摸和注视，以了解他们对物理因果关系的初步认知。

（2）行为指导：照护者为婴幼儿提供安全的探索环境，鼓励他们通过感官和动作来探索物体和环境，帮助他们建立基本的因果关系理解能力。

2. 7～12个月

（1）行为观察：照护者观察婴幼儿对简单物理因果关系的反应，例如按按钮会发出声音或拉绳子会使玩具动起来。

（2）行为指导：照护者鼓励婴幼儿进行有意义的探索和互动，提供玩具和活动，让他们能够体验和理解因果关系。

3. 13～24个月

（1）行为观察：照护者观察婴幼儿对更复杂的原因和结果关系的理解，例如如果打翻杯子，水会洒出来。

（2）行为指导：照护者通过日常生活中的活动和游戏，帮助婴幼儿体验和理解因果关系，例如倒水、堆积方块等。

4. 25～36个月

（1）行为观察：照护者观察婴幼儿对多因素因果关系的理解，例如如果在冬天出门不穿外套，会感到寒冷。

（2）行为指导：照护者鼓励婴幼儿参与更复杂的游戏和活动，通过问题解决和探索，帮助他们发展更深入的因果关系理解能力。

二、婴幼儿结果预测行为观察与指导

婴幼儿结果预测行为观察与指导是指照护者通过观察婴幼儿在不同情境中对事件结果的预测能力，以及提供适当的引导和支持，帮助婴幼儿发展和提高对事件结果的预测和理解能力的过程。

（一）婴幼儿结果预测行为概述

婴幼儿结果预测行为的发展对于婴幼儿的认知和智力发展至关重要。这种能力使他们能够更好地理解周围世界中事件之间的关联，为他们学习、解决问题和适应环境提供支持。照护者在婴幼儿的成长过程中应该提供有意义的学习体验和互动，帮助他们发展结果预测行为。

1. 婴幼儿结果预测行为的定义

婴幼儿结果预测行为是指在认知发展过程中，婴幼儿通过观察和体验，试图预测事件的结果或后果的行为。这种行为涉及婴幼儿对于某些事件或行为可能产生的结果进行推测和预测，以便在日常生活中做出适当的决策和行动。

婴幼儿结果预测行为的发展是一个渐进的过程。在早期，婴幼儿会通过简单的感官和运动经验进行结果预测，例如通过观察云朵和阴天，预测会下雨。随着认知和语言能力的发展，他们进行更复杂的结果预测，例如预测如果在冬天出门不穿外套，就会感到寒冷。

2. 婴幼儿结果预测行为的种类

（1）基于直接感官观察的结果预测：婴幼儿会通过直接的感官观察来预测事件的结果。例如，他们会通过观察云朵和阴天来预测会下雨。

（2）基于简单因果关系的结果预测：随着认知能力的发展，婴幼儿理解一些简单的因果关系，通过这些关系来预测事件的结果。例如，他们观察到按按钮会使玩具发出声音，他们就会预测按按钮会产生声音。

（3）基于经验和学习的结果预测：随着经验积累和学习，婴幼儿会基于以往的经验来预测事件的结果。例如，他们会预测在冬天出门不穿外套会感到寒冷，因为之前的经验告诉他们这样做会导致寒冷。

（4）复杂的结果预测：随着认知能力的进一步发展，婴幼儿能够进行更复杂的结果预测，包括多因素的结果预测。例如，他们可能预测如果在冬天出门不穿外套，不仅会感到寒冷，还可能生病。

（5）基于模仿和观察的结果预测：婴幼儿通过模仿他人的行为和观察他人的行为来预测事件的结果。例如，他们看到其他孩子在玩具上按按钮，然后听到玩具发出声音，随后模仿这个动作，并预测按按钮会产生声音。

3. 婴幼儿结果预测行为发展的里程碑

（1）0～6个月：婴幼儿对物体和环境中的一些简单结果表现出兴趣。例如，他们会对掉落的物体感到好奇，并注意观察物体的反应。

（2）7～12个月：婴幼儿能够理解一些简单的结果预测。例如，他们会预测如果按按钮，玩具会发出声音。

（3）13～24个月：婴幼儿能够预测更多不同类型的结果。例如，他们会预测如果打翻杯子，水会洒出来，他们展现出对经验和学习的结果预测，通过以往的经验来预测事件的结果。

（4）25～36个月：婴幼儿表现出对复杂的结果预测的理解，包括多因素的结果预测。例如，他们预测如果在冬天出门不穿外套，不仅会感到寒冷，还会生病。

（二）0～3岁婴幼儿各年龄段结果预测行为观察与指导的要点

1. 0～12个月

（1）行为观察：照护者注意婴幼儿对环境中的物体和事件的兴趣和观察，观察他们对简单因果关系的反应，例如按按钮会使玩具发出声音；注意他们对事件结果的直接观察，例如对掉落的物体的反应。

（2）行为指导：照护者为婴幼儿提供丰富的感官体验，让他们能够观察和体验不同的事件结果，鼓励他们通过触摸、抓握等动作与环境互动，以建立感官和运动经验；使用简单的玩具和活动帮助他们理解一些基本的结果预测，例如按按钮会产生声音。

2. 13～24个月

（1）行为观察：照护者注意婴幼儿对复杂结果的预测和反应，例如如果打翻杯子，水会洒出来；观察他们对环境变化的觉察和反应，例如在冬天感觉寒冷。

（2）行为指导：照护者提供丰富多样的学习体验，让他们探索和预测不同事件的结果，鼓励他们通过语言和表情来表达他们的预测和理解；使用简单的问题和情景，鼓励他们预测事件的结果，例如"如果在冬天出门不穿外套会怎样？"。

3. 25～36个月

（1）行为观察：照护者注意婴幼儿对复杂事件结果的预测和解释，例如对多因素事件结果的理解，观察他们的问题解决能力和逻辑思维，以及对事件结果的推理。

（2）行为指导：照护者提供更加复杂和更具挑战性的学习体验，鼓励他们进行更深入的结果预测和推理；通过讲故事、情景模拟等方式，帮助他们理解复杂事件的结果；鼓励他们提出问题并解决问题，以促进他们的逻辑思维和推理能力的发展。

三、婴幼儿行为调整行为观察与指导

婴幼儿行为调整行为的观察与指导是指照护者通过观察婴幼儿在不同情境中的行为表现，以及提供适当的指导和支持，帮助婴幼儿培养适应性和积极的行为调整能力的过程。

（一）婴幼儿行为调整行为概述

婴幼儿行为调整是婴幼儿认知、情感和社交等多个方面综合发展的结果，可帮助他们逐渐学会自主调控自己的行为，以适应不同情境，并逐步适应社会生活。

1. 婴幼儿行为调整行为的定义

婴幼儿行为调整行为是指婴幼儿在日常生活中通过自主学习和外部引导，逐渐学会控制和调整自己的行为，以适应不同的环境和情境。在婴幼儿行为调整的过程中，婴幼儿通过观察、体验和与环境的互动，逐渐认识到自己的行为会引起不同的结果。通过这些学习和体验，婴幼儿学会预测和理解行为和结果之间的因果关系，然后对自己的行为进行调整，以更好地满足自己的需求。这个过程涉及婴幼儿认知、情感和社交等多个方面的发展。在成长过程中，婴幼儿逐渐学会通过情感调节来应对自己的情绪，通过观察和模仿他人的行为来学习社交规则，并通过自主学习和探索来逐步发展自己的行为调整能力。

2. 婴幼儿行为调整行为的种类

（1）社交行为调整：婴幼儿在与他人互动时，能够根据情境和他人的需求调整自己的社交行为。例如，他们学会分享玩具、等待自己的轮次、用友好的表情和语言与他人交流。

（2）情绪调节：婴幼儿学会识别自己的情绪，并能够采取积极的方式来应对情绪冲突和挑战。例如，他们学会通过言语表达自己的情感，或使用适当的情绪调节策略，如深呼吸或安慰自己。

（3）任务适应：婴幼儿在面对新的任务或挑战时，能够灵活调整自己的行为方式，以适应新的要求和目标。例如，他们学会在玩耍时尝试用不同的方法解决问题，而不是固执地坚持原有的方式。

（4）自我控制：婴幼儿学会控制自己的冲动情绪、延迟满足和自我管理。例如，他们学会等待自己的轮次，而不是强行抢夺他人的东西以满足自己的愿望。

（5）环境适应：婴幼儿在不同环境中能够调整自己的行为，适应不同的规则和文化背景。例如，他们学会在家庭和学校等不同场所表现出不同的行为举止。

3. 婴幼儿行为调整行为发展的里程碑

（1）0～6个月：婴幼儿对周围环境做出简单的反应调整。例如，他们观察到玩具引起的声音或动作时，会微笑或伸手抓取。

（2）7～12个月：婴幼儿能够对简单的社交行为做出反应。例如，当照护者拥抱他们时，他们会表现积极的情感。

（3）13～24个月：婴幼儿展示出更强的社交行为调整能力，能够逐渐学会分享、等待和合作。例如，他们愿意与其他孩子共享玩具或是等待自己的轮次。

（4）25～36个月：婴幼儿能够更好地理解和应对情绪和冲突。例如，他们会用言语而不是用哭闹或发脾气的方式来表达自己的需求。

知识链接

照护者如何指导婴幼儿冲突应对能力的发展？

指导婴幼儿冲突应对能力的发展是培养他们社会情感技能的重要一部分。这些技能对于婴幼儿建立健康的人际关系和情绪管理能力至关重要。以下方法可以帮助照护者指导婴幼儿发展冲突应对能力。

（1）示范冲突解决：在婴幼儿面临小冲突时，照护者以示范的方式展示如何平和地解决问题，例如与其他孩子分享玩具。

（2）鼓励分享：在玩耍时，照护者鼓励婴幼儿分享玩具和资源，这有助于培养婴幼儿合作和分享的观念。

（3）倾听和体谅：当婴幼儿表达困难或矛盾时，照护者倾听他们的感受，体谅他们的立场，然后引导他们思考解决方案。

（4）用语言解决冲突：照护者帮助婴幼儿用言语来表达他们的需求和感受，而不是使用暴力或攻击性的行为表达。

（5）合作活动：照护者安排合作游戏和活动，鼓励婴幼儿与其他孩子合作，并从中习得共同完成任务的技能。

（6）培养情绪管理能力：照护者教导婴幼儿一些情绪调节技巧，如深呼吸等，以帮助他们在冲突中保持冷静。

（7）积极解决问题：照护者鼓励婴幼儿寻找积极的解决问题的方法，而不是回避或采取消极的行为。

（二）0～3岁婴幼儿各年龄段行为调整行为观察与指导的要点

1. 0～12个月

（1）行为观察：照护者注意婴幼儿的基本生理反应，例如吃奶、睡觉、哭泣等，观察他们对周围环境的兴趣和反应，例如对玩具、声音、光线等的关注；注意婴幼儿的发展阶段，例如抬头、翻身、尝试坐起等动作的出现。

（2）行为指导：照护者提供安全、稳定和温暖的环境，满足婴幼儿的基本需求，与婴幼儿进行亲密的互动，包括拥抱、安抚和与他们进行面对面的交流，提供符合他们年龄的玩具和游戏，鼓励他们进行探索和观察。

2. 13~24个月

（1）行为观察：照护者注意婴幼儿的社交行为，例如对其他婴幼儿和成年人的兴趣和反应；观察他们的语言发展，包括初步的语言表达和尝试模仿语言；注意他们对环境和自己的行为进行探索和尝试的行为。

（2）行为指导：照护者鼓励婴幼儿进行社交互动，与其他婴幼儿一起玩耍和分享玩具，为他们提供丰富的语言刺激，与他们进行简单的对话和互动，提供安全的探索环境，让他们自主地尝试不同的动作和行为。

3. 25~36个月

（1）行为观察：照护者注意婴幼儿的社交技能发展，包括与其他婴幼儿合作和解决冲突的能力；观察他们的认知发展，例如对简单问题的回答和解决能力；注意他们的情绪表达和调节能力，以及对规则和限制的理解。

（2）行为指导：照护者鼓励婴幼儿进行合作游戏，让婴幼儿学会与其他婴幼儿一起分享和解决问题；提供丰富的认知刺激，例如与他们进行有趣的问题解答和探索活动，建立积极的情感联系，与他们一起探索情绪和情感的表达和调节。

四、婴幼儿问题解决行为观察与指导

婴幼儿问题解决行为观察与指导是指照护者通过观察婴幼儿在面临挑战和困难时的行为表现，以及适时提供指导和支持，帮助婴幼儿培养积极主动的问题解决能力的过程。通过观察与指导婴幼儿的问题解决行为，照护者可以帮助他们逐渐培养积极主动的解决问题能力，促进他们认知和社交的发展，为他们未来的学习和成长打下良好的基础。

（一）婴幼儿问题解决行为概述

婴幼儿问题解决行为的发展需要得到照护者的支持和指导。照护者可以提供难度合适的挑战，鼓励婴幼儿积极探索和实验，通过指导，培养婴幼儿的问题解决思维，同时给予其积极的反馈和鼓励。

1. 婴幼儿问题解决行为的定义

婴幼儿问题解决行为是指婴幼儿在面临挑战、困难或目标实现的过程中，通过认知和行为的调整，寻求解决问题的方法和策略，以达到预期的目标或满足自己的需求的行为。在婴幼儿问题解决行为的发展过程中，婴幼儿逐渐学会通过观察、实验和体验来理解问题，并尝试不同的方法和策略，以找到最有效的解决方案。这个过程涉及婴幼儿的感知、记忆、认知、情感和社交等各个方面的发展。

婴幼儿问题解决行为是婴幼儿认知和发展的重要组成部分。在婴幼儿的成长过程中，照护者通过提供丰富的学习机会和支持，鼓励和促进婴幼儿的问题解决行为，培养他们的探索精神、创造力和问题解决能力。

2. 婴幼儿问题解决行为的种类

（1）试错学习：婴幼儿尝试用不同的方法解决问题，通过反复尝试和试错，了解哪种方法是有效的，哪种方法是不行的。

（2）模仿学习：婴幼儿观察周围人的行为，模仿他们来解决问题，例如看到其他婴幼儿按按钮使玩具发声后，也尝试按按钮。

（3）使用工具：婴幼儿学会使用周围的工具或物体来解决问题，例如用勺子挖土或用玩具锤子敲打玩具。

（4）观察和实验：婴幼儿通过观察和实验来了解环境和物体，从而找到解决问题的方法，例如观察到在扭动玩具某个部分后可以打开玩具。

（5）认知推理：婴幼儿发展简单的认知推理能力，通过逻辑思维和推理来解决问题，例如通过推测水杯倒翻后水会洒出，所以尝试保持水杯竖直。

（6）合作解决：婴幼儿与其他婴幼儿或成年人合作来解决问题，共同找到解决方案，例如一起推动玩具车通过障碍物。

（7）情绪调节：婴幼儿学会通过情绪调节来解决问题。例如，当遇到挑战或困难时，他们会尝试保持冷静。

（8）灵活性和创造性：婴幼儿会展现出一些灵活性和创造性的行为来解决问题，不拘泥于传统的方法，例如用玩具积木搭建其他非预定的形状。

3. 婴幼儿问题解决行为发展的里程碑

（1）6～12个月：婴幼儿展示基本的问题解决行为，例如用手抓取玩具或移动身体以触碰感兴趣的物体；他们会通过尝试和实验来解决简单的问题，例如用手指去握住小物品。

（2）13～24个月：婴幼儿表现出探索和实验的行为，尝试解决更复杂的问题，例如如何把积木堆叠在一起。

（3）25～36个月：婴幼儿能够更加灵活地运用不同的解决策略。例如，婴幼儿会模仿不同角色和情景，尝试不同的解决方法，以实现所设定的目标。

（二）0～3岁婴幼儿各年龄段问题解决行为观察与指导的要点

1. 0～12个月

（1）行为观察：照护者注意婴幼儿的基本行为，例如抓取、触摸、转动手中的物体，观察他们对环境中新事物的好奇心和注意力，以及是否尝试去了解这些事物。

（2）行为指导：照护者提供安全、具有刺激性和探索性的玩具，鼓励婴幼儿触摸，促进他们对物体的认知和探索；与婴幼儿进行面对面的互动和观察，鼓励他们尝试新的动作和行为，例如翻滚、趴爬等。

2. 13～24个月

（1）行为观察：照护者注意婴幼儿的自主性和主动性，观察他们在玩耍和学习时是否试图解决问题，观察他们在面对简单挑战时的应对方式，例如如何堆叠积木或插入形状拼图。

（2）行为指导：照护者提供具有挑战性的玩具和游戏，鼓励婴幼儿主动尝试解决问题，培养他们的解决问题的兴趣；当婴幼儿遇到困难时，给予适度的指导和支持，帮助他们找到解决问题的方法，但尽量不要代替他们完成任务。

3. 25～36个月

（1）行为观察：照护者注意婴幼儿的问题解决策略，观察他们在面对复杂挑战时是否使用多种方法和尝试不同的途径，观察他们是否能够理解简单的因果关系，例如按按钮会发声，或者倾斜水杯水会流出来。

（2）行为指导：照护者提供多样化的学习机会，让婴幼儿接触不同类型的问题和挑战，促进他们的问题解决能力的全面发展；鼓励他们用语言表达他们的想法和解决策略，与他们进行对话和交流，帮助他们更好地理解问题和寻找解决方法。

课堂讨论

托育机构在日常生活中，如何引导婴幼儿在面对问题时，勇于运用不同的解决策略尝试解决问题？

课后练习题

1. 简述婴幼儿思维发展的定义、内容、阶段。

2. 简述婴幼儿思维行为观察与指导的原则、方法。

3. 婴幼儿思维行为中婴幼儿感知和认知行为、记忆和回忆行为以及原因和结果行为之间有怎样的关系。

4. 根据本章学到的相关知识，编写一节促进婴幼儿在托育机构发展感知和认知行为的课程。

5. 根据本章学到的相关知识，编写一节促进婴幼儿在托育机构发展记忆和回忆行为的课程。

6. 根据本章学到的相关知识，编写一节促进婴幼儿在托育机构发展原因和结果行为的课程。

第八章
特殊情况下的婴幼儿行为观察与指导

本章学习目标

1. 掌握婴幼儿常见行为问题的分类。
2. 掌握婴幼儿发展延迟的定义。
3. 掌握婴幼儿早期干预的定义。

特殊情况下的婴幼儿行为观察与指导是针对具有特殊需求或面临特殊情况的婴幼儿所进行的行为观察和指导过程。在面对这些特殊情况的婴幼儿时，照护者和专业人士需要特别关注他们的行为，以便及早发现问题并提供恰当的支持和指导。

第一节　婴幼儿行为问题的识别与处理

婴幼儿行为问题的识别与处理是指照护者或专业人士对婴幼儿在日常生活中出现的不正常或不适应性行为进行观察、分析和解决的过程。婴幼儿行为问题涉及情绪、社交、睡眠、饮食、适应等方面，表现为行为异常、情绪波动、社交困难、沟通问题等。

通过及早识别并妥善处理这些行为问题，照护者可以帮助婴幼儿建立积极的情感调节能力，促进其全面健康地发展。处理婴幼儿行为问题需要采用积极引导、建立规则和界限、提供适当激励和奖励、关注情感需求等方法，同时切忌使用暴力和体罚。在处理过程中，照护者还应该寻求专业人士的支持和指导，以确保问题得到有效解决并为婴幼儿提供良好的成长环境。

一、婴幼儿常见行为问题的分类

1. 情绪问题

（1）哭闹：婴幼儿经常或过于频繁地哭闹，以表达不适、需求或不稳定的情绪。

（2）情绪失控：婴幼儿在特定情况下情绪失控，可能有愤怒、焦虑或抑郁等表现。

2. 社交问题

（1）羞怯：婴幼儿面对陌生人或社交场合时表现出害羞和回避的行为。

（2）不合作：婴幼儿拒绝与他人合作或分享，表现出自私或孤立的行为。

3. 睡眠问题

（1）夜间醒来：婴幼儿在夜间频繁醒来，难以保持连续的睡眠。

（2）入睡困难：婴幼儿在入睡时表现出焦虑、拒绝入睡或需要长时间陪伴。

4. 饮食问题

（1）偏食：婴幼儿对某些食物过于挑剔，导致食物选择受限。

（2）过度进食：婴幼儿可能过度进食或无节制地进食。

5. 适应问题

（1）对变化敏感：婴幼儿对环境、人际关系或日常活动的变化异常敏感，难以适应新情况。

（2）分离焦虑：婴幼儿在与主要照护者分离时表现出明显的焦虑和担忧。

6. 注意力问题

（1）注意力分散：一些婴幼儿可能很难将注意力集中在一个特定的任务、活动或对象上，而是容易被周围的事物分散注意力。

（2）趋向冲动行为：一些婴幼儿可能因无法控制冲动行为而表现出难以控制的注意力。

7. 言语和语言问题

（1）延迟言语：婴幼儿的言语和语言发展比同龄婴幼儿延迟。

（2）语言表达困难：婴幼儿难以用语言表达自己的需求和感受。

婴幼儿的行为问题是正常发展过程中的一部分，但不一定所有行为问题都是异常的。对于行为问题，照护者及早观察和适当干预，可以帮助婴幼儿建立积极的情感调节能力和社交技能，有助于促进其全面健康地发展。

二、婴幼儿行为问题的观察和评估

婴幼儿行为问题的观察和评估是一个重要的过程，可以帮助识别问题、了解婴幼儿的发展情况，并为制订干预计划提供依据。

1. 观察日常行为

照护者仔细观察婴幼儿在日常生活中的行为表现，包括情绪反应、社交互动、睡眠和饮食习惯等，记录行为的频率和持续时间，以便进行分析和比较。

2. 了解发育阶段

照护者了解婴幼儿的发育阶段和典型的行为特征，判断其行为表现是否符合正常发展的预期，这有助于区分正常行为和问题行为。

3. 采用标准化工具

照护者采用专业的标准化观察和评估工具来测量婴幼儿的行为和发展。这些工具可以帮助识别特定的行为问题和发展延迟情况。

4. 照护者之间密切合作

照护者之间密切合作，了解婴幼儿在家庭和托育环境中的行为表现。照护者是最了解婴幼儿的人，他们的观察和反馈非常有价值。

5. 采用多角度观察

照护者采用多角度观察的方法，包括直接观察婴幼儿、观察其与同伴的互动、观察其在不同环境中的行为等，这有助于全面了解婴幼儿的行为表现。

6. 系统性记录

照护者将观察和评估的结果进行系统性记录，包括行为表现的描述、观察时间和环境等信息，这有助于更好地分析和理解婴幼儿的行为问题。

7. 寻求专业帮助

照护者如果发现婴幼儿存在行为问题或发展延迟情况，应及早寻求专业人士的帮助。

8. 持续监测

行为观察和评估是一个持续的过程。照护者应定期监测婴幼儿的行为表现，及时调整干预计划，以确保婴幼儿得到持续的支持和指导。

三、婴幼儿行为问题的干预策略

婴幼儿行为问题的干预策略需要因人而异，要根据具体的行为问题和个体特点来制定。

1. 情绪问题的干预

（1）照护者提供安全稳定的环境，让婴幼儿感到安心和放松。

（2）照护者鼓励婴幼儿进行情绪表达，帮助婴幼儿学会用言语、手势或表情来表达自己的感受。

（3）照护者提供适当的情绪调节技巧，如深呼吸、数数或倾诉。

（4）照护者提供情绪上的支持和安慰，让婴幼儿感受到关爱和理解。

2. 社交问题的干预

（1）照护者创造积极的社交环境，鼓励婴幼儿与他人进行互动和合作。

（2）照护者提供社交技巧培训，帮助婴幼儿学会与他人交流、分享和合作。

（3）照护者使用模仿和角色扮演等游戏促进婴幼儿与他人互动。

3. 睡眠问题的干预

（1）照护者帮助婴幼儿形成稳定的睡眠习惯，包括固定的睡前活动和睡眠时间。

（2）照护者创造安静、舒适的睡眠环境，减少刺激和干扰。

（3）照护者提供安抚和安慰，帮助婴幼儿入睡。

4. 饮食问题的干预

（1）照护者提供多样化的食物，鼓励婴幼儿尝试新的食物。

（2）照护者避免强迫婴幼儿吃特定食物，尊重他们的食物偏好。

（3）照护者培养婴幼儿良好的饮食习惯，帮助他们定时进餐和不暴饮暴食。

5. 适应问题的干预

（1）照护者提前告知婴幼儿即将发生的变化，帮助他们适应新情况。

（2）照护者向婴幼儿提供安全的分离经历，逐步延长分离时间，减轻分离焦虑。

6. 注意力和集中问题的干预

（1）照护者提供适龄的玩具和活动，吸引婴幼儿注意力。

（2）照护者提供短时间的集中活动，逐步延长婴幼儿集中注意力的时间。

（3）照护者创造安静和少刺激的学习环境，帮助婴幼儿集中注意力。

7. 言语和语言问题的干预

（1）照护者提供丰富的语言刺激，与婴幼儿进行频繁的交流。

（2）照护者使用简单清晰的语言帮助婴幼儿理解和表达。

（3）照护者提供语言模仿的机会，鼓励婴幼儿模仿说话。

8. 多角度的干预

照护者采用综合性的干预策略，结合家庭支持、专业指导和教育资源，全面促进婴幼儿的发展。

💡 **课堂讨论**

托育机构在进行婴幼儿问题行为观察与指导时的注意事项有哪些？

第二节　婴幼儿特殊需求的支持

婴幼儿特殊需求的支持是指照护者对于身体、认知、情感或社交等方面存在特殊困难或挑战的婴幼儿，提供针对性的帮助和支持，以促进他们全面发展和融入社会的过程。这种支持涉及为特殊需求婴幼儿提供适应性的服务和资源，帮助他们克服困难、发展潜能，并提供相应的教育和康复干预策略，以满足他们特殊的学习和发展需求。

一、婴幼儿发展延迟与早期干预

（一）婴幼儿发展延迟的定义

婴幼儿发展延迟是指婴幼儿在生理、心理、认知、社交和语言等方面的发展进程相比同龄婴幼儿滞后或存在较大差异。这意味着婴幼儿在某些方面的能力、技能或行为表现不符合其年龄的正常发展水平。

婴幼儿发展延迟涉及以下几个方面。

1. 身体运动发展延迟

婴幼儿在坐立、爬行、翻身、站立、走路等运动技能方面发展滞后。

2. 语言和沟通发展延迟

婴幼儿在语言理解和沟通方面有困难，如延迟说话、发音不清等。

3. 认知发展延迟

婴幼儿在智力、记忆、学习和问题解决能力方面滞后。

4. 社交和情绪发展延迟

婴幼儿在社交技能、情绪表达和情绪调节方面有困难。

5. 自理能力发展延迟

婴幼儿在自己吃饭、穿衣、洗手等自理能力方面滞后。

6. 注意力和集中发展延迟

婴幼儿在注意力集中、分散注意力等方面的表现不如同龄婴幼儿。

（二）婴幼儿早期干预的定义

早期干预是指在婴幼儿发展阶段的早期，对存在发展延迟风险的婴幼儿进行及早干预。

早期干预在婴幼儿发展延迟方面的重要性体现在以下几个方面。

1. 提前发现问题

早期干预可以帮助照护者及早发现婴幼儿的发展延迟问题。通过对婴幼儿的观察和评估，照护者可以尽早识别婴幼儿发展滞后的迹象，从而及时采取措施。

2. 关键时期的敏感性

婴幼儿的早期是人类大脑发展的关键时期，大脑神经元连接的形成和重塑在此时最为活跃。早期干预有助于在关键时期对婴幼儿的大脑进行积极的刺激和塑造，促进婴幼儿大脑的正常发展。

3. 提供有针对性的支持

早期干预可以针对婴幼儿的具体需求和发展延迟问题，提供个性化、有针对性的支持和指导。这有助于婴幼儿克服困难，发展潜能。

4. 预防进一步问题

早期干预可以防止发展延迟问题进一步恶化，避免后续出现更严重的发展问题。

5. 提高干预效果

早期干预的效果通常比晚期干预更显著。在婴幼儿发展的关键时期进行干预，照护者可以更好地塑造婴幼儿的大脑和培养其行为习惯。

6. 降低社会经济成本

早期干预可以减少特殊教育和治疗的需要，从而降低社会经济成本。

早期干预的形式可以包括早期教育、婴幼儿康复治疗、家庭支持和指导等。针对不同的发展延迟问题，可以采取不同的干预策略，如语言治疗、认知训练、社交技能培训等。在进行早期干预时，照护者和专业人士的合作非常重要，他们共同关注婴幼儿的成长和发展，可确保婴幼儿得到及时、有效的支持和指导。

二、特殊需求婴幼儿的行为观察与指导

特殊需求婴幼儿指的是在发展方面存在延迟、障碍或其他特殊需求的婴幼儿。这些婴幼儿在成长过

程中面临一些特殊的挑战，因此需要特别的行为观察与指导来满足他们的发展需求。

1. 特殊需求婴幼儿的行为观察

（1）个性化观察：针对每个特殊需求婴幼儿，照护者都要进行个体观察，了解其特殊需求、发展阶段和行为表现。

（2）多角度观察：照护者采用多种观察方法，包括直接观察、专业评估等，全面了解婴幼儿的行为和发展情况。

（3）记录行为表现：照护者对特殊需求婴幼儿的行为表现进行详细记录，包括情绪反应、社交互动、注意力集中情况、语言表达等方面的记录。

2. 特殊需求婴幼儿的指导策略

（1）个性化干预：根据特殊需求婴幼儿的具体情况，照护者制订个性化的干预计划，针对其发展特点和困难制定相应的指导策略。

（2）提供支持和安抚：对于特殊需求婴幼儿出现的焦虑、情绪失控等情况，照护者提供支持和安抚，让他们感受到安全和关爱。

（3）创造适应性环境：照护者为特殊需求婴幼儿提供适应性的学习和生活环境，让他们感受到舒适和包容。

（4）使用可视化辅助工具：对于一些特殊需求婴幼儿，照护者使用可视化的辅助工具，如图片卡片、时间表等，帮助他们理解和遵循日常活动和规则。

（5）鼓励积极互动：照护者帮助特殊需求婴幼儿参与社交互动，鼓励积极合作和沟通，培养他们的社交技能。

（6）促进自主能力：照护者鼓励特殊需求婴幼儿尝试自主活动，促进其自理和自我管理能力的发展。

在特殊需求婴幼儿的行为观察与指导中，照护者和专业人士的合作至关重要。照护者应该积极参与婴幼儿的观察和干预过程，与专业人士共同关心和关注特殊需求婴幼儿的成长。及早的行为观察和个性化的干预有助于帮助特殊需求婴幼儿克服困难，促进其全面的发展。

知识分享　在托育机构遇到一个疑似患自闭症的婴幼儿，托育教师可采取的措施有哪些？

遇到一个疑似患自闭症的婴幼儿，托育教师可以采取以下措施。

（1）提供观察和记录：托育教师仔细观察婴幼儿的行为表现，记录其可能存在的特殊行为和特征，这些特征可能包括社交障碍、语言沟通困难、重复行为等。

（2）及时与家长沟通：托育教师及时与婴幼儿的家长沟通，告知他们婴幼儿可能存在的特殊行为和观察情况，鼓励家长寻求专业评估和咨询。

（3）寻求专业评估：托育教师建议家长咨询儿科医生或儿童发展专家，以进行专业的评估和确诊。早期干预和诊断对于婴幼儿的发展非常重要。

（4）提供理解和接纳：在与婴幼儿互动时，托育教师理解并接纳其特殊需求，对于其可能出现的行为困难，给予耐心和理解，避免过度干预和给予过多压力。

（5）提供个性化支持：如果婴幼儿确诊为自闭症或其他发展障碍，托育教师应为婴幼儿提供个性化的支持和教育计划；与家长和专业人员合作，共同制定适合婴幼儿特殊需求的支持措施。

（6）建立安全稳定环境：托育教师为婴幼儿创造一个安全、稳定和结构化的环境。有规律的日常活动和预测性的环境有助于他们更好地适应和增强安全感。

（7）持续观察和跟踪：托育教师持续观察和跟踪婴幼儿的发展情况，及时调整支持计划，与家长保持沟通，分享进步和困难，共同关心婴幼儿的成长。

（8）接受专业培训：托育教师可以参加专业培训，了解自闭症和发展障碍的相关知识，学习如何有效地支持和指导这类婴幼儿。

三、家庭支持和资源的提供

对特殊需求婴幼儿及其家庭来说，提供家庭支持和资源是非常重要的。这些支持和资源可以帮助家庭应对特殊情况，帮助婴幼儿全面发展并改善其生活质量。

1. 提供信息和教育

照护者向家庭提供有关婴幼儿特殊需求的信息和教育，帮助他们了解婴幼儿的状况、可能的发展延迟情况和对应的干预方法。

2. 定期沟通和指导

照护者与家庭保持定期的沟通和联系，提供婴幼儿发展进程的指导和建议，以及解答他们可能遇到的问题。

3. 提供家庭心理健康支持

特殊需求婴幼儿的家庭面临较大的心理压力和情绪困扰。照护者可以为其提供心理健康支持，包括提供心理咨询和建立支持小组等。

4. 提供专业服务

照护者为特殊需求婴幼儿提供专业服务，如康复治疗、语言治疗、行为治疗等，帮助他们克服困难和发展潜能。

5. 提供社交支持

照护者组织照护者互助小组或家庭聚会，为家庭提供一个交流和分享经验的机会。

6. 提供经济支持

一些特殊需求婴幼儿的家庭可能需要经济上的支持，照护者可引导他们获得相关的社会救助。

7. 提供资源和信息

照护者向家庭提供各种资源和信息，包括专业机构信息、支持组织信息、婴幼儿发展资料等。

8. 制订个性化的干预计划

照护者与家庭合作，制订个性化的干预计划，根据婴幼儿的特殊需求，为其提供最适合的支持和指导。

特殊需求婴幼儿的家庭面临独特的挑战，社会和社区需要提供全方位的支持和资源，以帮助其应对困难，促进婴幼儿的全面发展。通过家庭支持和资源的提供，照护者可以帮助特殊需求婴幼儿获得更好的成长环境和发展机遇。

课堂讨论

在托育机构中，托育教师如何正确处理正常婴幼儿和特殊需求婴幼儿之间的关系？

课后练习题

1. 简述婴幼儿常见行为问题的分类。
2. 简述婴幼儿发展延迟的定义。
3. 简述婴幼儿早期干预的定义。
4. 根据本章学到的相关知识，编写一节促进特殊需求婴幼儿在托育机构全面发展的托育课程。